Jens Wutke

Synthesen und Reaktionen von Ethinylaziden

Jens Wutke

Synthesen und Reaktionen von Ethinylaziden

Die Jagd nach dem "Yeti" innerhalb der Azidfamilie

Südwestdeutscher Verlag für
Hochschulschriften

Imprint

Any brand names and product names mentioned in this book are subject to trademark, brand or patent protection and are trademarks or registered trademarks of their respective holders. The use of brand names, product names, common names, trade names, product descriptions etc. even without a particular marking in this work is in no way to be construed to mean that such names may be regarded as unrestricted in respect of trademark and brand protection legislation and could thus be used by anyone.

Publisher:
Südwestdeutscher Verlag für Hochschulschriften
is a trademark of
Dodo Books Indian Ocean Ltd., member of the OmniScriptum S.R.L Publishing group
str. A.Russo 15, of. 61, Chisinau-2068, Republic of Moldova Europe
Printed at: see last page
ISBN: 978-3-8381-2481-0

Zugl. / Approved by: Chemnitz, TU, Diss., 2010

Copyright © Jens Wutke
Copyright © 2011 Dodo Books Indian Ocean Ltd., member of the OmniScriptum S.R.L Publishing group

© Carlsen Verlag GmbH, JOSCHA SAUER

„The absence of evidence is no evidence of absence"

MARTIN JOHN REES
brit. Astronom, Cambridge
(* 1942)

BIBLIOGRAPHISCHE BESCHREIBUNG UND REFERAT

WUTKE, JENS

Synthesen und Reaktionen von Ethinylaziden

Technische Universität Chemnitz, Fakultät für Naturwissenschaften

Dissertation, 2010, 189 Seiten

Gegenstand der vorliegenden Arbeit sind Versuche zur Synthese von 1-Azido-1-alkinen (Ethinylaziden). Diese instabilen Verbindungen zersetzen sich leicht unter Stickstoffabspaltung zu hochreaktiven Carbenen, welche mit verschiedenen Reagenzien, explizit Tolan, Cyclooctin, DMSO sowie DMF, abgefangen werden konnten. Obwohl eine direkte spektroskopische Beobachtung der Titelverbindungen mittels Tieftemperatur-NMR-Spektroskopie nicht verwirklicht werden konnte, gelang der eindeutige Nachweis von Ethinylaziden *via* deren 1,3-dipolarer Cycloaddition mit dem hochgespannten cyclischen Alkin Cyclooctin. Als Strategie für die Synthese der Titelverbindungen wurden sowohl Substitutionsreaktionen ausgehend von (Chlorethinyl)aromaten als auch Eliminierungsreaktionen ausgehend von substituierten Vinylaziden herangezogen. Es konnten zahlreiche Sulfoxonium-Ylide sowie α-Oxocarbonsäureamide als eindeutige Folgeprodukte der Titelverbindungen isoliert und vollständig – größtenteils sogar anhand von Röntgeneinkristallstrukturanalysen – charakterisiert werden.

Stichworte: *Acetylene (Alkine), Azide, 1-Azido-1-alkine, Carbene, Carben-Abfangreaktion, 1-Chlor-1-alkine, Cycloocta[d][1,2,3]triazole, 1,3-dipolare [2+3]-Cycloaddition, Eliminierung, Ethinylazide, Ethinylchloride, α-Oxocarbonsäureamide, Substitution, Sulfoxonium-Ylide, Stickstoffabspaltung, Vinylazide*

INHALTSVERZEICHNIS

Abkürzungsverzeichnis 8

1 EINLEITUNG UND MOTIVATION 11

1.1 VON REAKTIVEN ZWISCHENSTUFEN ZU ORGANISCHEN AZIDEN – DIE SUCHE NACH DEM "YETI" INNERHALB DER AZIDFAMILIE 11

1.1.1 Reaktive Zwischenstufen in der organischen Chemie 11

1.1.2 Organische Azide und ihre explosive Reaktionsvielfalt 12

1.1.3 Ethinylazide: Hochreaktive Verbindungen und vermeintliche Zwischenstufen ... 14

1.2 ETHINYLAZIDE – SYNTHESESTRATEGIEN UND VORBETRACHTUNGEN ZUR ERZEUGUNG DER TITELVERBINDUNGEN 17

2 ERGEBNISSE UND DISKUSSION 19

2.1 1-AZIDO-1-ALKINE IN DER LITERATUR 19

2.1.1 Vermeintlich gelungene Isolierung der Titelverbindungen[34] 19

2.1.2 Azidoalkine als Intermediate bei der Erzeugung von Dicyanstilbenen[14] ... 21

2.1.3 Azidoalkine als Intermediate bei der Erzeugung von Sulfoximinen[30] ... 24

2.2 STABILITÄT VON 1-AZIDO-1-ALKINEN 27

2.3 SYNTHESE VON 1-AZIDO-1-ALKINEN VIA SUBSTITUTIONSREAKTIONEN 31

2.3.1 Abfangen der Zersetzungsprodukte von Titelverbindungen 32

2.3.1.1 Versuche zum Abfangen mit DMSO 32

2.3.1.2 Versuche mit „gängigen" Carbenabfangreagenzien 36

2.3.1.3 Versuche zum Abfangen mit DMF 37

2.3.2 Direktes Abfangen von Titelverbindungen 41

2.3.2.1 Versuche unter Verwendung von Cyclooctin 41

2.3.2.2 Versuche via STAUDINGER-Reaktion 47

2.3.3 Substitutionsreaktionen ausgehend von speziellen Acetylenen 48

2.3.3.1 Versuche ausgehend von Fluoracetylen (89) 48

2.3.3.2 Versuche ausgehend von Dicyanacetylen (90) 50

2.4 SYNTHESE VON 1-AZIDO-1-ALKINEN VIA ELIMINIERUNGSREAKTIONEN 52

2.4.1 Herangehensweise über dihalogensubstituierte Vinylazide 53

2.4.1.1 Synthese mittels kupferkatalysierter Kupplungsreaktionen 54

2.4.1.2 Synthese mittels Iodazid-Addition an Ethinylhalogenide 56

2.4.2 Herangehensweise über monohalogensubstituierte Vinylazide 57

2.4.2.1 Synthese mittels Stickstoffwasserstoffsäure-Addition an Ethinylhalogenide ... 57

2.4.2.2 Synthese mittels Substitutionsreaktionen via Azidnucleophil 57

2.4.3 Herangehensweise über Vinylazide ohne Halogen-Substitution   59

2.4.3.1 Versuche ausgehend vom Vinylazid-Grundkörper (**104e**).......................... 60

2.4.3.2 Versuche ausgehend von β-Azidostyrol (**104a**) 68

3 ZUSAMMENFASSUNG UND AUSBLICK   72

4 EXPERIMENTELLER TEIL   76

4.1 VERWENDETE GERÄTE UND ALLGEMEINE ANMERKUNGEN   76

4.1.1 Sicherheitshinweise (allgemein)   78

4.1.2 Sicherheitshinweise (speziell)   79

4.2 SYNTHESEN ZU KAPITEL 2.1 (1-AZIDO-1-ALKINE IN DER LITERATUR)   80

4.2.1 Synthesevorschriften zu Kapitel 2.1   80

4.2.1.1 Synthesen zur Untersuchung der vermeintlich gelungenen Isolierung von Titelverbindungen[34] 80

4.2.1.1.1 Umsetzung von **4d** mit NaN$_3$ analog zur Literatur[34b] 80

4.2.1.1.2 Umsetzung von **4d** mit NaN$_3$ in Gegenwart von Cyclooctin 80

4.2.1.2 Synthesen zur Untersuchung der Bildung von Dicyanstilbenen nach HASSNER[14a] *und* BOYER[14b] 81

4.2.1.2.1 Synthese des Vinylazids **3** analog zur Literatur[14a] 81

4.2.1.2.2 Umsetzung des Vinylazids **3** analog zu HASSNER et al.[14a] 82

4.2.1.2.3 Umsetzung des Vinylazids **3** in DMSO 82

4.2.1.2.4 Umsetzung des Vinylazids **3** mit Cyclooctin 83

4.2.1.2.5 Umsetzung des Vinylazids **3** mit Anilin (NMR-Ansatz) 83

4.2.1.2.6 Umsetzung des Azirins **35** mit Anilin (NMR-Ansatz) 83

*4.2.1.3 Synthesen zur Untersuchung der Umsetzung von (Chlorethinyl)benzol (**4a**) mit NaN$_3$ nach* TANAKA *und* YAMABE[30] 84

4.2.1.3.1 Umsetzung von **4a** mit NaN$_3$ analog der Literatur[30] 84

4.2.1.3.2 Photolyse des Vinylazids (**Z**)-**25a** zum Azirin **43a** 85

4.2.1.3.3 Umsetzung des Vinylazids (**Z**)-**25a** zum Cyclooctatriazol **33a** 85

4.2.1.3.4 Vergleichssynthese zum Sulfoxonium-Ylen **51** 85

4.2.1.3.5 Synthese des Diazirins **53** 86

4.2.1.3.6 Umsetzung des Diazirins **53** zum Sulfoxonium-Ylen **22a** 86

4.2.2 Charakterisierungsdaten zu Kapitel 2.1   87

4.2.2.1 Charakterisierungsdaten zur Untersuchung der vermeintlich gelungenen Isolierung von Titelverbindungen[34] 87

4.2.2.2 Charakterisierungsdaten zur Untersuchung der Synthese von Dicyanstilbenen nach HASSNER[14a] *und* BOYER[14b] 88

*4.2.2.3 Charakterisierungsdaten zur Untersuchung der Umsetzung von (Chlorethinyl)benzol (**4a**) mit NaN$_3$ nach* TANAKA *und* YAMABE[30] 90

4.3 SYNTHESEN ZU KAPITEL 2.3 (1-AZIDO-1-ALKINE *VIA* SUBSTITUTIONSREAKTIONEN)   91

4.3.1 Synthesevorschriften zu Kapitel 2.3.1.1   91

4.3.1.1 Synthese der Ethinylchloride **4a,b,f,g,i,l,m,n,p** *91*

4.3.1.2 Synthese der Ethinylchloride **4o,q,s** *sowie der Alkinvorstufe* **58n** *92*

    4.3.1.2.1 Synthese von 2-(Chlorethinyl)benzylalkohol (**4o**) 92

    4.3.1.2.2 Synthese des Benzylacrylats **4q** 94

    4.3.1.2.3 Synthese von 2-(4-Nitrophenyl)chloracetylen (**4s**) 94

    4.3.1.2.4 Synthese von 2,6-(Dichlor)phenylacetylen (**58n**) 94

4.3.1.3 Umsetzung der Ethinylchloride **4** *mit Aziden in DMSO* *96*

4.3.1.4 Photolyse des Vinylazids **(Z)-251** *zum Azirin* **43l** *97*

4.3.1.5 Vergleichssynthese des Dihydroisobenzofurans **61** *aus Aldehyd* **64** *98*

4.3.1.6 Umsetzung des Alkohols **4o** *mit* NaN_3 *in Sulfolan* *98*

4.3.2 Synthesevorschriften zu Kapitel 2.3.1.2   **99**

4.3.2.1 Umsetzung von **4a** *mit* NaN_3 *in Gegenwart von Tolan* *99*

4.3.2.2 Umsetzung des Diazirins **53** *mit TBACN in Gegenwart von Tolan* *99*

4.3.2.3 Umsetzung von **4a** *mit* LiN_3 *in Gegenwart von Cyclohexen* *100*

4.3.2.4 Umsetzung des Diazirins **53** *mit TBACN in Gegenwart von Cyclohexen* *100*

4.3.3 Synthesevorschriften zu Kapitel 2.3.1.3   **100**

4.3.3.1 Synthese des Nitrils **69a** *(modifizierte Literaturvorschrift)* *100*

4.3.3.2 Exemplarische Vorschrift zur Umsetzung von **69a** *mit* NaN_3 *in DMF* *101*

    4.3.3.2.1 Umsetzung mit wässriger Aufarbeitung (Tabelle 5, Ansatz 3) 101

    4.3.3.2.2 Umsetzung mit nicht-wässriger Aufarbeitung (Tabelle 5, Ansatz 2) 101

4.3.3.3 NMR-Verfolgungen der Umsetzung **69a→65a** *102*

    4.3.3.3.1 Reaktion in Gegenwart von Natriumazid in DMSO-d_6 102

    4.3.3.3.2 Reaktion ohne Azidzusatz in DMSO-d_6 102

4.3.3.4 Umsetzung des Diazirins **53** *mit TBACN in DMF* *103*

4.3.3.5 Umsetzungen der Ethinylchloride **4** *mit Aziden in DMF* *103*

    4.3.3.5.1 Umsetzung des Ethinylchlorids **4a** (Tabelle 6, Ansatz 1) 103

    4.3.3.5.2 Umsetzung des Ethinylchlorids **4a** (Tabelle 6, Ansatz 2) 103

    4.3.3.5.3 Umsetzung des Ethinylchlorids **4f** (Tabelle 6, Ansatz 3) 103

    4.3.3.5.4 Umsetzung des Ethinylchlorids **4g** (Tabelle 6, Ansatz 4) 103

    4.3.3.5.5 Umsetzung des Ethinylchlorids **4o** (Tabelle 6, Ansatz 5) 104

    4.3.3.5.6 Umsetzung des Ethinylchlorids **4p** (Tabelle 6, Ansatz 6) 104

4.3.4 Synthesevorschriften zu Kapitel 2.3.2   **104**

4.3.4.1 Umsetzungen der Ethinylchloride **4** *mit Aziden in Gegenwart von Cyclooctin* *104*

    4.3.4.1.1 Umsetzung von **4a** mit LiN_3 in DMF (Tabelle 7, Ansatz 1) 104

    4.3.4.1.2 Umsetzung von **4a** mit LiN_3 in DMSO (Tabelle 7, Ansatz 2) 106

    4.3.4.1.3 Umsetzung von **4a** mit NaN_3 in HMPTA (Tabelle 7, Ansatz 3) 106

    4.3.4.1.4 Umsetzung von **4d** mit NaN_3 in DMF (Tabelle 7, Ansatz 4) 106

    4.3.4.1.5 Umsetzung von **4g** mit NaN_3 in DMF (Tabelle 7, Ansatz 5) 106

    4.3.4.1.6 Umsetzung von **4g** mit NaN_3 in HMPTA (Tabelle 7, Ansatz 6) 107

    4.3.4.1.7 Umsetzung von **4g** mit LiN_3 in HMPTA-d_{18} (Tabelle 7, Ansatz 7) 108

    4.3.4.1.8 Umsetzung von **4g** mit LiN_3 in HMPTA (Tabelle 7, Ansatz 8) 108

4.3.4.2 Katalytische Hydrierung der Alkene **77a** und **78a**.. *109*

4.3.4.3 Umsetzung von **4a** via STAUDINGER-Reaktion *109*

4.3.5 Synthesevorschriften zu Kapitel 2.3.3   **110**

4.3.5.1 Synthese von Fluoracetylen **(89)**.. *110*
    4.3.5.1.1 Exemplarische Vorschrift zur Umsetzung **95→89** 110
    4.3.5.1.2 Exemplarische Vorschrift zur Umsetzung **94→89** 110

4.3.5.2 Umsetzung von Fluoracetylen **(89)** mit LiN_3 und Cyclooctin *111*

4.3.5.3 Synthese von Dicyanacetylen **(90)** *111*
    4.3.5.3.1 Synthese des Diamid-Vorläufers **101** 111
    4.3.5.3.2 Exemplarische Vorschrift zur Umsetzung **101→90** 112

4.3.5.4 Umsetzung von Dicyanacetylen **(90)** mit TMGA und Cyclooctin *112*

4.3.6 Charakterisierungsdaten zu Kapitel 2.3   **113**

4.3.6.1 Charakterisierung der Ethinylchloride **4**... *113*

4.3.6.2 Charakterisierung der Sulfoxonium-Ylide **22** *118*

4.3.6.3 Charakterisierung der Vinylazide **(Z)-25** *125*

4.3.6.4 Charakterisierung der direkten Azidoalkin-Abfangprodukte **31** *128*

4.3.6.5 Charakterisierung der Cyclopropene **32** und **36**...................................... *129*

4.3.6.6 Charakterisierung der Cyclooctatriazole **33** sowie **79** *131*

4.3.6.7 Charakterisierung des Azirins **43l** *134*

4.3.6.8 Charakterisierung der beobachteten Nebenprodukte **59–61** *134*

4.3.6.9 Charakterisierung der α-Oxocarbonsäureamide **65**, des Nitrils **69a** sowie des Isochromanons **76**... *136*

4.3.6.10 Charakterisierung der Bis(cyclooctatriazole) **77, 78, 80** und **81**................ *139*

4.3.6.11 Charakterisierung der Fluor-haltigen Verbindungen **89, 94, 95, 97** *143*

4.3.6.12 Charakterisierungen zur Umsetzung von Dicyanacetylen **(90)**................... *145*

4.3.6.13 Charakterisierung des Nebenproduktes **161** aus Schema 65 .... *147*

4.4 SYNTHESEN ZU KAPITEL 2.4 (1-AZIDO-1-ALKINE VIA ELIMINIERUNGSREAKTIONEN)   **147**

4.4.1 Synthesevorschriften zu Kapitel 2.4.1   **147**

4.4.1.1 Versuche zur CuI-katalysierten, L(–)-Prolin-unterstützten Kupplungsreaktion[42] mit NaN_3... *147*
    4.4.1.1.1 Synthese des halogensubstituierten Alkens **108a** 147
    4.4.1.1.2 Synthese von L(–)-Prolin-Natriumsalz **(124)** 148
    4.4.1.1.3 Umsetzung von **6** unter Verwendung von L(–)-Prolin **(123)**................. 148
    4.4.1.1.4 Umsetzung von **108a** unter Verwendung von L(–)-Prolin **(123)**............ 148
    4.4.1.1.5 Umsetzung von **(Z)-126a** unter Verwendung von L(–)-Prolin-Natriumsalz **(124)**.... 148

4.4.1.2 Versuche zur radikalischen Iodazid-Addition an Ethinylhalogenide *149*
    4.4.1.2.1 Umsetzung von **4a** 149
    4.4.1.2.2 Umsetzung von **5** 149

4.4.2 Synthesevorschriften zu Kapitel 2.4.2   **150**

4.4.2.1 Synthese des monobromsubstituierten Vinylazids **(Z)-119v**......................... *150*

4.4.2.1.1 Synthese der Vinylbromid-Vorstufe **(Z)-132v** 150
4.4.2.1.2 Umsetzung der Vorstufe zum Vinylazid **(Z)-119v** 150

4.4.3 Synthesevorschriften zu Kapitel 2.4.3.1   **150**

*4.4.3.1 Synthese des Vinylazid-Grundkörpers (**104e**)* *150*

*4.4.3.2 Umsetzung von Vinylazid (**104e**) mit Brom* *151*

*4.4.3.3 Eliminierungsreaktionen ausgehend von **104e** unter Zusatz von Cyclooctin* *151*
    4.4.3.3.1 Verwendung von DBU als Base (Tabelle 9, Ansatz 1) 151
    4.4.3.3.2 Verwendung der Phosphazenbase P_2-Et (Tabelle 9, Ansatz 2) 152

*4.4.3.4 Vergleichssynthesen der Cyclooctatriazole **147e**, **149e** und **150e*** *153*
    4.4.3.4.1 Synthese von **147e** 153
    4.4.3.4.2 Synthese von **149e** und **150e** 153

4.4.4 Synthesevorschriften zu Kapitel 2.4.3.2   **154**

*4.4.4.1 Synthese des Vinylazids **104a*** *154*
    4.4.4.1.1 Eliminierung unter Verwendung von DABCO 154
    4.4.4.1.2 Eliminierung unter Verwendung von KOH 154

*4.4.4.2 Umsetzung von **104a** mit Brom* *155*

*4.4.4.3 Umsetzung von **104a** mit Cyclooctin* *155*

*4.4.4.4 Eliminierungsversuch ausgehend von **109a** (Abfangen mit Cyclooctin)* *155*

4.4.5 Charakterisierungsdaten zu Kapitel 2.4   **156**

*4.4.5.1 Charakterisierung der Vinylazide **104**, **114e**, **119e** und **(Z)-119v*** *157*

*4.4.5.2 Charakterisierung der halogensubstituierten Alkene **106a** und **108a*** *158*

*4.4.5.3 Charakterisierung der Bromaddukte **109*** *159*

*4.4.5.4 Charakterisierung der Vinylazid-Vorstufen **137**, **138** und **155*** *159*

*4.4.5.5 Charakterisierung des α-Azidoalkohols **144*** *160*

*4.4.5.6 Charakterisierung der Cyclooctatriazole **147–150*** *160*

*4.4.5.7 Charakterisierung des Aldehyds **156** sowie des Pyrazins **157*** *166*

5 LITERATURVERZEICHNIS   **168**

6 ANHANG   **178**

6.1 EINKRISTALL-RÖNTGENSTRUKTURANALYSE VON 69A   **178**

6.2 EINKRISTALL-RÖNTGENSTRUKTURANALYSE VON 76   **180**

6.3 EINKRISTALL-RÖNTGENSTRUKTURANALYSE VON (E)-147A   **181**

6.4 EINKRISTALL-RÖNTGENSTRUKTURANALYSE VON 148E   **183**

6.5 EINKRISTALL-RÖNTGENSTRUKTURANALYSE VON (E)-149A   **186**

6.6 EINKRISTALL-RÖNTGENSTRUKTURANALYSE VON 157   **188**

ABKÜRZUNGSVERZEICHNIS

abs.	**abs**olutiert
Ac	**Ac**etyl, $-C(O)CH_3$
akt.	**akt**iviert
aliph.	**aliph**atisch
Ar	**Ar**yl-
arom.	**arom**atisch
Bu	n-**Bu**tyl, $-CH_2-CH_2-CH_2-CH_3$
CAN	**C**er**a**mmonium**n**itrat, $(NH_3)_2Ce(NO_3)_6$
CCDC	**C**ambridge **C**rystallographic **D**ata **C**enter
Cot	4,5,6,7,8,9-Hexahydro-1H-**c**ycl**o**oc**t**a[1,2,3][d]triazol-1-yl-,
d	**T**a**g**(**e**)
DABCO	1,4-**D**i**a**za**b**i**c**yclo[2.2.2]**o**ctan,
DBU	1,8-**D**ia**z**a**b**icyclo[5.4.0]**u**ndec-7-en,
DC	**D**ünnschicht**c**hromatographie
DCC	**D**i**c**yclohexyl**c**arbodiimid, $C_6H_{11}-N=C=N-C_6H_{11}$
DCM	**D**i**c**hlor**m**ethan, Methylenchlorid, CH_2Cl_2
DEPT	**D**istortionless **E**nhancement by **P**olarization **T**ransfer
dest.	**dest**illiert
Diglyme	**Di**ethylen**gl**ycol**dim**ethyl**e**ther,
DMAP	4-(N,N-**D**i**m**ethyl**a**mino)**p**yridin,
DMF	**D**i**m**ethyl**f**ormamid, $(CH_3)_2N-CHO$
DMSO	**D**i**m**ethyl**s**ulf**o**xid, $(CH_3)_2S=O$
eq	Stoffmengenäquivalente (engl.: **eq**uivalent)
ESI	**E**lektro**s**pray-**I**onisation
ESR	**E**lektronen**s**pin**r**esonanz
Et	**Et**hyl, $-CH_2-CH_3$

FS	Feststoff
GC-MS	**G**as**c**hromatographie-**M**assen**s**pektrometrie
gCOSY	**g**radient-selected **C**orrelation **S**pectroscop**y**
gHMBC	**g**radient-selected **H**eteronuclear **M**ultiple **B**ond **C**orrelation
gHMBCAD	**gHMBC** with **A**diabatic **D**ecoupling
gHSQC	**g**radient-selected **H**eteronuclear **S**ingle **Q**uantum **C**oherence
gHSQCAD	**gHSQC** with **A**diabatic **D**ecoupling
Glycol	Ethylenglycol, HO–CH$_2$–CH$_2$–OH
h	**S**tunde(n)
HMPTA	**H**exa**m**ethyl**p**hosphorsäure**t**ri**a**mid, [(CH$_3$)$_2$N]$_3$P=O
HOMODEC	**Homo**nuclear **Dec**oupling
HPLC	**H**igh **P**erformance (ehemals Pressure) **L**iquid **C**hromatography
HR-MS	**H**igh **R**esolution **M**ass **S**pectrometry
IR	**I**nf**r**arot(-Spektroskopie)
IUPAC	**I**nternational **U**nion of **P**ure and **A**pplied **C**hemistry
Kp.	**K**ochpunkt
LDA	**L**ithium**d**iisopropyl**a**mid, (Me$_2$CH)$_2$NLi
LM	**L**ösungs**m**ittel
lt.	**l**au**t** (im Sinne von «gemäß»)
M$^+$	**M**olpeak
max.	**max**imal
Me	**Me**thyl, –CH$_3$
min	**Min**ute(n)
Ms	**M**e**s**ylat- (Methansulfonat-), –SO$_2$CH$_3$
NBS	*N*-**B**rom**s**uccinimid,
NMR	Kernmagnetische Resonanz (**N**uclear **M**agnetic **R**esonance)
nOe	**N**uclear **O**verhauser **E**ffect (Kern-Overhauser-Effekt)
NOESY1D	**N**uclear **O**verhauser **E**nhancement **S**pectroscop**Y** **1-D**imensional
Nu	**Nu**cleophil
NWG	**N**ach**w**eis**g**renze
org.	**org**anisch(e)
P$_2$-Et	**P**hosphazenbase **P**$_2$-**Et**: 1-Ethyl-2,2,4,4,4-pentakis-(dimethylamino)-2λ^5,4λ^5-catenadi-(phosphazen),
Ph	**Ph**enyl, –C$_6$H$_5$
ppm	**p**arts **p**er **m**illion

Pr	*n*-**Pr**opyl, –CH$_2$–CH$_2$–CH$_3$
Q	Tributylhexadecylphosphonium, [Bu$_3$P(C$_{16}$H$_{33}$)]$^+$, z. B. QN$_3$, QCN
R	**R**est (Atom oder Atomgruppe)
Red.	**Red**uktion
R_f	**R**etentionsfaktor (TLC) = Verhältnis Laufgrenze Substanz/Laufgrenze LM
RP	**R**oh**p**rodukt
RT	**R**aum**t**emperatur
Smp.	**S**ch**m**elz**p**unkt
symm.	**symm**etrisch
Tab.	**Tab**elle
TBACN	**T**etra**b**utyl**a**mmonium**c**ya**n**id, (CH$_3$CH$_2$CH$_2$CH$_2$)$_4$N$^+$ CN$^-$
Tf	**T**ri**f**lat- (**T**ri**f**luormethansulfonat-), –SO$_2$CF$_3$
THF	**T**etra**h**ydro**f**uran,
THP	**T**etra**h**ydro**p**yran-2-yl-,
TLC	Dünnschichtchromatographie (engl.: **T**hin **L**ayer **C**hromatography)
TOCSY	**To**tal **C**orrelation **S**pectroscop**y**
TMGA	*N,N,N',N'*-**T**etra**m**ethyl**g**uanidinium**a**zid, Me$_2$N–C(=NH$_2^+$)–NMe$_2$ N$_3^-$
TMS	**T**etra**m**ethyl**s**ilan, Si(CH$_3$)$_4$
(TMS)	**T**ri**m**ethyl**s**ilyl-, (CH$_3$)$_3$Si–
Tolan	Diphenylacetylen, Ph–C≡C–Ph
t_R	**R**etentionszeit
Ts	**T**osyl- (**T**oluensulfonyl-), *p*-CH$_3$-C$_6$H$_4$-SO$_2$–
UV	**U**ltra**v**iolett(-Spektroskopie)
vgl.	**v**er**gl**eiche
Vis	**Vis**ible(-Spektroskopie)
z. B.	**z**um **B**eispiel
Zers.	**Zers**etzung

1 Einleitung und Motivation

1.1 Von reaktiven Zwischenstufen zu organischen Aziden – Die Suche nach dem "Yeti" innerhalb der Azidfamilie

1.1.1 Reaktive Zwischenstufen in der organischen Chemie

Eine entscheidende Rolle in organisch-chemischen Reaktionen obliegt in vielen Fällen den durchlaufenen reaktiven Zwischenstufen. Diese zeichnen sich durch lokale Minima im entsprechenden Reaktionsprofil aus und benötigen nur geringe Aktivierungsenergien zur Weiterumsetzung. Häufig bestimmen entsprechende Spezies die Selektivität einer Reaktion, zudem kommt ihnen eine enorme Bedeutung bei retrosynthetischen Überlegungen zu.[1]

Wichtige Zwischenstufen sind Carbokationen sowie Carbanionen,[2] Radikale und Radikalionen, Carbene,[3] Carbenoide sowie Nitrene als auch hochgespannte Ringe, wie beispielsweise Arine.[4] Die Schwierigkeit, mit welcher man bei der Aufklärung von Reaktionsmechanismen konfrontiert wird, liegt im Nachweis dieser kurzlebigen Verbindungen. Pauschal lassen sich direkte und indirekte Methoden unterscheiden. Zu Letzteren zählen neben kinetischen Untersuchungen und Isotopen-Markierungsexperimenten vor allem Abfangreaktionen (sowie Konkurrenz-Abfangexperimente), welche insbesondere für Radikale, Carbene, Nitrene und Arine die Methode der Wahl darstellen (Schema 1).

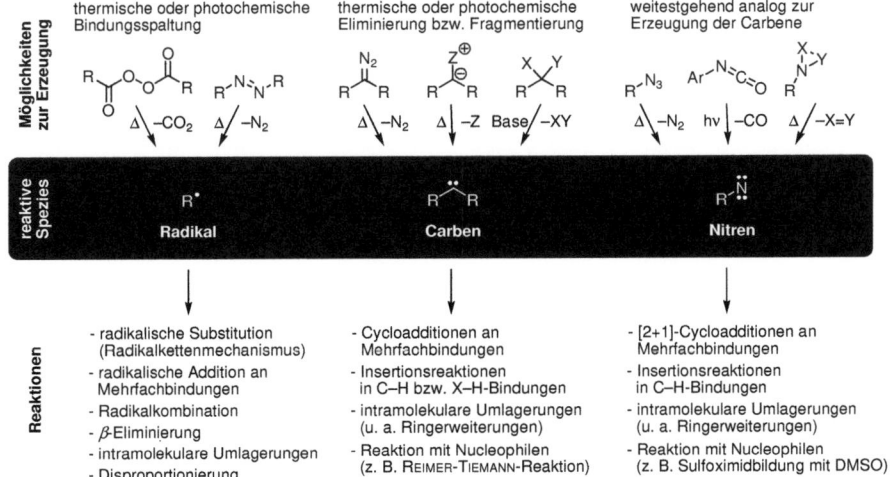

Schema 1: Übersicht ausgewählter reaktiver Zwischenstufen sowie Möglichkeiten zu deren Erzeugung und Zusammenstellung potentieller Reaktionen, die zu ihrem Nachweis genutzt werden können. Arine sowie ionische reaktive Spezies sind aus Gründen der Übersichtlichkeit an dieser Stelle nicht mit aufgeführt.

Speziell die Generierung einer reaktiven Zwischenstufe aus verschiedenen Vorläufern unter Bildung identischer Abfangprodukte lässt sich zu Nachweiszwecken sehr gut heranziehen. Die direkte (spektroskopische) Beobachtung reaktiver Zwischenstufen ist ebenfalls möglich (z. B. Radikale *via* ESR-Spektroskopie, Carbokationen *via* NMR-Spektroskopie in Supersäuren), jedoch in vielen Fällen – bedingt durch die Kurzlebigkeit der jeweiligen Zwischenstufen – sehr schwierig und in einigen Fällen sogar undurchführbar. Nur am Rande sei die Matrixisolations-Technik erwähnt, mit welcher sich reaktive Zwischenstufen bei extrem tiefen Temperaturen separieren und (IR- bzw. UV/Vis-)spektroskopisch untersuchen lassen.[5]

1.1.2 Organische Azide und ihre explosive Reaktionsvielfalt

Organische Azide stellen eine einzigartige Substanzklasse dar, welche eine Vielzahl an Reaktionen einzugehen vermag.[6,7] Eine Auswahl möglicher Synthesewege zu sowie Reaktionen ausgehend von organischen Aziden ist in Schema 2 zusammengefasst.

Eingeleitet wurde die Azidchemie bereits vor über 140 Jahren durch PETER GRIEß mit der Synthese des ersten organischen Azides, Phenylazid.[8] Es folgten die Entdeckung der Stickstoffwasserstoffsäure sowie die nach ihm benannte Umlagerung von Acylaziden zu den entsprechenden Isocyanaten durch THEODOR CURTIUS ca. 30 Jahre später.[9] Einen starken Aufschwung erfuhren die organischen Azide in den 50er und 60er Jahren des 20. Jahrhunderts durch neue Anwendungen in der Chemie der Acyl-, Aryl- sowie Alkylazide.[10] Vor allem für die Synthese von Stickstoff-Heterocyclen, wie beispielsweise Triazolen, Tetrazolen und Aziridinen, erwiesen sich Additions- sowie Zersetzungsreaktionen ausgehend von organischen Aziden als geeignete präparative Zugangsmöglichkeit.[11] Dabei wurde besonders die 1,3-dipolare [3+2]-Cycloaddition unter Verwendung von u. a. organischen Aziden als 1,3-Dipol und Alkinen als Dipolarophil von ROLF HUISGEN eingehend untersucht,[12] welche heute, entsprechend katalysiert, als Paradebeispiel für die Klasse der von SHARPLESS eingeführten «*Click*-Chemie»-Reaktionen steht.[13]

Der Zugang zu organischen Aziden eröffnet sich am einfachsten über die nucleophile Substitution mittels ionischer Azide,[7] wobei auch Additionsreaktionen,[14,15] Diazotierungen[16] sowie Diazo-Transferreaktionen[17] entsprechender Vorläufer zur Synthese herangezogen werden können. Als Azidquelle dienen dabei neben NaN_3 und LiN_3 auch Tetraalkylammoniumazide, TMGA, Tetraalkylphosphoniumazide (z. B. QN_3)[18] sowie andere Azidübertragungsreagentien, deren Löslichkeit in organischen Solventien gegenüber den Alkalimetallaziden signifikant höher ausfällt. Prinzipiell kann für die Einführung einer Azidfunktion in ein Molekül zwischen dem Austausch einer Abgangsgruppe gegen eine bereits vorliegende N_3-Funktion und dem schrittweisen Aufbau selbiger aus einzelnen *N*- bzw. *N*-*N*-Fragmenten unterschieden werden.

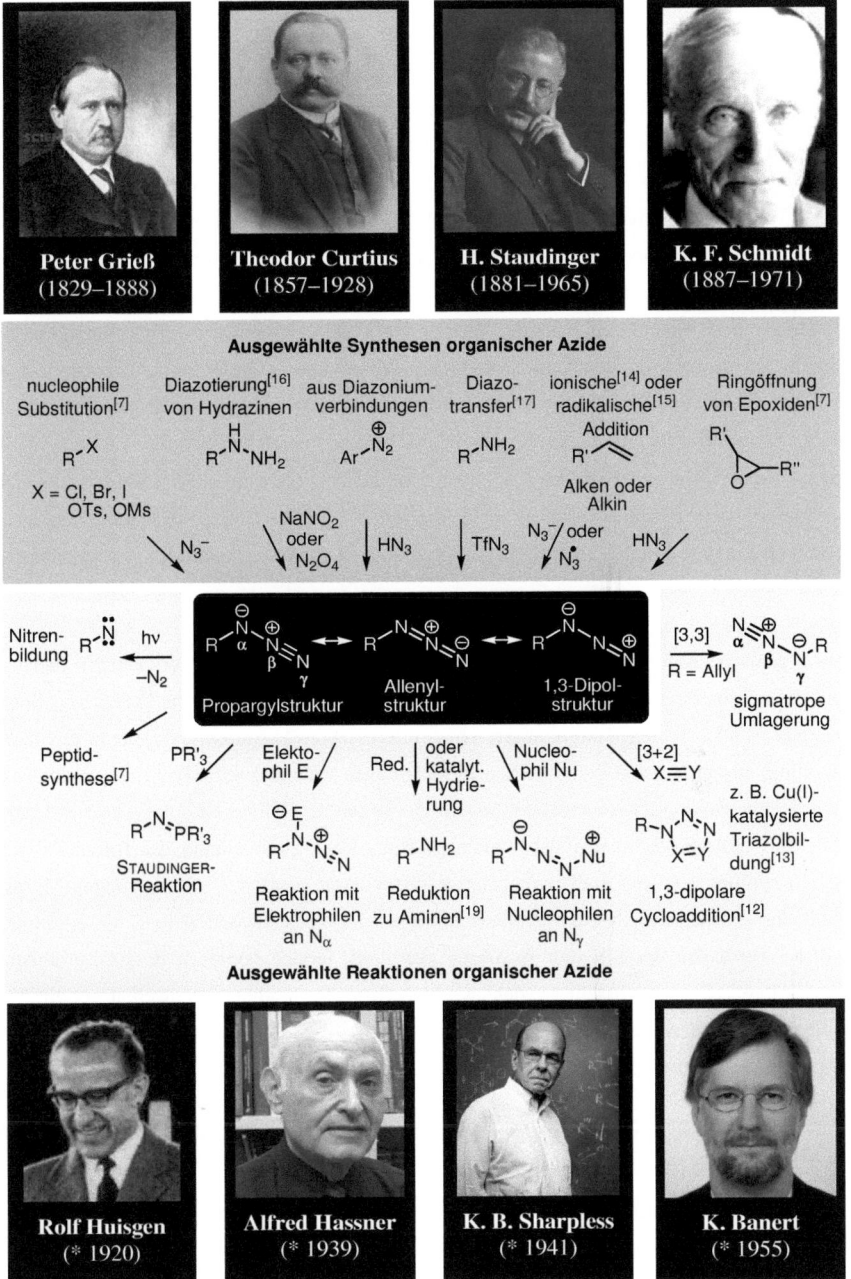

Schema 2: Übersicht über ausgewählte Synthesen sowie Reaktionen von organischen Aziden sowie wichtigen Wegbereitern der Azidchemie. Es sind beide möglichen *All-Octett*- sowie eine der möglichen *Sextett*-Resonanzformen der Azidgruppe abgebildet.

Azide eröffnen durch ihre Reaktionsvielfalt den Zugang zu zahlreichen Stickstoff-haltigen Verbindungen. Sie reagieren mit Elektrophilen (Lewissäuren, Säuren, Carbeniumionen) am α-Stickstoff, mit Nucleophilen (Phosphane, metallorganische Reagenzien) am γ-Stickstoff, sie lassen sich zu Aminen reduzieren[19] und sie bilden, photochemisch oder thermisch induziert, unter Stickstoffabspaltung Nitrene, welche ihrerseits interessante Folgereaktionen aufzeigen.[20] Eine weitere Reaktion, welche im Rahmen der vorliegenden Arbeit noch eine entscheidende Rolle spielen wird, ist die Möglichkeit organischer Azide, in pericyclischen [3+2]-Cycloadditionen als 1,3-Dipol zu fungieren.[12,13] Dabei können die Vorteile der Cu(I)-katalysierten «*Click*-Chemie», explizit die regioselektive und vor allem schnelle, nach Möglichkeit quantitative Umsetzung, auch auf Reaktionen mit gespannten, hochreaktiven Mehrfachbindungen (Cyclooctin, Norbornen, Norbornadien) übertragen werden.[21] Als letzte der an dieser Stelle zusammengefassten Reaktionen sollen die Umlagerungs- und Reaktionsmöglichkeiten von Aziden, in welchen sich die Azidfunktion allylständig zu einer π-Bindung befindet sowie von Vinylaziden genannt werden. Erstere (Propargylazide) können sich beispielsweise unter Erhalt aller Stickstoffatome sigmatrop umlagern,[22] während sich Letztere unter Stickstoffabspaltung leicht in die entsprechenden Azirine überführen lassen.[23]

Obwohl organische Azide, wie gezeigt, in einer Vielzahl von Reaktionen Verwendung finden (vgl. Schema 2) und diverse Reviews,[6,11,19] ja sogar ganze Bücher[7,20] zu diesem Thema veröffentlicht wurden, gibt es noch immer Verbindungen dieser interessanten Substanzklasse, deren Existenz bislang maximal ausgehend von theoretischen Berechnungen vermutet wird, beziehungsweise welche als nicht nachgewiesene Zwischenstufen postuliert wurden. So konnte beispielsweise erst kürzlich der höchstsubstituierte Vertreter in der homologen Reihe der Azidomethane, das Tetraazidomethan, erfolgreich synthetisiert und spektroskopisch nachgewiesen werden.[24] Ein analoges Mysterium innerhalb der Azidfamilie sind die Zielverbindungen der vorliegenden Arbeit, die Ethinylazide. Auch diese wurden in der Literatur mehrfach postuliert, jedoch konnte *a dato* kein eindeutiger Beweis für ihre Existenz erbracht werden, weshalb diese Verbindungen zuweilen als die "Yetis" innerhalb der Azide bezeichnet werden.[7,25]

1.1.3 Ethinylazide: Hochreaktive Verbindungen und vermeintliche Zwischenstufen

Vor nunmehr genau 100 Jahren versuchten FORSTER und NEWMAN erfolglos, aus 1-Azido-1,2-dibromethan zwei Moleküle Bromwasserstoff zu eliminieren.[26] Nach diesem ersten misslungenen Experiment zur Erzeugung der einfachsten möglichen Titelverbindung – "dem" Ethinylazid – dauerte es ein weiteres halbes Jahrhundert, bis die Syntheseversuche zu 1-Azido-1-alkinen erneut aufgenommen wurden.[27]

Allerdings blieben sämtliche entsprechenden Versuche fruchtlos und führten in vielen Fällen einzig zu ungewünschten Nebenprodukten, welche sich maximal unter Postulierung der Ethinylazide als durchlaufene reaktive Zwischenstufen mehr oder weniger plausibel erklären lassen (Schema 3).[28–31]

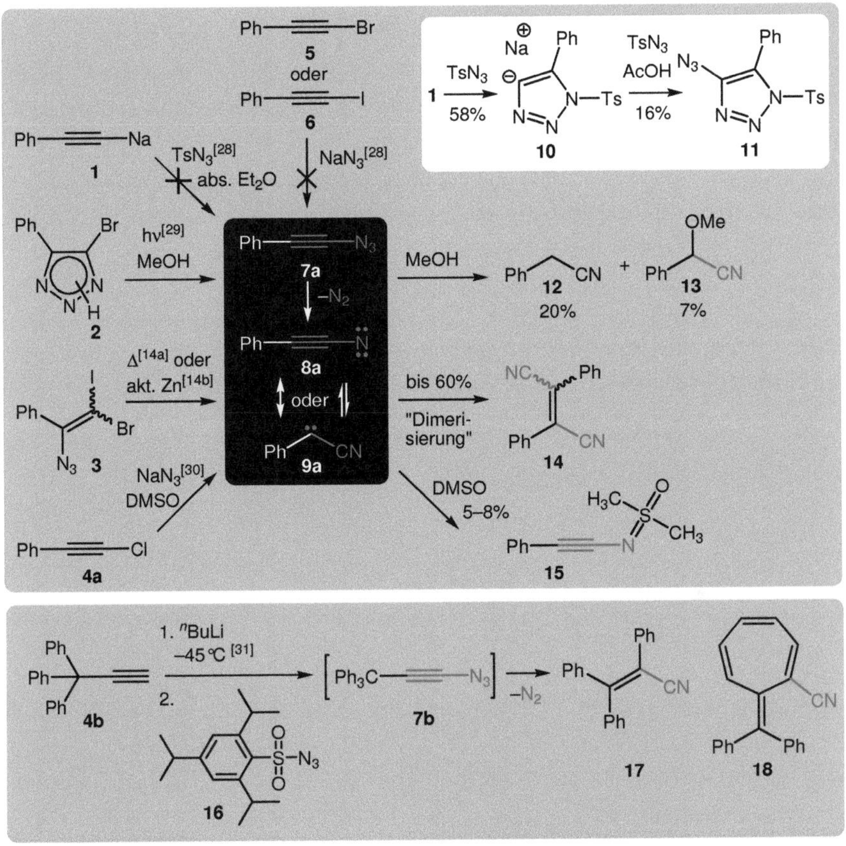

Schema 3: Übersicht literaturbekannter Versuche zur Synthese von Ethinylaziden sowie von Umsetzungen, in welchen die Titelverbindungen als durchlaufene Zwischenstufen postuliert wurden, unter Angabe der isolierten Produkte. Infolgedessen, dass der Verbleib des Ethinylazido-Bausteins in den gebildeten Strukturen in vielen Fällen nicht auf den ersten Blick ersichtlich ist, wurde dieser farbig hervorgehoben.

Ausgehend vom Natriumacetylid **1** lieferte die Reaktion mit Tosylazid einzig die 1,2,3-Triazole **10** und **11** als isolierbare Produkte,[28] gleiches gilt für die analoge Umsetzung von Lithiumacetyliden mit Arylsulfonylaziden.[32] Ein Versuch, diese ungewollte intramolekulare Ringschlussreaktion durch sterisch ausladende Substituenten am Alkin sowie die Verwendung des räumlich abgeschirmten Azids **16** zu unterdrücken, führte ebenfalls nicht zu den gewünschten 1-Azido-

1-alkinen, jedoch wurden **17** und **18** als potentielle Folgeprodukte der entsprechenden Titelverbindung **7b** isoliert.[31] Versuche, bei welchen ebenfalls (möglicherweise) Ethinylazide **7** durchlaufen wurden, sind die Photolyse des Triazols **2**,[29] sowie die Bildung der Dicyanstilbene **14**.[14] Betrachtet man die abgebildeten Produkte aus Schema 3, fällt auf, dass sich – um bei der zuvor bereits eingeführten Analogie zu bleiben – der «Yeti unter den Aziden» in vielen Fällen einzig anhand seiner «Cyancarben-Fußspuren» verfolgen lässt. Diese ergeben sich aus der Zersetzung der Azidoalkine **7** unter Stickstoffabspaltung und Bildung der Carbenstrukturen **9**. Eine Reaktion, bei welcher die Alkin-Einheit auch im Produkt noch vorhanden ist, ist die Umsetzung des Chloracetylens **4a** mit Natriumazid in DMSO.[30] Dabei ist die Bildung von Sulfoximinen wie der Struktur **15** als Abfangreaktion von Nitrenen mit DMSO in der Literatur beschrieben.[33] Die Umsetzung verwundert jedoch insofern, dass ausgehend vom Brom- sowie vom Iod-substituierten Analogon des 1-Chlor-1-alkins **4a** keine Reaktion mit Natriumazid beobachtet werden konnte.[28]

Bei der Literaturrecherche zu Ethinylaziden stößt man zwangsläufig auf die Publikationen einer russischen Arbeitsgruppe um D'YACHKOVA et al., welche die gelungene Synthese und Isolierung von 1-(Alkylsulfanyl)-2-azidoalkinen beschreibt (Schema 4).[34]

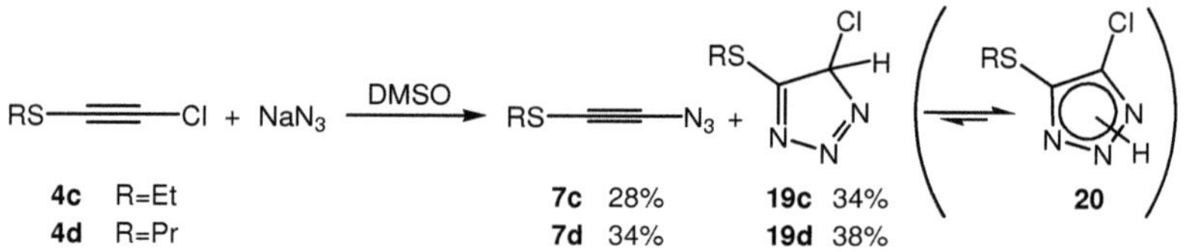

4c	R=Et		**7c**	28%	**19c**	34%
4d	R=Pr		**7d**	34%	**19d**	38%

Schema 4: Vermeintlich gelungene Synthese von Titelverbindungen gemäß D'YACHKOVA et al. unter Angabe der angeblich isolierten Ausbeuten.[34]

Allerdings stehen die angegebenen Produkte einerseits im Widerspruch zu den Ergebnissen der Arbeitsgruppe um YAMABE et al. (vgl. Schema 3, Bildung von **15**)[30], andererseits erscheint die Isolierung der nichtaromatischen Triazolstrukturen **19**, welche sich spontan in die aromatischen 1*H*-1,2,3-Triazol-Tautomere **20** umlagern sollten, äußerst zweifelhaft. Des weiteren sind die angegebenen NMR-Daten, sowohl für die 4*H*-Triazole **19** als auch für die Ethinylazide **7**, mit den vermeintlichen Produkten völlig unvereinbar, was zusätzlich durch die Rechnungen von AUER et al. bestätigt wurde.[35] Diese ergaben außerdem – entgegen der angeblichen Isolierung der 1-Azido-1-alkine **19c,d** – eine signifikant geringere Aktivierungsbarriere bezogen auf die monomolekulare Zersetzung unter Stickstoffabspaltung für diese beiden Strukturen im Vergleich zu Titelverbindungen mit anderweitigen Substituenten an der Dreifachbindung,[35] was die beschriebenen Ergebnisse gemäß Schema 4 nicht nur bedenklich erscheinen lässt, sondern gänzlich in Frage stellt.

Zusammenfassend gibt es zwar eine Vielzahl von Indizien, die für die Existenz von Ethinylaziden sprechen, ein eindeutiger Beweis für entsprechende Strukturen steht jedoch bislang noch aus.

1.2 Ethinylazide – Synthesestrategien und Vorbetrachtungen zur Erzeugung der Titelverbindungen

DIE ZIELSETZUNG für die vorliegende Arbeit lässt sich einfach zusammenfassen. Es gilt, die vermutlich extrem instabilen 1-Azido-1-alkine zu synthetisieren, ihre Reaktionen zu untersuchen und die Titelverbindungen möglicherweise direkt spektroskopisch zu beobachten und somit zweifelsfrei nachzuweisen, oder, anders formuliert, den «Yeti der Azide» dingfest zu machen.

Prinzipiell ergeben sich für die Generierung von Azidoalkinen zwei Möglichkeiten. Einerseits kann die Azideinheit an einer bereits vorhandenen Dreifachbindung eingeführt werden (Substitutionsreaktionen), andererseits ist es denkbar, die Dreifachbindung benachbart zu einer bestehenden Azidfunktion aufzubauen (Eliminierungsreaktionen) (Schema 5).

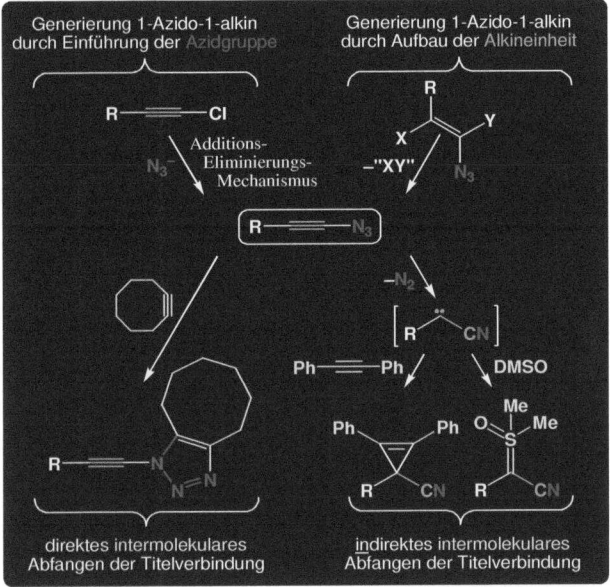

Schema 5: Gegenüberstellung möglicher Synthesewege zu Ethinylaziden. Dabei ist es denkbar, falls eine unmittelbare spektroskopische Beobachtung misslingt, die Titelverbindungen direkt oder indirekt abzufangen. Ein direktes Abfangen unter Erhalt sämtlicher Atome der Azidoethinyl-Einheit ist beispielsweise via 1,3-dipolarer Cycloaddition unter Verwendung von Cyclooctin möglich.[21,36] Das indirekte Abfangen ergibt sich aus der Zersetzung der Azidgruppe unter Stickstofffreisetzung, wobei entsprechende Carbene resultieren,[35] welche sich selbst wiederum z. B. mit Tolan[37] oder aber DMSO[38] abfangen lassen.

Andere Synthesewege zu Ethinylaziden, wie die photochemisch induzierte Cycloreversion aus Ethinyl-substituierten Tetrazolonen analog zur thermischen[39a] sowie photochemischen[39b] Erzeugung von organischen Aziden aus verschiedenen Tetrazolen oder die Synthese ausgehend von Nitrosoacetylenen analog zur Umsetzung von Arylnitrosoverbindungen[40] unter schrittweisem Aufbau der Azidfunktion, erscheinen infolge von schwer zugänglichen beziehungsweise selbst sehr instabilen

Vorstufen[41] von vornherein wenig aussichtsreich. Ein weiterer Hoffnungsträger für die Generierung von Titelverbindungen liegt in der Prolin-unterstützten kupferkatalysierten Kupplungsreaktion an Ethyniliodide analog einer bekannten Vinylazidsynthese.[42] Die Erzeugung mittels Azidgruppenübertragung auf Lithiumacetylide wurde im Arbeitskreis bereits zuvor ausgiebig untersucht und soll somit nicht nochmals aufgegriffen werden.[31]

Wie aus Schema 5 ersichtlich wird, liegt ein weiteres Ziel der vorliegenden Arbeit im Abfangen der Titelverbindungen bzw. ihrer Zersetzungsprodukte, was der Untersuchung des Reaktionsverhaltens von Ethinylaziden gleichkommt. Ein direktes Abfangen soll ausgehend von den zuvor bereits erwähnten 1,3-dipolaren Cycloadditionen unter 1,2,3-Triazolbildung versucht werden. Dabei ist angedacht, das kleinste unter moderaten Bedingungen stabile cyclische Alkin, explizit Cyclooctin, als Dipolarophil zu verwenden. Dieses ist infolge der Ringspannung so reaktiv, dass es selbst mit dem reaktionsträgen Lachgas eine [3+2]-Cycloaddition eingeht,[43] wodurch gehofft wird, dass es auch mit den höchstwahrscheinlich sehr kurzlebigen Ethinylaziden entsprechend reagiert. Ein zusätzlicher Vorteil liegt in der Symmetrie des Cyclooctins, wodurch keine 1,4- und 1,5-Regioisomere aus der thermischen Reaktion zu erwarten sind.[44] Des weiteren sollen die aus der Stickstoffabspaltung resultierenden Nitrene, bzw. Carbene (vgl. Schema 3), auf verschiedene Arten abgefangen werden, wobei laut quantenchemischen Rechnungen nur die Carbenstruktur einem energetischen Minimum entspricht.[35]

DIE MOTIVATION für die Synthese von Ethinylaziden liegt hauptsächlich im Interesse der Grundlagenforschung selbst begründet, explizit dem "Schließen der Lücke" innerhalb der strukturell einfachen Azide, da sowohl Alkyl- als auch Vinyl- sowie Propargylazide in der Literatur zur Genüge bekannt sind und einzig die *sp*-direkt-verknüpften Vertreter bislang nicht synthetisiert werden konnten. Damit sollen die 1-Azido-1-alkine dem Vorbild des Tetraazidomethans[24] sowie der α-Azidoalkohole[45] folgen, welche ebenfalls kürzlich erstmals synthetisiert und charakterisiert werden konnten, wodurch vergleichbare "Mysterien" in der Azidchemie entmystifiziert wurden. Infolgedessen, dass bereits interessante Reaktionen mit Molekülen, welche sowohl Azid- als auch Alkineinheiten enthalten, beschrieben wurden, wobei besonders die Bildung von Makrocyclen[46] sowie käfigartigen Strukturen[47] hervorzuheben ist, erscheint es einerseits vielversprechend, die auf die einfachstmögliche, direkte Art verknüpften Vertreter der Azidoalkine, die Ethinylazide, zu generieren und deren Reaktionsverhalten zu untersuchen. Andererseits besitzen sowohl die Acetylen- sowie auch die Azidfunktion einen hohen Energiegehalt, wodurch beispielsweise der Einsatz verschiedener organischer Azide in Treib-[48] sowie Explosivstoffen[49] ausgiebig untersucht wurde. Damit ergibt sich für die Titelverbindungen, sofern sie sich überhaupt erzeugen lassen, ein potentielles Anwendungsgebiet im Bereich der *High Energy Density Materials* (HEDM), welche als Energiespeicher sowie als Treib- und Explosivstoffe auch für die Industrie von großem Interesse sind.

2 Ergebnisse und Diskussion

2.1 1-Azido-1-alkine in der Literatur

Wie es in der Einleitung der vorliegenden Arbeit bereits erwähnt wurde, sind Ethinylazide in der Literatur durchaus keine unbekannten Verbindungen.[7,14,25,30,31,34,35] Allerdings beschränkt sich deren Daseinsberechtigung zumeist auf postulierte Zwischenstufen,[14,30,31] auf Objekte für quantenchemische Berechnungen[35] und nur in einem Fall auf tatsächlich isolierte Produkte,[34] welche jedoch von stark zweifelhafter Natur sind (vgl. Kapitel 1.1.3).

2.1.1 Vermeintlich gelungene Isolierung der Titelverbindungen[34]

Gemäß den Veröffentlichungen der russischen Arbeitsgruppe um D'YACHKOVA et al. konnten die Alkylsulfanyl-substituierten Ethinylazide **7c,d** als Öle in moderaten Ausbeuten isoliert werden.[34] Als Nebenprodukte wurden dabei die 4H-1,2,3-Triazole **19** gewonnen (vgl. Schema 4). Allerdings sind die vermeintlichen Produkte äußerst zweifelhaft und nicht mit den angegebenen Charakterisierungsdaten vereinbar (vgl. Kapitel 1.1.3), weshalb die Synthese zunächst exakt identisch zur Literaturvorschrift wiederholt wurde (Schema 6).

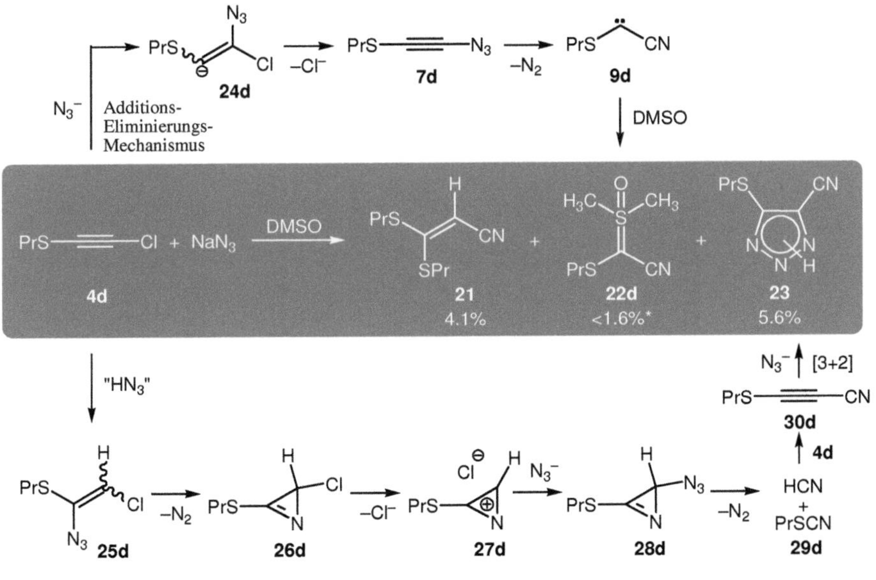

Schema 6: Isolierte Produkte bei der Umsetzung von **4d** mit NaN$_3$ entsprechend der Literatur.[34] Zusätzlich sind mögliche Bildungsmechanismen für die Strukturen **22d** und **23** mit aufgeführt.
* Verbindung **22d** konnte einzig aus einer Substanzmischung heraus identifiziert werden, eine säulenchromatographische Aufreinigung gelang nicht.

Eine Reproduktion der Ergebnisse gemäß Schema 4 war jedoch, wie bereits vermutet, nicht möglich. Dabei erwies sich die säulenchromatographische Aufarbeitung des hochkomplexen Produktgemisches, welches sich aus einer Vielzahl an Komponenten zusammensetzte, als zeitaufwendig und schwierig. Ein zweiter Ansatz analog der Literatur[34] wurde verwirklicht, um die Eignung der präparativen HPLC zur Auftrennung des Rohproduktgemisches zu untersuchen. Allerdings konnten neben zahlreichen Mischfraktionen einzig 5.6% des formalen Propanthiol-Adduktes **21** isoliert werden. Dieses ist aber weder auf die Verunreinigung von **4d** mit dem Thiol, welches bei dessen zweistufiger Synthese aus Trichlorethen Verwendung fand,[50] noch auf die durchlaufene Titelverbindung **7d** zurückzuführen. Letzteres wurde in einem NMR-Ansatz (zur Untersuchung der Bildung von **23**, siehe unten) bestätigt, bei welchem ein volles Äquivalent Natriumcyanid, jedoch kein Natriumazid, mit **4d** umgesetzt wurde und trotzdem die Bildung von **21** eindeutig beobachtet werden konnte. Unter Zusatz einer Mischung NaN$_3$/ NaCN = 1:1 (je 1.1 eq) ließ sich die Ausbeute an isoliertem **21** sogar auf 17% steigern.

Die Bildung des Dimethylsulfoxonium-Ylids **22d** kann über das Ethinylazid **7d**, dem daraus unter Stickstoffabspaltung resultierenden Carben **9d** und dessen Reaktion mit dem Lösungsmittel DMSO plausibel erklärt werden.[38] Schwieriger wird dies für das aromatische Triazol **23**. Der abgebildete Mechanismus gemäß Schema 6 wird durch den geminalen Donor (Thiopropyl-Rest) zur Azidgruppe in **25d** begünstigt, welcher sowohl für die Azirinbildung (→**26d**) als auch für die Generierung des Azirinyliumions (→**27d**) vorteilhaft wirkt. Letztlich resultiert **23** vermutlich aus der [3+2]-Cycloaddition des *in situ* gebildeten Cyanacetylens **30d** mit einem Azidanion, welche durch dessen *push-pull*-System ebenfalls begünstigt wird. Die zuvor bereits erwähnte NMR-Untersuchung führte jedoch beim Vergleich der Umsetzungen von **4d** mit NaN$_3$, mit einer Mischung NaN$_3$/NaCN = 1:1 sowie mit NaCN ohne NaN$_3$-Zusatz in keinem Fall zu einer signifikanten Beschleunigung der Bildung von **23**. Zusammenfassend konnte die beschriebene Isolierung von **7d** nicht bestätigt werden, allenfalls wird **7d** als instabile Zwischenstufe vermutet. Ebenso scheiterten sämtliche Versuche zur Vergleichssynthese der aromatischen Triazole **20**, sowohl ausgehend von Experimenten zur thermisch induzierten 1,3-dipolaren Cycloaddition von **4d** mit verschiedenen Azidquellen in protischen Lösungsmitteln als auch durch Versuche zur Einführung des Chlors ausgehend von 4-(Ethylthio)-5-(trimethylsilyl)-1*H*-1,2,3-triazol[51]. Dabei erwies sich **4d** selbst als thermisch instabil, was die misslungenen Versuche zur Triazolbildung erklären könnte.

Infolgedessen, dass die Titelverbindung **7d** maßgeblich an der Bildung des – wenn auch nur in minimaler Menge – beobachteten Sulfoxonium-Ylids **22d** beteiligt ist, sollte in einem weiteren Experiment versucht werden, diese mittels Cyclooctin als Cyclooctatriazol **31d** abzufangen (Schema 7). Allerdings wurde erneut eine hochkomplexe Substanzmischung aus dem entsprechenden Ansatz erhalten, aus welcher einzig die gezeigten Produkte isoliert werden konnten.

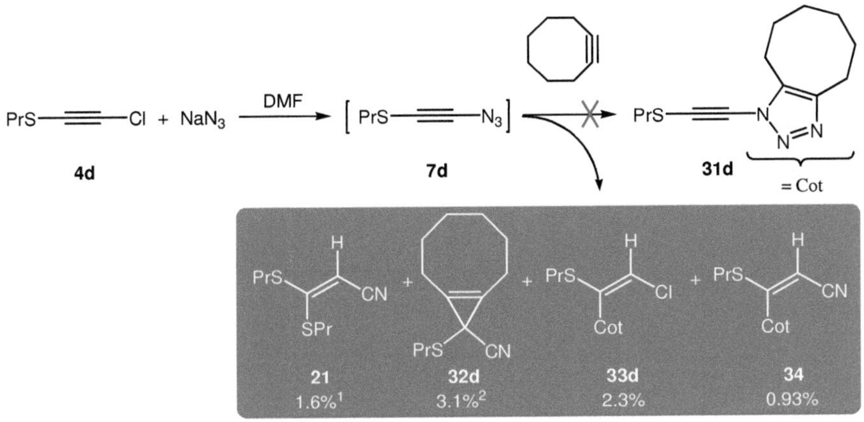

Schema 7: Umsetzung von **4d** mit NaN₃ in Gegenwart von Cyclooctin unter Angabe der isolierten Ausbeuten.

¹ davon 0.80% als ansonsten saubere Mischung mit **32d**
² davon 0.79% als ansonsten saubere Mischung mit **21**

Neben dem bereits zuvor gefundenen Alken **21** konnten die Cyclooctatriazole **33d**, welches sich durch Reaktion des Vinylazids **(Z)-25d** mit Cyclooctin ergibt, und **34** isoliert werden. Interessant erscheint die Bildung des Cyclopropens **32d**, das neben dem Sulfoxonium-Ylen **22d** einen direkten Beweis für das aus **7d** resultierende Carben **9d** (vgl. Schema 6) liefert. Allerdings konnte wiederum nur ein geringer Teil, explizit weniger als 10%, der maximal möglichen Ausbeute isoliert werden. Folglich kann weder in Bezug auf Vollständigkeit noch hinsichtlich der Reproduzierbarkeit der Ergebnisse, im Besonderen für Verbindungen, die nur zu 1–2% gewonnen werden konnten, eine Garantie übernommen werden. Auf Versuchswiederholungen unter Variation der Reaktions- und Aufarbeitungsbedingungen wurde infolge der zeitaufwendigen und experimentell schwierigen Produkttrennung verzichtet.

Als Schlussfolgerung aus den verwirklichten Experimenten geht hervor, dass die angeblich isolierten Ethinylazide **7c,d** aus der Literatur, noch dazu in den angegebenen Ausbeuten, in keinem Fall beobachtet werden konnten. Selbst eine Fehlinterpretation der Spektrendaten erscheint ausgehend von den meinerseits isolierten Produkten sowie den erhaltenen Rohproduktspektren mehr als zweifelhaft.

2.1.2 Azidoalkine als Intermediate bei der Erzeugung von Dicyanstilbenen[14]

Im Jahr 1969 veröffentlichten die Arbeitsgruppen von HASSNER[14a] und BOYER[14b] unabhängig voneinander die Bildung der Dicyanstilbene **14** bei der Umsetzung des Vinylazids **3**. HASSNER's Intention lag dabei in der Synthese von Azirinonen mittels der Hydrolyse von Dihalogenazirinen, BOYER photolysierte die Stilbene **14** zu 9,10-Dicyanphenanthren. Beide Arbeitsgruppen postulierten verschiedene Mechanismen zur Erklärung der gebildeten Stilbene, welche u. a. die Titelverbindung **7a** sowie das entsprechende Carben **9a** als durchlaufene Intermediate beinhalteten.[14,29] Allerdings diskutierte Hassner selbst bereits verschiedene Bildungsmöglichkeiten und vermutete vielmehr das 2*H*-Azirin **35** als Zwischenstufe bei der Generierung von **14** (Schema 8), basierend auf misslungenen Versuchen zum Abfangen der Carbenstruktur **9a** (z. B. mit Tolan als **36** oder mit Zn/Methanol als **13**).[14a]

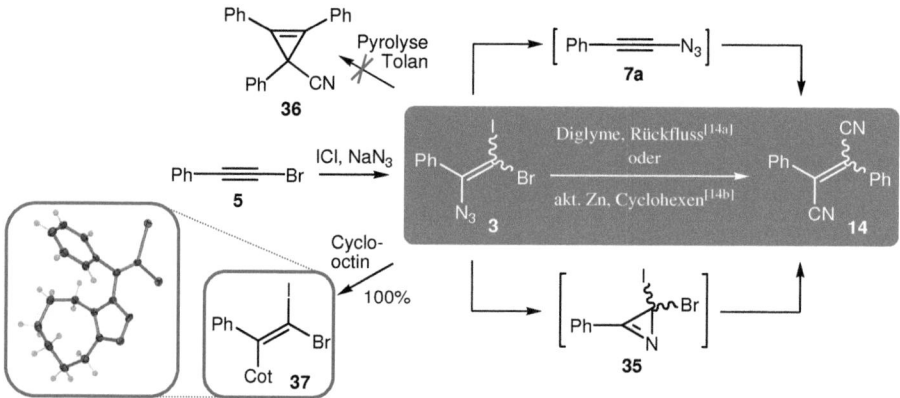

Schema 8: Bildung der Stilbene **14** aus dem Vinylazid **3** unter verschiedenen Bedingungen sowie misslungene Umsetzung mit Tolan durch Hassner.[14] Zusätzlich sind zwei mögliche reaktive Intermediate zur Erklärung der Bildung der Struktur **14** mit abgebildet. Die Konfiguration an der Doppelbindung von **3** konnte meinerseits über eine Röntgeneinkristallstrukturanalyse von dessen Cyclooctin-Cycloaddukt **37** eindeutig bestimmt werden.

Zur Klärung, ob tatsächlich die Titelverbindung **7a**, respektive das Carben **9a** an der Stilbenbildung beteiligt sind, wurden verschiedene Experimente realisiert. Zunächst wurde das Vinylazid **3** analog der Literatur[14a] in 45% Ausbeute aus dem Ethinylbromid **5**[52a] hergestellt. Anschließend wurde der Versuch von HASSNER[14a] zunächst auf seine Reproduzierbarkeit hin untersucht sowie zwei Versuche zur Umsetzung von **3** in DMSO verwirklicht, bei welchen, sollte das Carben **9a** eine reaktive Zwischenstufe auf dem Weg zu den Stilbenen **14** verkörpern, die Bildung des Sulfoxonium-Ylids **22a** zu erwarten wäre (vgl. Schema 6, Bildung von **22d**, für **22a** Ph- statt PrS-Rest). Die Ergebnisse dieser Experimente sind in Tabelle 1 zusammengefasst.

Tabelle 1: Isolierte Ausbeuten an **14** bei der Umsetzung von **3** unter verschiedenen Bedingungen.

	Umsetzung 3→14	(*E*)-14	(*Z*)-14	Bemerkungen
1	von HASSNER, Δ, Diglyme	60%[14a]	-	
2	von BOYER, akt. Zn	40%[14b]	27%[14b]	Lösungsmittel: Cyclohexen
3	Reproduktion Vorschrift HASSNER	36%	26%	abgeänderte Aufarbeitung
4	Δ, DMSO	27%	22%	keine Bildung von **22a**
5	akt. Zn, DMSO	2.7%	-	zzgl. 5.0% Benzoesäure isoliert

Zwar ließen sich aus dem Vinylazid **3** tatsächlich die Dicyanstilbene **14** gewinnen, jedoch wurde bei keiner der Umsetzungen in DMSO die Bildung des erhofften Produktes **22a** beobachtet. Infolgedessen, dass bei der in Kapitel 2.1.3 diskutierten Umsetzung von (Chlorethinyl)benzol (**4a**) mit Natriumazid in DMSO neben dem in moderater Ausbeute gewonnenen Sulfoxonium-Ylid **22a** zu einem geringen Prozentsatz auch das Stilben (***E***)-**14** isoliert werden konnte, welches formal als Dimerisierungsprodukt des Carbens **9a** betrachtet werden kann, sollte, unter Zugrundelegung der isolierten Ausbeuten an **14** im zweistelligen Prozentbereich (vgl. Tabelle 1, Einträge 1–3), eine signifikante Menge an **22a** bei der Umsetzung in DMSO (Einträge 4–5) erhalten werden, falls die Stilbene wirklich auf das Carben **9a** zurückzuführen sind. Resultierend können das Ethinylazid **7a** sowie das entsprechende Carben **9a** (vgl. Schema 3) als reaktive Intermediate bei der Bildung von **14** definitiv ausgeschlossen werden.

Bezüglich des von HASSNER postulierten Azirins **35** als durchlaufene Zwischenstufe wurden ebenfalls einige Experimente realisiert, welche in Schema 9 zusammengefasst dargestellt sind.

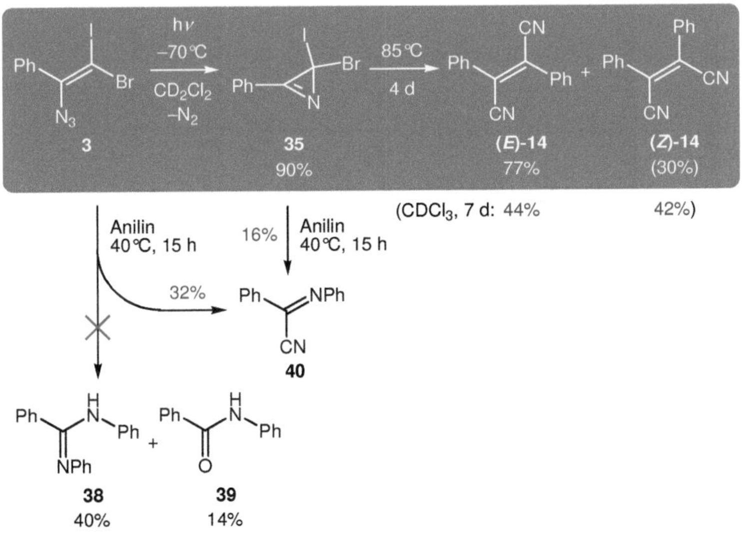

Schema 9: Umsetzung des Vinylazids **3** im NMR-Ansatz im abgeschmolzenen NMR-Röhrchen (30 mg Ansatz, 2 h Photolyse). Sämtliche Ausbeuten sind bezogen auf **3** und wurden für die NMR-Ansätze über einen internen Standard (Lösungsmittelrestsignal des NMR-Solvenz oder 1,4-Dioxan) ermittelt. Zusätzlich ist die von HASSNER beschriebene Umsetzung[14a] von **3** mit Anilin abgebildet, welche sich jedoch nicht reproduzieren ließ. Stattdessen wurde mit einem Anilinüberschuss (2.5 eq bezogen auf **3**) sowohl ausgehend vom Vinylazid **3** als auch vom Azirin **35** neben Anilinhydrobromid[53] einzig das bekannte Nitril **40**[54] isoliert.

Dabei konnte das 2*H*-Azirin **35** mittels Tieftemperaturphotolyse aus **3** in 90% NMR-Ausbeute generiert und mittels Tieftemperatur-NMR-Spektroskopie charakterisiert werden. Ebenso wurde gezeigt, dass sich **35** thermisch nahezu komplett in die Dicyanstilbene **14** überführen lässt, womit das 2*H*-Azirin **35** eindeutig als durchlaufenes Intermediat bei den Versuchen von HASSNER und BOYER nachgewiesen wäre. Zwei Vergleichsansätze ausgehend von (*E*)-**14** sowie (*Z*)-**14** haben gezeigt, dass beide Stilbene unter den gewählten Photolysebedingungen (–70°C, 2 h, in CD_2Cl_2) weder analog zu den Experimenten von BOYER zu 9,10-Dicyanphenanthren reagieren,[14b] noch anderweitige Zersetzungs- sowie Folgeprodukte hervorbringen und einzig eine *cis-trans*-Isomerisierung zu beobachten ist (in beiden Fällen nach der Photolyse ca. (*Z*)-**14**/(*E*)-**14** = 2:1). Ebenfalls überstanden die Stilbene zwei Tage bei 80°C (in DMSO-d_6) unbeschadet. Zur Vervollständigung und Abrundung der erhaltenen Resultate sollte in diesem Zusammenhang noch untersucht werden, inwieweit auch andere von HASSNER beobachtete Reaktionsprodukte sich über das Azirin **35** erklären lassen. So konnte dieser aus der Umsetzung von **3** mit Anilin bei 40°C Diphenylbenzamidin (**38**) und Benzanilid (**39**) in moderaten Ausbeuten isolieren (vgl. Schema 9). Ersteres führte Hassner auf einen nucleophilen Angriff des Anilinstickstoffs am benzylständigen Kohlenstoff des 2*H*-Azirins **35** unter Ringöffnung mit anschließender Umsetzung des resultierenden Nitrils mit einem weiteren Anilinmolekül zurück.[14a] Unglücklicherweise ließ sich der Versuch meinerseits nicht reproduzieren. Allerdings konnte sowohl bei der Reaktion von **3** als auch bei der von **35** mit Anilin das Acetonitrilderivat **40**, das von HASSNER in seiner protonierten Form als Zwischenstufe bei der Bildung von **38** angenommen wurde,[14a] gewonnen werden, welches somit einen weiteren Beleg für das 2*H*-Azirin **35** als reaktive Spezies in der Umsetzung gemäß Schema 8 darstellt.

Zusammenfassend konnte anhand zahlreicher Experimente eindeutig belegt werden, dass die Bildung der Dicyanstilbene **14** definitiv nicht auf das Ethinylazid **7a**, sondern vielmehr auf das dihalogensubstituierte 2*H*-Azirin **35**, welches darüber hinaus direkt NMR-spektroskopisch beobachtet werden konnte, zurückgeführt werden muss.

2.1.3 Azidoalkine als Intermediate bei der Erzeugung von Sulfoximinen[30]

Im Jahr 1983 beschrieben TANAKA und YAMABE die Umsetzung von (Chlorethinyl)benzol (**4a**) mit Natriumazid in DMSO, aus welcher unter anderem das Sulfoximin **15** hervorging.[30] Dieses lässt sich plausibel als Reaktionsprodukt über das Nitren **8a**, welches aus dem – über einen Additions-Eliminierungs-Mechanismus gebildeten – Ethinylazid **7a** durch Stickstoffabspaltung resultiert, sowie dessen Umsetzung mit dem Lösungsmittel DMSO erklären (vgl. auch Schema 3). Um zu untersuchen, ob tatsächlich ein 1-Azido-1-alkin bei der Bildung von **15** involviert ist, wurde abermals zunächst die Reproduzierbarkeit der beschriebenen Umsetzung untersucht. In Schema 10 sind die erhaltenen Ergebnisse denen von TANAKA et al.[30] gegenübergestellt, zusätzlich ist nochmals der Mechanismus zur Erklärung der relevanten Produkte in Bezug auf die Titelverbindungen abgebildet.

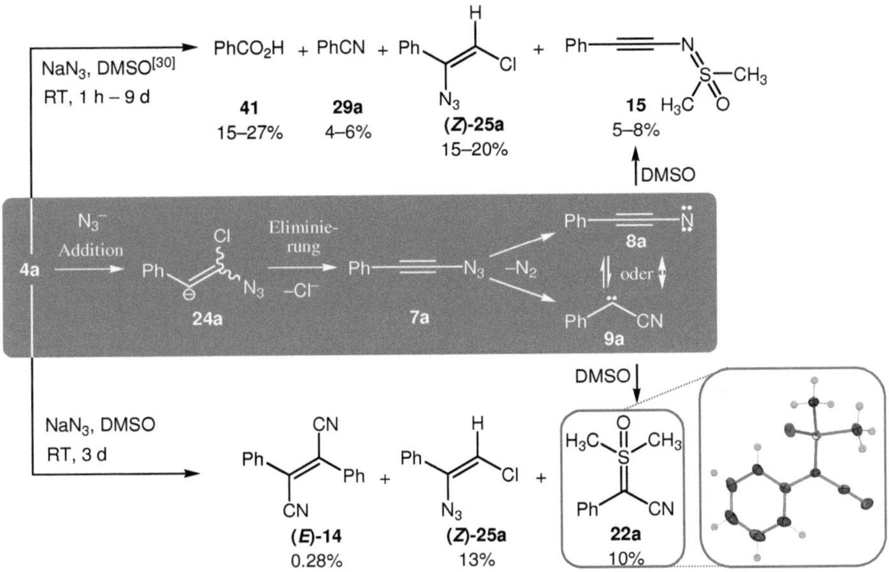

Schema 10: Umsetzung von **4a** mit NaN₃ durch TANAKA und YAMABE (oben) sowie bei der versuchten Reproduktion der Literaturvorschrift[30] (unten). Neben den dargestellten Produkten konnten zusätzlich Spuren von 2-Azidoacetophenon[55] (0.58%), Thiobenzoesäure-*S*-methylester[56] sowie 4-Phenyl-1*H*-1,2,3-triazol[57] (0.52%) aus der komplexen Produktmischung isoliert werden. Die Bildung des Sulfoxonium-Ylids **22a** konnte zweifelsfrei über eine Einkristallröntgenstrukturanalyse belegt werden.

Es konnte gezeigt werden, dass das vermeintliche Sulfoximin **15** einzig auf einer Spektrenfehlinterpretation beruht und eigentlich das Sulfoxonium-Ylid **22a** gebildet wurde, was auch durch *ab initio* Rechnungen von AUER et al. untermauert wird (vgl. Kapitel 2.2).[35] Das Vinylazid (**Z**)-**25a**, welches formal dem HN₃-Addukt von **4a** entspricht, konnte analog zu TANAKA isoliert und bezüglich seiner Konstitution sowie Konfiguration eindeutig bestätigt werden (Schema 11).

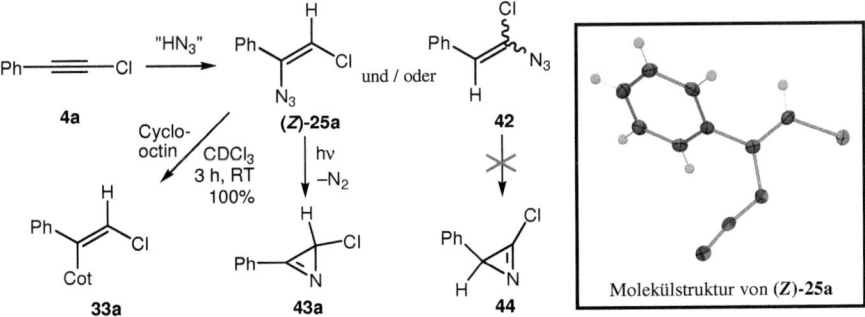

Schema 11: Übersicht der Versuche zur Strukturbestätigung von (**Z**)-**25a**. Das entsprechende (*E*)-Isomer konnte über die gefundenen nOe-Effekte zwischen dem Vinylproton und den aromatischen Protonen ausgeschlossen werden; Klarheit lieferten neben der Tieftemperaturphotolyse zu **43a** die nachträglich angefertigten Einkristall-Röntgenbeugungsanalysen von **33a** sowie dem Vinylazid (**Z**)-**25a** selbst.

Benzoesäure (**41**) sowie Benzonitril (**29a**) konnten entgegen der Resultate von TANAKA et al. nicht gefunden werden, wobei Letzteres bei Wiederholung des Ansatzes zumindest im Rohprodukt sowie **41** in einem analogen NMR-Experiment eindeutig nachgewiesen wurden. Allerdings sind weder **29a** noch **41** eindeutig auf durchlaufene Ethinylazide zurückführbar (Schema 12), so dass auf die Isolierung und weiterführende Untersuchungen in diese Richtung verzichtet wurde. Interessanter war die Bildung des Stilbenderivats (*E*)-**14**, welches als formales Dimerisierungsprodukt des Carbens **9a** gedeutet werden kann (vgl. Kapitel 2.1.2 sowie [14b]). Bedingt durch dessen Ausbeute von unter einem Prozent ist eine Reproduzierbarkeit bezogen auf (*E*)-**14** jedoch fraglich, und dessen Isolierung wird an dieser Stelle nur der Vollständigkeit halber erwähnt.[1]

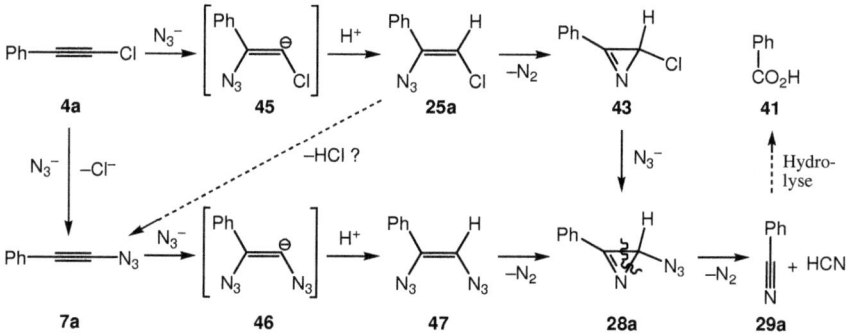

Schema 12: Mögliche Reaktionsmechanismen zur Bildung von Benzonitril (**29a**) aus (Chlorethinyl)benzol (**4a**). Ebenso könnte **29a** über den – wenn auch unter den gewählten Reaktionsparametern unwahrscheinlichen – Zerfall einer möglicherweise gebildeten 1*H*-1,2,3-Triazolspezies in Gegenwart eines Azids als Stickstoffbase erklärt werden.[58]

Nachdem die vermeintliche Sulfoximinstruktur **15** zweifelsfrei zugunsten der Ylidstruktur **22a** revidiert werden musste, galt es, die Beteiligung der Titelverbindung **7a**, respektive des Carbens **9a** an deren Bildung nachzuweisen. Dazu wurden zwei Ansätze verwirklicht, welche, ausgehend von verschiedenen Carbenvorläufern, deren literaturbekannte[38] Reaktion mit DMSO belegen sollten (Schema 13). Sämtliche Bemühungen, das Sulfoxonium-Ylid **22a** analog der in der Literatur beschriebenen Bildung des strukturähnlichen Ylens **51**[38] aus der jeweils entsprechenden Diazo-Vorstufe **49** (**49a** für **51**, **49b** für **22a**) zu generieren, scheiterten. Die Synthese von **51** selbst ließ sich jedoch problemlos reproduzieren. Ein weiterer geeigneter Vorläufer zur Erzeugung von Carbenen findet sich in Diazirinen.[59] Dabei ließ sich der reaktive Vertreter **54** erfolgreich *in situ* aus dem bekannten Diazirin **53**[60] generieren und in moderater Ausbeute in das

---

[1] Ein Versuch, die Ausbeute des vermeintlichen Dimerisierungsproduktes (*E*)-**14** durch Zugabe von **4a** zu einer unterkühlten QN$_3$-Schmelze (ohne Gegenwart anderweitiger Reaktionspartner für das Carben **9a**) zu erhöhen, scheiterte. Dabei konnte aus der zähen, dunkelbraunen Reaktionsmasse, welche aus der heftigen Reaktion unter starker Gasentwicklung hervorging, einzig 2-Chloracetophenon (4.8%) isoliert werden.

Sulfoxonium-Ylid **22a** überführen. Somit konnte eindeutig bewiesen werden, dass **22a** tatsächlich auf die Carbenstruktur **9a** zurückzuführen ist. Nur am Rande sei erwähnt, dass Versuche, **7a** bei der Umsetzung und Reaktionsverfolgung von **4a** mit verschiedenen Aziden in unterschiedlichen NMR-Lösungsmitteln (explizit: QN$_3$/Methylenchlorid-d$_2$, LiN$_3$/Aceton-d$_6$, NaN$_3$/DMSO-d$_6$, LiN$_3$/DMSO-d$_6$, LiN$_3$/HMPTA-d$_{18}$) sowie bei verschiedenen Temperaturen direkt NMR-spektroskopisch zu beobachten, durchweg misslangen (vgl. auch Kapitel 2.3.2.1).

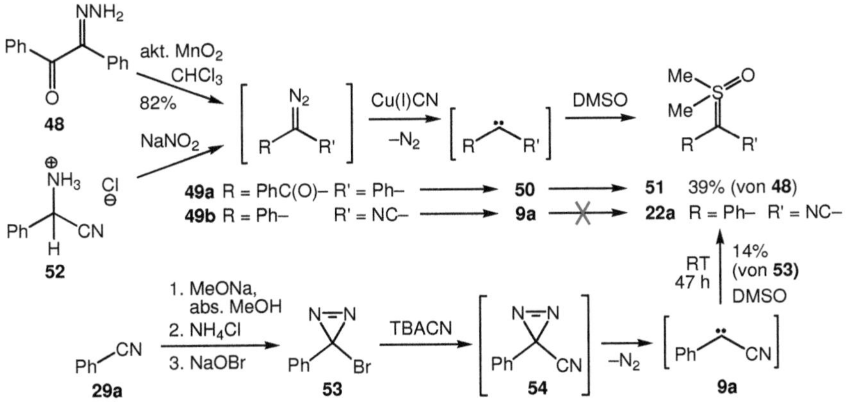

Schema 13: Verwirklichte Versuche im Rahmen der Vergleichssynthese von **22a** aus verschiedenen Carbenvorläufern zur Bestätigung des durchlaufenen Carbens **9a**.

Zusammenfassend gelang es in diesem Fall tatsächlich, eine potentielle «Cyancarben-Fußspur» dem «Yeti innerhalb der Azide» zuzuordnen und die isolierte und anhand einer Einkristallröntgenstrukturanalyse eindeutig belegte Sulfoxonium-Ylidstruktur **22a** als Folgeprodukt des Ethinylazids **7a** zu bestätigen. Damit ergibt sich als bislang aussichtsreichste Herangehensweise zur Erzeugung von 1-Azido-1-alkinen **7** die Substitutionsreaktion ausgehend von entsprechenden Chloracetylenen **4** (vgl. Kapitel 2.3). Um zu untersuchen, ob sich möglicherweise besonders Erfolg versprechende Vertreter der Titelverbindungen **7** finden lassen, wurden der praktischen Arbeit im Labor einige quantenchemische Rechnungen in Zusammenarbeit mit der Arbeitsgruppe "Theoretische Chemie" um Prof. Dr. ALEXANDER A. AUER vorangestellt, welche im folgenden Kapitel zusammengefasst dargestellt sind.

2.2 Stabilität von 1-Azido-1-alkinen

Entscheidend für die Stabilität von 1-Azido-1-alkinen ist die Höhe der Energiebarriere ihrer unimolekularen Zersetzung unter Stickstoffabspaltung. Von PROCHNOW und AUER konnte bereits *via* theoretisch-quantenchemischer Untersuchungen gezeigt werden, dass sich diese Stabilität nicht signifikant durch gängige Donor- bzw. Akzeptorsubstituenten an der Dreifachbindung erhöhen lässt.[35] Allerdings wurde durch die Ergebnisse der Umsetzungen von **4a** (vgl. Kapitel 2.1.3) sowie **4d** (vgl. Kapitel 2.1.1) mit Natriumazid deutlich, dass sich ein konjugiertes aromatisches System günstig auf die Synthese der Titelverbindungen **7** auswirkt. Zudem lassen die *ab initio* Berechnungen von PROCHNOW[35b] eine gewisse Stabilität der entsprechenden, aromatisch substituierten Ethinylazide erwarten. Folglich sollte zunächst durch weitere Modellrechnungen überprüft werden, ob durch geeignete Substituenten am aromatischen Rest oder aber durch Vergrößerung des π-Systems erfolgversprechendere, d. h. vermeintlich stabilere Vertreter der Ethinylazide ausfindig gemacht werden können. Dabei würde eine bessere Delokalisierbarkeit von Ladungen im größeren konjugierten System gleichzeitig mit einer Begünstigung des vermuteten Additions-Eliminierungs-Mechanismus (vgl. Schema 10) einhergehen.

Für die Berechnungen wurden analog zu PROCHNOW (Schema 14)[35b] zunächst die Molekülgeometrien der untersuchten Strukturen auf B3-LYP/DZP-Niveau[61a] optimiert, der harmonische Teil der Nullpunktschwingungskorrektur ermittelt und anschließend die Übergangszustände berechnet, wobei wiederum die Schwingungsenergien berücksichtigt wurden. Dazu wurde die $N_\alpha N_\beta$-Bindung der Azidgruppe um etwa 0.3 Å gedehnt und anschließend mittels der Optimierungsroutine «Statpt» aus dem Programmpaket TURBOMOLE[61b] dem entsprechenden Eigenvektor gefolgt. Die optimierten Geometrien der berechneten Verbindungen **7a, f–j** sind in Schema 17 zusammengefasst, die berechneten Energiewerte sowie die resultierenden Zersetzungsbarrieren finden sich in Tabelle 2.

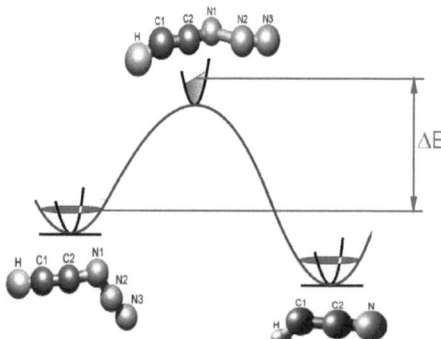

Schema 14: Schematische Darstellung der Stickstoffabspaltung für den einfachsten Vertreter der Ethinylazide, explizit "dem" Ethinylazid (**7e**), als Berechnungsgrundlage für die ermittelten Zersetzungsbarrieren ΔE unter Berücksichtigung der jeweiligen Nullpunktschwingungsenergien (Quelle: modifiziert aus [35b]).

Betrachtet man die berechneten Energiebarrieren, so wird deutlich, dass diese für nahezu alle untersuchten Verbindungen zwischen ca. 65–80 kJ/mol liegen. Am vielversprechendsten erweist sich dabei Verbindung **7j**, welche ausschließlich einen Methylrest an der Dreifachbindung besitzt. Interessant ist außerdem die Feststellung, dass nach den Ergebnissen der Berechnungen weder elektronenziehende Substituenten am aromatischen System (z. B. **7f**) noch größere konjugierte Systeme (z. B. **7i**) einen signifikant stabilisierenden Effekt auf die entsprechende Titelverbindung ausüben, verglichen mit dem unsubstituierten Phenylrest in **7a**. Allerdings scheinen Donorsubstituenten (vgl. **7h**) eine Verringerung der Zersetzungsbarriere und resultierend eine Destabilisierung zu bewirken.

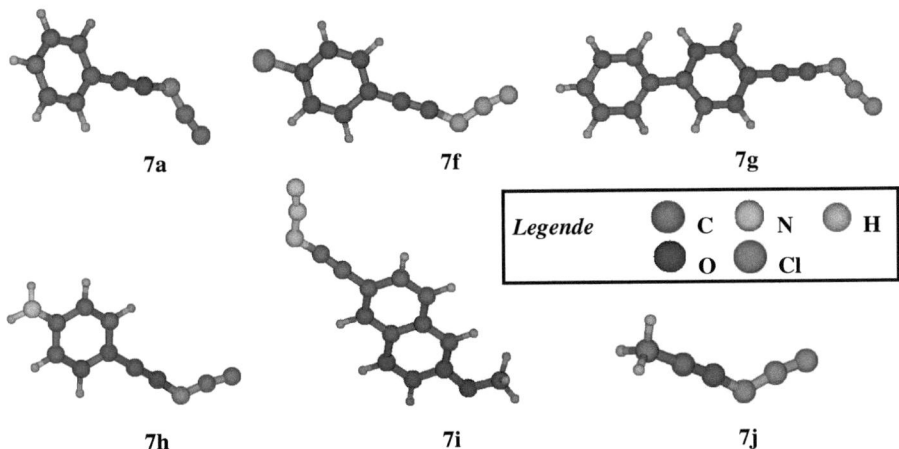

Schema 15: Optimierte B3-LYP/DZP-Gleichgewichtsgeometrien der Ethinylazid-Strukturen, für welche die unimolekularen Zersetzungsbarrieren berechnet wurden (Bearbeitungssoftware: MOLDEN).

Tabelle 2: Berechnete Energiebarrieren[2] für die unimolekulare Zersetzung unter N_2-Abspaltung. Sämtliche Energien wurden auf B3-LYP/DZP-Niveau berechnet, die Rechenzeit lag dabei abhängig vom System im Bereich von wenigen Minuten bis hin zu einigen Tagen. Genauere Angaben zur verwendeten Rechentechnik sowie der genutzten Software finden sich in [35].

Molekül	Rest R am Ethinylazid	Minimumsgeometrie		Übergangszustand		Zersetzungsbarriere in [kJ/mol]
		absolute Energie [Hartree]	Nullpunktschwingungskorrektur [Hartree]	absolute Energie [Hartree]	Nullpunktschwingungskorrektur [Hartree]	
7a	Ph–	-471.683051	0.113331	-471.648663	0.109194	**79.4**
7f	p-Cl–C_6H_4–	-931.207070	0.103683	-931.173077	0.099544	**78.4**
7g	p-Ph–C_6H_4–	-702.582711	0.194173	-702.549177	0.189988	**77.1**
7h	p-NH_2–C_6H_4–	-527.006915	0.129657	-526.977731	0.125743	**66.4**
7i	2-Methoxy-napht-6-yl-	-739.679618	0.192341	-739.647533	0.188371	**73.8**
7j	Me–	-280.065748	0.059465	-280.027813	0.054800	**87.4**
7c	EtS–	Die Energiebarrieren für **7c**, **7e** und **7k** wurden bereits von AUER et al.[35] bestimmt und sind an dieser Stelle nochmals mit aufgeführt, da sie für bestimmte Diskussionen bzw. Ausführungen innerhalb dieser Arbeit relevant sind.				**41.6**
7e	H–					**87.9**
7k	NC–					**73.1**

---

[2] Umrechnung: 1 Hartree = 2625.5 kJ/mol = 627.5 kcal/mol = 27.211 eV = 219474.6 cm^{-1} [61c]

Um festzustellen, inwieweit die zuvor ermittelten unimolekularen Zersetzungsbarrieren von Ethinylaziden **7** unter Stickstoffabspaltung zur Ermittlung von potentiellen Temperaturfenstern, in denen eine direkte spektroskopische Beobachtung der Verbindungen möglich ist, herangezogen werden können, wurden verschiedene Vinylazide in analoger Weise berechnet. Dabei galt es zu klären, ob die ermittelten Energiebarrieren mit den bekannten Stabilitäten der untersuchten Vinylazide (**Z**)-**25a**, **55**–**57**[62a–c] korrelieren (Schema 16, Tabelle 3).

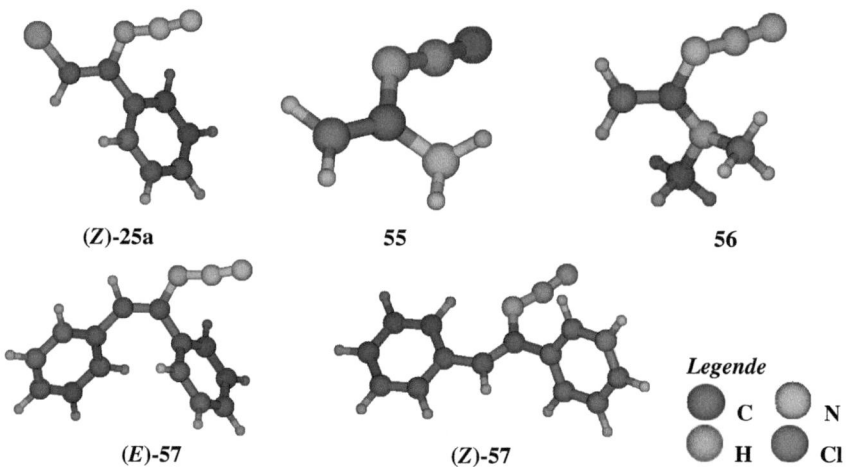

Schema 16: Optimierte B3-LYP/DZP-Gleichgewichtsgeometrien der Vinylazid-Strukturen, für welche die unimolekularen Zersetzungsbarrieren berechnet wurden (Bearbeitungssoftware MOLDEN).

Tabelle 3: Berechnete Energiebarrieren für die unimolekulare Zersetzung unter N_2-Abspaltung. Sämtliche Energien wurden auf B3-LYP/DZP-Niveau berechnet. Die Rechenzeit lag dabei abhängig vom jeweiligen Molekül im Bereich von wenigen Minuten bis hin zu einigen Tagen. Genaue Angaben zur verwendeten Rechentechnik sowie der genutzten Software finden sich in [35].

Molekül	Minimumsgeometrie		Übergangszustand		Zersetzungs-barriere in [kJ/mol]
	absolute Energie [Hartree]	Nullpunkt-schwingungs-korrektur [Hartree]	absolute Energie [Hartree]	Nullpunkt-schwingungs-korrektur [Hartree]	
(**Z**)-**25a**	–932.453442	0.127594	–932.400515	0.123233	**127.5**
55	–297.355963	0.072218	–297.309548	0.068191	**111.3**
56	–375.902677	0.128229	–375.857261	0.124015	**108.2**
(**E**)-**57**	–703.829988	0.217645	–703.786861	0.213934	**103.5**
(**Z**)-**57**	–703.834447	0.218091	–703.786372	0.213849	**115.1**

Man sieht, dass sich die berechneten Energien (abgesehen von (**Z**)-**25a**) nicht signifikant voneinander unterscheiden, jedoch deutlich höher liegen als die berechneten Zersetzungsbarrieren von 1-Azido-1-alkinen. Plausibel erscheint, dass (**Z**)-**57** mit zueinander *trans*-ständigen Phenylresten rechnerisch etwas stabiler ist als (*E*)-**57**, wo die sterische Wechselwirkung der *cis*-ständigen Phenylreste durch Stickstoffabspaltung verringert werden kann. Allerdings ist kein kennzeichnender Unterschied in den berechneten Zersetzungsenergien der besonders instabilen Vinylazide **55**, **56** (*α*-Aminovinylazide reagieren sehr schnell unter N_2-Abspaltung zu Azirinen)[62a] im Vergleich zu den im Labor bei tieferen Temperaturen (< 5°C) herstellbaren Verbindungen (*E*)-/(*Z*)-**57**[62b,c] zu verzeichnen. Folglich korrelieren die berechneten Werte nicht zwangsweise mit den tatsächlich beobachteten Zersetzungstemperaturen; jedoch zeichnet sich ab, dass die Titelverbindungen **7** voraussichtlich noch um einiges instabiler sind als die nur bei tiefen Temperaturen beobachtbaren Vinylazide **57** sowie in jedem Fall als die bei Raumtemperatur isolierbare Azidstruktur (*Z*)-**25a**.

Zusammenfassend wurde von AUER und PROCHNOW eine Methode erarbeitet, welche unter Verwendung der Dichtefunktionaltheorie (insbesondere des Funktionals B3-LYP) ein rechenzeiteffizientes Screening verschiedenster 1-Azido-1-alkine bezüglich ihrer Zersetzungsbarrieren ermöglicht.[35] Allerdings wurde innerhalb der untersuchten Systeme keine Titelverbindung gefunden, welche auch nur annähernd die Energiebarriere für die unimolekulare Stickstoffabspaltung eines «stabilen» (isolierbaren) Azids aufweist. Neben aromatisch substituierten Ethinylaziden wurde mit **7j** auch eine Verbindung berechnet, die ausschließlich einen aliphatischen Rest an der Dreifachbindung aufweist. Diese scheint, vergleichbar mit Ethinylazid (**7e**), etwas stabiler als sämtliche restlichen berechneten Vertreter zu sein. Allerdings ist der schwache Donor an der Dreifachbindung nachteilig für den Additions-Eliminierungs-Schritt bei der Bildung des Azidoalkins *via* nucleophiler Substitution (vgl. Kapitel 2.1.3). Infolgedessen, dass sich ausgehend von den verwirklichten Rechnungen keine vorrangig zu untersuchenden Verbindungen ausmachen ließen, wurden die Versuche von TANAKA und YAMABE als Ausgangspunkt für sämtliche weiteren Betrachtungen herangezogen,[30] welche im folgenden Kapitel zusammengefasst sind.

2.3 Synthese von 1-Azido-1-alkinen via Substitutionsreaktionen

Ausgehend von den zuvor beschriebenen Ergebnissen aus der Literatur (vgl. Kapitel 2.1) sowie den Resultaten der quantenchemischen Berechnungen zur Stabilität der Titelverbindungen (vgl. Kapitel 2.2) ergeben sich Substitutionsreaktionen an 1-Chlor-1-alkinen als aussichtsreichste Herangehensweise in Bezug auf die Synthese von Ethinylaziden. Dabei wurden analoge Reaktionen unter Verwendung der entsprechenden brom- sowie iodsubstituierten Arylacetylene bereits in der Literatur (ausgehend von **5** bzw. **6**) erfolglos untersucht,[28] was ausgehend von (Iodethinyl)benzol (**6**)[63] sowie dem *para*-Nitrophenyl-substituierten 1-Brom-1-alkin[64] auch bestätigt werden konnte. Nichtsdestotrotz lieferten die Umsetzungen der Chloracetylene **4** zahlreiche interessante Ergebnisse, die im Folgenden ausführlich diskutiert werden sollen.

2.3.1 Abfangen der Zersetzungsprodukte von Titelverbindungen

2.3.1.1 Versuche zum Abfangen mit DMSO

Die Umsetzung von (Chlorethinyl)benzol (**4a**) mit Natriumazid wurde von TANAKA et al.[30] publiziert und zudem bereits erfolgreich auf Reproduzierbarkeit hin untersucht (vgl. Kapitel 2.1.3). Diesbezüglich wurden Reaktionen entsprechender Chloracetylene **4** als Ausgangspunkt aller weiteren Betrachtungen gewählt. Zunächst galt es dabei zu klären, ob auch andere Azidquellen anstelle von Natriumazid verwendet werden können und inwieweit sich diese in Bezug auf die Ausbeute an Sulfoxonium-Ylid **22a** auswirken. Eine entsprechende Zusammenfassung findet sich in Schema 17.

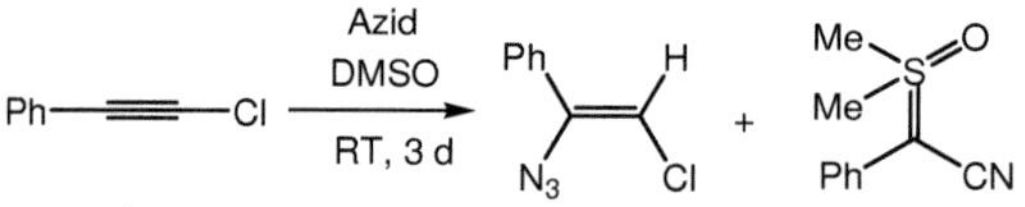

Azid	Reaktions-zeit bei RT	isolierte Ausbeuten		Bemerkungen
		(Z)-**25a**	**22a**	
NaN$_3$ (1 eq)[30]	3 d	15–20 %	5–8 %	zusätzl. Benzoesäure + Benzonitril
NaN$_3$ (1.5 eq)	3 d	13 %	10 %	zahlreiche Nebenprodukte, <1 % **4a**
1 TMGA (1 eq)	72 h	18 %	14 %	kein **4a**, obwohl im RP, ^{a}
2 LiN$_3$ (1 eq)	73 h	15 %	9.3 %	18 % **4a** zurückisoliert
3 QN$_3$ (1 eq)	73 h	14 %	7.0 %	10 % **4a** zurückisoliert, ^{a}

Schema 17: Umsetzung von **4a** mit verschiedenen Aziden unter identischen Bedingungen.

^{a} Bei der Umsetzung mit TMGA wurde aus der säulenchromatographischen Aufarbeitung zusammen mit **22a** ein Nebenprodukt isoliert, bei welchem es sich vermutlich um (Z)-3-Azido-2-phenylacrylonitril handelt.[3] Bei der Umsetzung mit QN$_3$ war infolge von mitisolierten Q-Salzen eine zweite chromatographische Aufreinigung von **22a** erforderlich.

Aus Schema 17 wird ersichtlich, dass sich auch andere Azide für die Substitutionsreaktion als geeignet erweisen, wobei die Ausbeute an **22a** im Vergleich zur Verwendung von NaN$_3$ maximal um ±4% variiert. Resultierend wurde für weitere Untersuchungen aus Kostengründen sowie der Verfügbarkeit hauptsächlich Natriumazid, infolge der etwas besseren Löslichkeit[65] zum Teil Lithiumazid verwendet. Zahlreiche analoge Umsetzungen unter Variation der Substituenten an den leicht zugänglichen Ethinylchloriden **4** konnten verwirklicht werden (Schema 18).

---

[3] Das Nebenprodukt wurde unter Verwendung von Ethylacetat (Kieselgelsäule) zusammen mit **22a** eluiert und konnte durch seine Schwerlöslichkeit in Chloroform von diesem abgetrennt werden: Gelber Feststoff. – **Smp.**: 178–181 °C. – **^{1}H-NMR (Aceton-d$_6$):** δ = 7.25 (*pseudo* t mit erkennbarer Feinaufspaltung, *J* = 7.6 Hz, 1 H, *p*-Ph), 7.39 (*pseudo* t mit erkennbarer Feinaufspaltung, *J* = 7.6 Hz, 2 H, *m*-Ph), 7.60 (*pseudo* d mit erkennbarer Feinaufspaltung, *J* = 7.6 Hz, 2 H, *o*-Ph), 8.30 (s, 1 H, Vinyl-H). Die (Z)-Konfiguration wird ausgehend von den gefundenen nOe-Effekten angenommen. – **^{13}C-NMR (Aceton-d$_6$):** δ = 100.02 (s, Benzyl-C), 119.20 (s, CN), 125.99 (d, *o*-Ph), 128.42 (d, *p*-Ph), 130.40 (d, *m*-Ph), 135.83 (s, *i*-Ph), 158.57 (d, =*C*CN). – **IR (KBr):** $\tilde{\nu}$ = 602 cm^{-1} (m), 750 (m), 1212 (s), 1271 (m), 1392 (s), 2166 (s, N$_3$), 2215 (w, CN), 3060 (w, =CH).

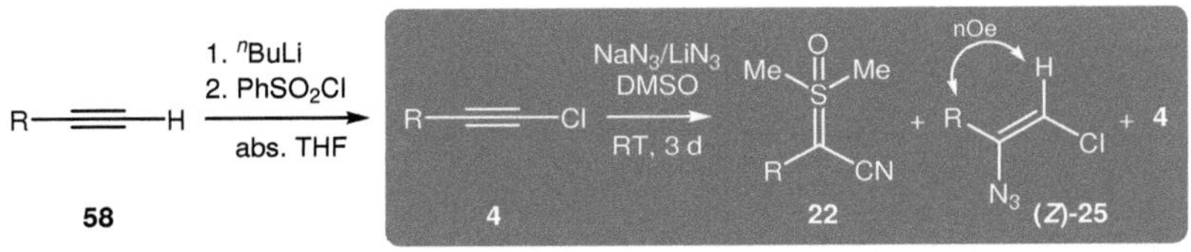

THEORETISCHER TEIL

Schema 18: Synthese und Umsetzung der (Chlorethinyl)aromaten **4**. Die (Z)-Konfiguration der Vinylazide **25** wurde mittels nOe-Einstrahlexperimenten sowie im Fall von **(Z)-25a** (R = Ph-) über eine Röntgeneinkristallstrukturanalyse bestätigt. **(Z)-25l** wurde zusätzlich analog zu **(Z)-25a** mittels Tieftemperaturphotolyse zum entsprechenden Azirinderivat **43l** (vgl. Schema 11) umgesetzt. Die gewählte Reaktionszeit von 3–4 Tagen basiert auf Konzentrationsverläufen der Literatur, wonach die Bildung von **22a**, welches als Nitrenabfangprodukt **15** missinterpretiert wurde, nach ca. 100 Stunden stagniert.[30b]

Tabelle 4: Zusammenstellung der isolierten Ausbeuten für die Synthesen der 1-Chlor-1-alkine **4** sowie für deren Umsetzung mit ionischen Aziden in DMSO bei Raumtemperatur analog zu TANAKA et al.[30] gemäß Schema 18.

	Edukt-Alkin 58	Chloralkin 4	Sulfoxonium-Ylid 22	Vinylazid (Z)-25	rückisoliertes Chloralkin 4
a	R = Ph–	58%	7–14%	13–18%	<1–18%
b	R = Ph$_3$C–	89%	–	–	96%^{f}
d	R = PrS–	23–44%^{a}	in Spuren	–	–
f	R = p-Cl-C$_6$H$_4$–	46–63%	17%	6.4%	–
g	R = p-Ph-C$_6$H$_4$–	26% (+37% **58g**)	12%	11%	19%
i	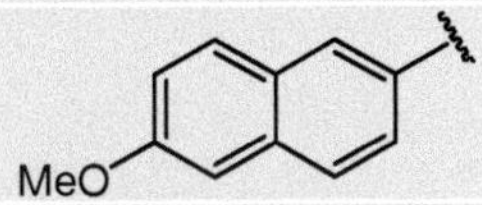 R = (6-MeO-naphthyl)	62%	–	12%	29% + 4.7% **60i**
l	R = p-Me-C$_6$H$_4$–	89%	4.2%	16%	–
m	R = 2-Pyridyl–	61%	19%	–	–
n	R = 2,6-Cl$_2$-C$_6$H$_4$–	45% (+31% **59n**)^e	14%	–	–
o	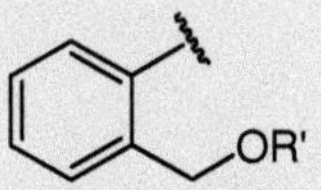 R = (2-OR'-benzyl), R' = H	47–62%^{b}	3.9%	1.8%	22% +0.9% **61**
p	R' = THP	45%	25%	–	20%
q	R' = C(O)CH=CH$_2$	90%^{c}	18% bzw. 8% + 11% **22r**	–	–
r	R' = C(O)CH$_2$CH$_2$CN				
s	R = p-O$_2$N-C$_6$H$_4$–	88%^{d}	0.64%	–	–

^{a} **4d** wurde in einer zweistufigen Synthese aus Trichlorethylen erhalten (Ausbeute über beide Stufen).
^{b} **4o** wurde in einer dreistufigen Synthese aus **58o** erhalten (Ausbeute über alle drei Stufen).
^{c} **4q** wurde über eine Veresterung von **4o** mit Acrylsäurechlorid gewonnen.
^{d} **4s** wurde durch Umsetzung von 2-(4-Nitrophenyl)bromacetylen[64] mit NaCl gewonnen.
^{e} Die Bildung des Homokupplungsproduktes **59** wurde einzig bei der Reaktion von **58n** beobachtet.
^{f} Selbst in einem zweiten Ansatz bei 80°C über 22 h in DMSO wurde einzig **4b** nahezu quantitativ (einzig minimale Verunreinigungen, vermutlich infolge thermischer Zersetzung) rückisoliert.

Es ist ersichtlich, dass die Ausbeute der bewiesenen Carben-Folgeprodukte **22** stark von den Substituenten an der Dreifachbindung bestimmt wird. Während bei der Umsetzung von Ethinylchloriden **4** mit aliphatische Resten (vgl. **4b**), vermutlich bedingt durch die Destabilisierung der vermeintlich durchlaufenen ionischen Zwischenstufe **24** (vgl. Schema 10), keine Reaktion zu beobachten ist, liefern (Chlorethinyl)aromaten Ausbeuten von bis hin zu 25% für **22** (vgl. Umsetzung von **4p**). Dabei begünstigen sowohl elektronenarme (vgl. **4f,m,n**) oder konjugierte (vgl. **4g**)[4] aromatische Gruppen am Acetylen die Bildung von **22** verglichen mit dem unsubstituierten Phenylrest (**4a**), während Donorsubstituenten am aromatischen Ring zu einer Ausbeuteverringerung führen (vgl. **4l**). Die vergleichsweise schlechten Ausbeuten bzw. misslungenen Umsetzungen für die ebenfalls akzeptorsubstituierten beziehungsweise konjugierten 1-Chlor-1-alkine **4s** und **4i** begründen sich vermutlich auf der schlechteren Löslichkeit der entsprechenden Sulfoxonium-Ylene **22**, so dass diese bei der Aufarbeitung nicht mit erfasst wurden bzw. bei der Chromatographie auf der Säule verblieben.

Ebenso wurde festgestellt, dass aromatische Substituenten, welche in *ortho*-Position sterisch anspruchsvolle Reste aufweisen (z. B. in **4n–q**), in der Lage sind, die Konkurrenzreaktion der formalen HN$_3$-Addition an die Dreifachbindung der Ethinylchloride **4** zu den Vinylaziden **(Z)-25** zu unterdrücken, was jedoch nur bedingt mit einer Erhöhung der Ausbeuten der Sulfoxonium-Ylene **22** korreliert. Neben den gewünschten Abfangstrukturen **22** kam es in einigen Fällen zur Bildung weiterer interessanter Produkte, welche sich ebenfalls auf die entsprechenden Carbenstrukturen **9**, bzw. auf die jeweiligen Titelverbindungen **7**, zurückführen lassen (Schema 19).

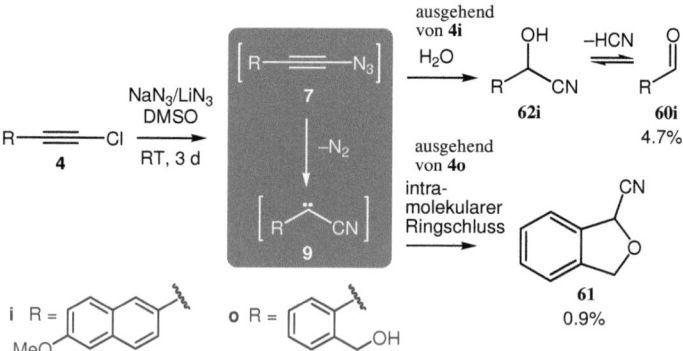

Schema 19: Mögliche Mechanismen zur Bildung der isolierten Nebenprodukte **60i** und **61**. Die Bildung des Cyanhydrins **62i** durch Insertion des Carbens **9i** in Wasser kann auch herangezogen werden, um die Bildung des Sulfoxonium-Ylids **22r** zu erklären, auch wenn bei der entsprechenden Umsetzung von **4q** mit LiN$_3$ in DMSO kein adäquater Aldehyd **4q** gefunden wurde (vgl. Tabelle 4).

---

[4] Die Ausbeute von **22g** zeigt mit 12% keine wesentliche Erhöhung zum phenylsubstituierten Vertreter **22a**. Eine mögliche Erklärung wäre der von 180° abweichende Diederwinkel zwischen den zwei Benzolringen in **22g** bedingt durch die Wechselwirkung der Ringprotonen und einer resultierenden Verdrehung der Ringe, wodurch die Orbitale ungünstig für eine Elektronendelokalisierung mittels Konjugation unter Einbezug des Phenylrests stehen.

Besonders interessant erscheint dabei die Isolierung der Struktur **61**, welche aus einem intramolekularen Ringschluss des zugrunde liegenden Carbens **9o** resultiert. Ausgehend von der Annahme, dass sich bei genügend großer Verdünnung, der Verwendung eines inerten Lösungsmittels sowie unter Ausschluss anderweitiger Reaktionsmöglichkeiten (z. B. Wasserspuren, vgl. Bildung von **60i**) die intramolekulare Umsetzung als einzig mögliche Reaktionsalternative für das jeweilige Carben ergibt, sollten sich durch intramolekulare Abfangreaktionen signifikant höhere Ausbeuten an entsprechenden cyclischen Produkten erzielen lassen. Diesbezüglich wurde zunächst versucht, eine solche Ausbeutesteigerung für das Isobenzofuranderivat **61** zu realisieren; zusätzlich wurde die Struktur über eine Vergleichssynthese bestätigt (Schema 20).

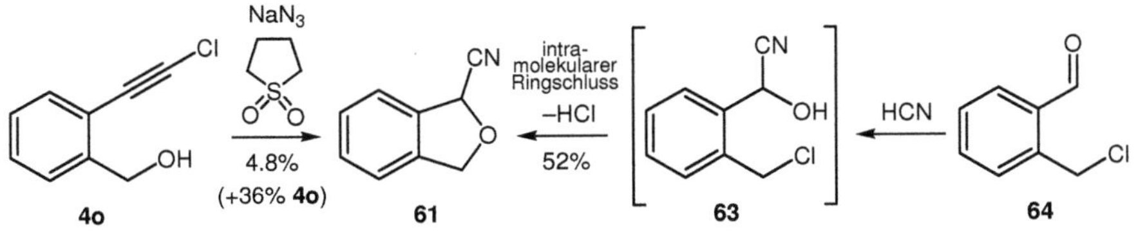

Schema 20: Umsetzung des Alkohols **4o** mit Natriumazid in Sulfolan unter Verdünnung (links) sowie Vergleichssynthese von **61** ausgehend von 2-(Chlormethyl)benzaldehyd (**64**)[66] (rechts). Sämtliche Versuche, **61** ausgehend von kommerziell erhältlichem Phthalan mittels Benzylbromierung mit NBS und anschließender Umsetzung mit ionischen Cyaniden (NaCN oder QCN) zu generieren, schlugen fehl und lieferten neben unumgesetztem Phthalan maximal Phthalaldehyd[67].

Anschließend galt es, weitere geeignete Vorläufer, welche neben einem Chlorethinyl-Rest zusätzlich eine elektronenreiche Mehrfachbindung zum Abfangen des Carbens aufweisen, zu generieren. Sämtliche Versuche, über eine STEGLICH-Veresterung[68] ausgehend vom Alkohol **4o** einen cyclooctinhaltigen Substituenten zum direkten Abfangen eines Ethinylazids ins Molekül einzuführen, scheiterten bereits an der Synthese des betreffenden Cyclooctinvorläufers **66**[69]. Ebenso misslangen die Ansätze zur intramolekularen Ringschlussreaktion ausgehend vom Acrylester **4q** (Schema 21), obwohl dessen erfolgreiche Substitutionsreaktion zuvor bereits anhand des Sulfoxonium-Ylids **22q** belegt werden konnte (vgl. Schema 18, Tabelle 4). Zusätzlich erwies sich die Suche nach geeigneten Lösungsmitteln, welche einerseits polar genug zur Ermöglichung des Additions-Eliminierungs-Mechanismus, andererseits jedoch auch entsprechend inert sein müssen, um nicht selbst mit dem jeweiligen Carben zu reagieren (siehe z. B. Reaktionen von **9** mit DMF, respektive mit DMSO), als schwieriger als erwartet. Infolge der benötigten Verdünnung zeigte sich das in Schema 20 verwendete Sulfolan durch seinen hohen Siedepunkt (285°C) als nur bedingt geeignet, da sich dessen Entfernung nach beendeter Reaktion relativ (zeit-)aufwendig gestaltete.

Resultierend aus den zuvor genannten Gründen sowie dem Aspekt, dass **61** *via* intramolekularer Carben-Abfangreaktion zu maximal 4.8% isoliert wurde (vgl. Schema 20), während entsprechende intermolekulare Umsetzungen eindeutige Folgeprodukte in bis zu 25% Ausbeute lieferten (vgl. Tabelle 4), wurden die Bemühungen zum intramolekularen Abfangen von Titelverbindungen sowie von deren Zersetzungsprodukten zugunsten von weiterführenden Untersuchungen zu intermolekularen Umsetzungen eingestellt.

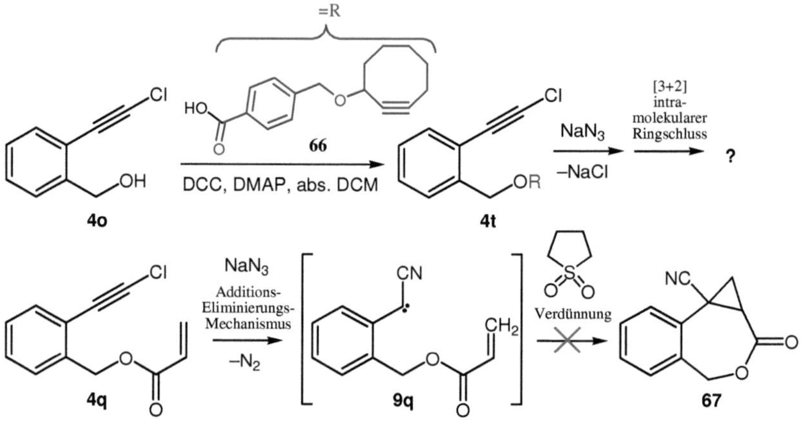

Schema 21: Misslungene Versuche zu intramolekularen Abfangversuchen. Der entsprechende Bromcycloocten-Vorläufer des Cyclooctins **66** konnte in bis zu 45% Ausbeute aus dem entsprechenden Methylester gewonnen werden, welcher gemäß der Literatur[69] synthetisiert werden konnte. Die Weiterumsetzung zu **66** unter Verwendung verschiedener Basen (NaOMe, KO^{t}Bu, LDA) schlug jedoch fehl. Die Umsetzung von **4q** mit NaN$_3$ führte nicht zur gewünschten Anellierung zum Lacton **67**; es konnten einzig 50% unumgesetztes Edukt **4q** rückisoliert werden.

Dabei fanden zunächst gängige Carbenabfangreagenzien (vgl. Kapitel 2.3.1.2) Verwendung, bevor Versuche zum direkten Abfangen von Ethinylaziden **7** mit Cyclooctin in Erwägung gezogen wurden (vgl. Kapitel 2.3.2).

2.3.1.2 Versuche mit „gängigen" Carbenabfangreagenzien

Wie es in Schema 1 bereits aufgezeigt wurde, ist eine der wichtigsten Reaktionen von Carbenen die Cycloadditionsreaktion an Mehrfachbindungen. Folglich stellt die einfachste und vor allem naheliegendste Möglichkeit zu deren Abfangen die Umsetzung mit (möglichst elektronenreichen) Olefinen sowie Acetylenen dar. Diesbezüglich fanden Cyclohexen sowie Tolan als mögliche Abfangreagenzien Verwendung (Schema 22), wobei Tolan im Vergleich zu Cyclohexen die Nachteile aufweist, als Feststoff einerseits ein zusätzliches Lösungsmittel erforderlich zu machen und andererseits schwieriger aus dem Produktgemisch entfernbar zu sein. Cyclooctin wurde ebenfalls eingesetzt, soll jedoch an dieser Stelle aus den Betrachtungen ausgeklammert werden (vgl. dazu Kapitel 2.3.2). Ferner wurden Vergleichsansätze ausgehend vom Diazirin **53** verwirklicht, welche ebenfalls mit in Schema 22 aufgeführt sind.

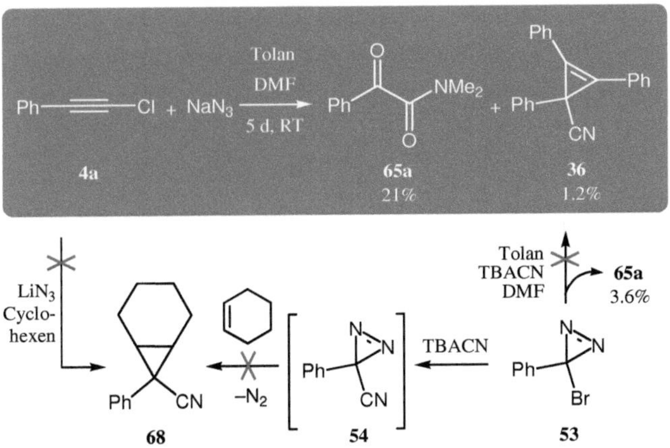

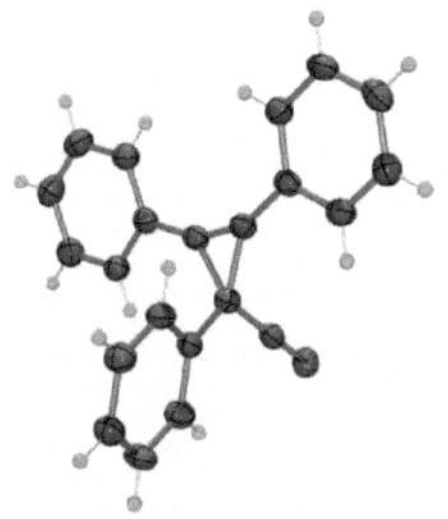

THEORETISCHER TEIL

Schema 22: Versuche zum Abfangen der Carbenstruktur **9a** mit Tolan, respektive Cyclohexen. Die Ansätze zur Synthese des Norcaranderivats **68** schlugen fehl; ausgehend vom Diazirin **53** wurden einzig 2.5% (bezogen auf die eingesetzte Menge Cyclohexen) an Cyclohex-2-enol isoliert. Ein Ansatz von **4a** wurde nach Erhalt des Rohproduktspektrums (kein CN-Signal im ^{13}C-NMR Spektrum) verworfen, ein weiterer lieferte nach Aufarbeitung einzig 6.5% (Z)-**25a** und 26% **4a**. Dabei kann für erstere Umsetzung infolge des hochkomplexen Produktgemisches nicht ausgeschlossen werden, dass **68** eventuell zu einem geringen Teil gebildet wurde, jedoch bei der chromatographischen Aufarbeitung übersehen wurde bzw. unter den verwendeten Laufmitteln auf der Säule verblieb oder sich darauf zersetzte.

Während die Versuche unter Verwendung von Cyclohexen allesamt fehlschlugen, lieferte die Umsetzung von **4a** mit Natriumazid in Gegenwart von Tolan das bekannte Cyclopropen **36**[37]. Allerdings lag auch dabei die Ausbeute weit unter den Resultaten, welche bei den Abfangreaktionen mit DMSO (vgl. Kapitel 2.3.1.1) erreicht wurden. Weitaus interessanter erschien die Isolierung des α-Oxocarbonsäureamids **65a**, dessen Bildung auf einer Reaktion mit dem Lösungsmittel Dimethylformamid beruht und welches – begründet auf der Vermutung, dass auch **65a** ein potentielles Folgeprodukt einer Titelverbindung darstellt – in weiterführenden Experimenten eingehend untersucht wurde.

2.3.1.3 Versuche zum Abfangen mit DMF

Zunächst wurde ein möglicher Mechanismus postuliert, welcher die Bildung von α-Oxocarbonsäureamiden **65** plausibel zu erklären vermag. Diesbezüglich sind sowohl die Insertion der Carbene **9** in die (sp^2)-CH-Bindung von DMF als auch die Oxiranstruktur **72** als durchlaufenes Intermediat denkbare Alternativen (Schema 23). Die Addition von Carbenen an Carbonylgruppen unter Oxiranbildung wurde beispielsweise für die Umsetzung von Diazomethan mit Ketonen in der Literatur mehrfach beschrieben.[70] Das Nitril **69a**, welches aus der Insertion von **9a** in die (sp^2)-CH-Bindung von DMF resultieren würde, wurde unabhängig aus dem Ester **75** generiert und ließ sich in DMF zu **65a** umsetzen, so dass auch dieser Reaktionsweg möglich scheint

(Schema 24, Tabelle 5). Ebenso wurde die α-Oxoamid-Struktur **65a** ausgehend von dem zuvor bereits mehrfach verwendeten Diazirin **53** bei dessen Umsetzung mit TBACN in DMF erhalten, was das Carben **9a** als durchlaufenes Intermediat plausibel macht (vgl. Schema 24).

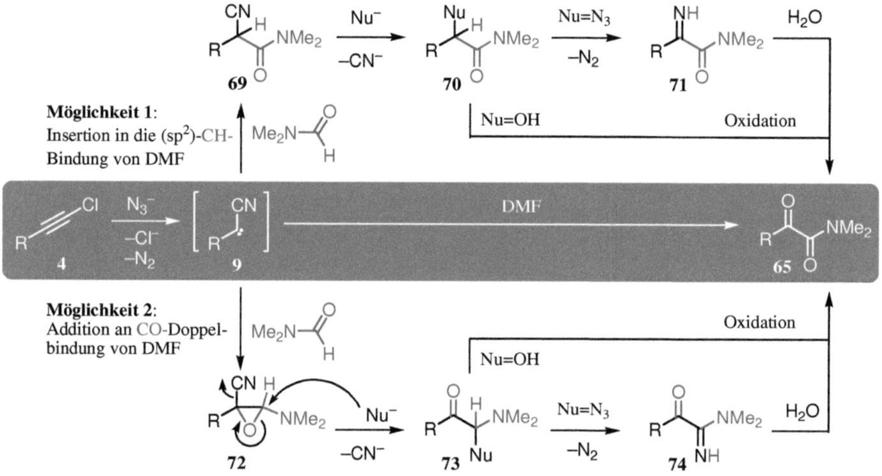

Schema 23: Mögliche Reaktionsmechanismen zur Erklärung der Bildung von α-Oxocarbonsäureamiden **65** durch die Reaktion von Carbenen **9** mit Dimethylformamid.

Es wurde gezeigt, dass bei der Umsetzung des Nitrils **69a** unter analogen Bedingungen zur Umsetzung der Chloralkine **4** (Raumtemperatur, 3–4 Tage Reaktionszeit) tatsächlich das resultierende Amid **65a** gebildet wird. Allerdings beliefen sich die Ausbeuten dabei auf maximal 8% (vgl. Tabelle 5). Zusätzlich wurde stets ein Großteil des eingesetzten Nitrils **69a** zurückisoliert.

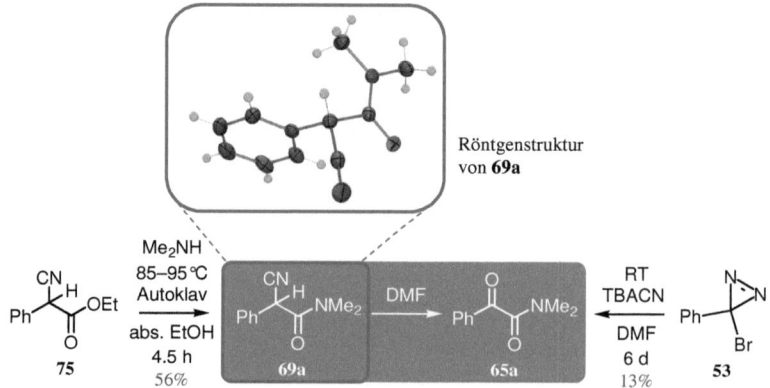

Schema 24: Synthese des vermeintlich durchlaufenen Nitrils **69a** gemäß einer modifizierten Literaturvorschrift[71] sowie dessen Umsetzung zum entsprechenden α-Oxocarbonsäureamid **65a** (siehe dazu Tabelle 5). Bereits bei der Umsetzung **75→69a** im Autoklaven wurde **65a** zu 4.8% als Nebenprodukt gebildet (sowie 15% **75** rückisoliert).

Tabelle 5: Übersicht der Versuche zur Umsetzung **69a→65a** gemäß Schema 24. Es wurden jeweils 200 mg **69a** und 1.5 Stoffmengenäquivalente Azid (bezogen auf **69a**) in einem Lösungsmittelgesamtvolumen von 5 mL umgesetzt. Aufarbeitung erfolgte a) durch Entfernung von DMF am Rotationsverdampfer bei der angegebenen Temperatur und anschließender Entfernung sämtlicher CHCl$_3$-unlöslicher Bestandteile via Filtration über Glaswolle, b) durch Zusetzen von Diethylether und Herauswaschen von DMF mit Wasser und/oder c) säulengromatographisch an Kieselgel (Eluent: Et$_2$O/n-Hexan = 5:1).

Ansatz	Azid	Lösungsmittel	Parameter	Aufarbeitung	Ausbeute an 65a	Rückisoliertes 69a
1	Ohne	DMF	4 d, RT	a) 40°C	–	75%
2	NaN$_3$	DMF	4 d, RT	a) 40°C + c)	7.4%	66%
3	NaN$_3$	DMF	4 d, RT	b) + c)	7.7%	64%
4	NaN$_3$	DMF/H$_2$O =1:1	4 d, RT	a) 40°C	–	72%
5	NaN$_3$	DMF	4.5 h, 60°C	a) 40°C	Spuren	73%

Ebenso ist ersichtlich, dass das ionische Azid für eine erfolgreiche Umsetzung erforderlich ist (vgl. Tabelle 5, Ansatz 1), während keine Reaktionsbeschleunigung durch gezielten Wasserzusatz erfolgt (Tab. 5, Ansatz 4), sondern gegenteilig eine Inhibierung der Umsetzung beobachtet wird. Die Art der Aufarbeitung zeigt keinen merklichen Einfluss auf die Ausbeute an **65a** (Tab. 5, Einträge 2 und 3), so dass ein Herauswaschen des Amids **65a** bei der extraktiven Aufarbeitung unwahrscheinlich ist. In allen untersuchten Fällen verlief die Umsetzung jedoch unvollständig und ein Großteil des Edukts **69a** wurde zurückisoliert. Selbst bei erhöhter Temperatur (75°C) und 15 Tagen Reaktion in DMSO-d$_6$ verblieben 51% **69a** neben nur 12% **65a** (NMR-Verfolgung, interner Standard: 1,4-Dioxan), wobei dabei selbst ohne Azidzusatz eine absolut saubere thermische Umsetzung (ebenso bei 75°C in DMSO-d$_6$) von **69a→65a** zu 19% (NMR-Ausbeute) erreicht werden konnte. Infolgedessen, dass sich bei den Reaktionen der (Chlorethinyl)aromaten **4** in keinem Fall Verbindungen der Art **69** finden ließen, erscheint der untere der beiden postulierten Mechanismen gemäß Schema 23 wahrscheinlicher. Die Vermutung, dass das jeweilige Ethinylchlorid **4** selbst als Oxidationsmittel in der Reaktion (**4→**) **69→65** involviert ist und diese dabei signifikant beschleunigt, konnte durch eine Kontrollreaktion der Umsetzung von **69a** zu **65a**, welcher gezielt ein volles Stoffmengenäquivalent an **4a** zugesetzt wurde, ausgeschlossen werden.

Ein weiteres Resultat, welches für den Mechanismus über ein durchlaufenes Oxiran (vgl. Schema 23) und somit gegen die Insertion der Carbene **9** in die Aldehyd-CH-Bindung spricht, ist die Bildung des Isochromanons **76**. Dieses wurde beim Versuch, die Ausbeute an Isobenzofuran **61** bei der Umsetzung des Alkohols **4o** mit Natriumazid in DMF unter Verdünnung zu erhöhen (vgl. Kapitel 2.3.1.1, Schema 19), in 34% Ausbeute isoliert (Schema 25). Verschiedene Vergleichsansätze konnten abermals bestätigen, dass das eingesetzte NaN$_3$ maßgeblich an der Produktbildung beteiligt ist und dabei nicht nur als Hilfsbase fungiert.[5]

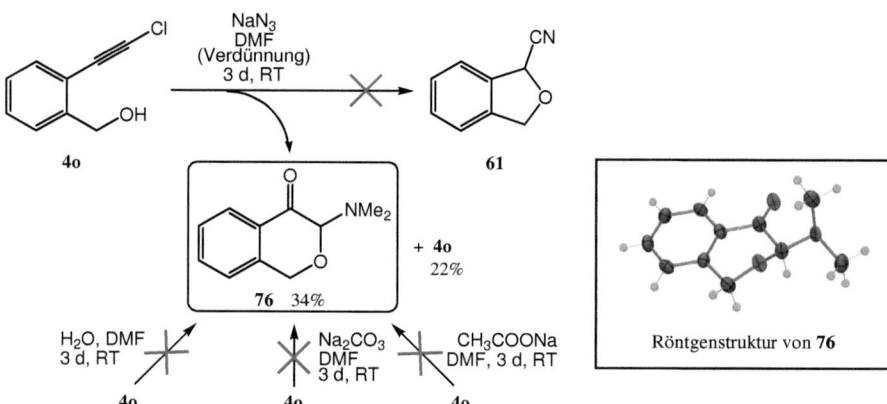

Schema 25: Die Umsetzung von **4o** mit NaN₃ in DMF unter Verdünnung führte nicht wie erwartet zum Dihydrobenzofuran **61**, sondern lieferte als Hauptprodukt den Heterobicyclus **76**. Dieser lässt sich über den intramolekularen nucleophilen Angriff des Alkoholsauerstoffs an den stickstoffgebundenen Oxiran-Kohlenstoff des vermutlich durchlaufenen Intermediats **72o** (vgl. Schema 23) plausibel erklären.

In zusätzlichen Versuchen wurde der intramolekulare Ringschluss bei der Reaktion gemäß Schema 25 verhindert, indem die Alkoholfunktion von **4o** unter Verwendung von 3,4-Dihydro-2*H*-pyran als resultierender Ether geschützt wurde. Die Umsetzung des entsprechenden Tetrahydropyranylethers **4p** lieferte das betreffende α-Oxocarbonsäureamid **65p** in 53% Ausbeute, was der besten beobachteten Umsetzung dieser Art entspricht. Eine Übersicht sämtlicher verwirklichter Ansätze unter Bildung der Strukturen **65** findet sich in Schema 26, Tabelle 6. Dabei konnte für alle verwendeten Ethinylchloride **4** zuvor bereits anhand der Isolierung der entsprechenden Sulfoxonium-Ylide **22** nachgewiesen werden, dass Ethinylazide **7** aus diesen mittels Additions-Eliminierungs-Mechanismus generiert werden können (vgl. Schema 18, Tabelle 4).

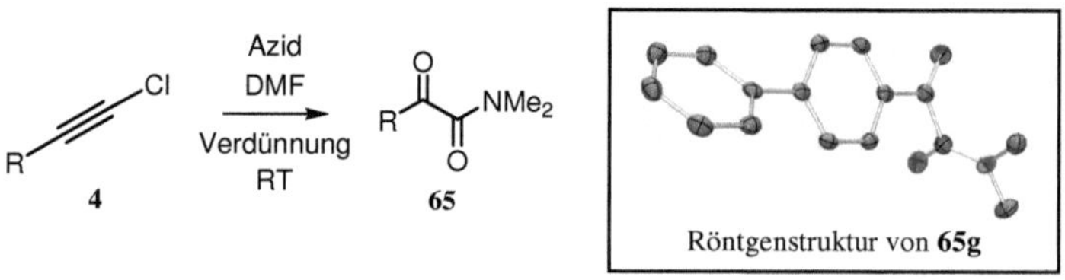

Schema 26: Umsetzung von (Chlorethinyl)aromaten **4** zu α-Oxocarbonsäureamiden **65**.

---

[5] Um auszuschließen, dass der Benzoylsauerstoff in **76** nicht auf einer Wasseraddition an die Dreifachbindung von **4o** beruht, wurde gezielt Wasser zu einer Lösung von **4o** in DMF zugesetzt. Nach 3 Tagen bei Raumtemperatur wurde das Edukt quantitativ rückisoliert. Um die Wirkung des Azids als Hilfsbase zu untersuchen, wurde dieses zunächst durch Natriumcarbonat und anschließend durch Natriumacetat ersetzt, wobei in ersterem Fall 95% und in letzterem Fall 71% **4o** aus der Aufarbeitung zurückerhalten werden konnten. Das Acetat-Ion sollte dabei eine ähnliche Basenstärke wie N₃⁻ aufweisen, basierend auf den pK_s-Werten der korrespondierenden Säuren (HN₃: pK_s = 4.67, Essigsäure: pK_s = 4.75)[72].

Tabelle 6: Reaktionsbedingungen sowie isolierte Ausbeuten für die Umsetzungen **4→65** gemäß Schema 26.

		Ethinylchlorid 4	Azid	Verdünnung in DMF	Reaktionszeit	Ausbeute an 65
1	a	R = Ph–	NaN$_3$ (2.1 eq)	180 mg **4a**/mL	70 h^a	8.8%
2			NaN$_3$ (2.0 eq)	200 mg **4a**/mL	5 d^b	21%
3	f	R = p-Cl-C$_6$H$_4$–	LiN$_3$ (2.0 eq)	29 mg **4f**/mL	3 d	37%
4	g	R = p-Ph-C$_6$H$_4$–	NaN$_3$ (1.05 eq)	20 mg **4g**/mL	69 h^c	11%
5	o	R = 2-(HO-CH$_2$)-C$_6$H$_4$–	NaN$_3$ (26 eq)	1 mg **4o**/mL	69 h	34% **76**
6	p	R = 2-(THP-OCH$_2$)-C$_6$H$_4$–	NaN$_3$ (58 eq)	1 mg **4p**/mL	71 h	53%

^{a} Bei der Umsetzung von **4a** in hoher Konzentration wurde nach 49 h gezielt Wasser (ca. 1/3 des Gesamtvolumens im Reaktionskolben) zugesetzt und weitere 21 h gerührt.
^{b} Die Umsetzung erfolgte in Gegenwart von Tolan und lieferte neben **65a** zu 1.2% das Cyclopropen **36** (vgl. Schema 22).
^{c} Die Reaktion von **4g** erfolgte ohne größere Verdünnung in Gegenwart von Cyclooctin (vgl. dazu Kapitel 2.3.2), wobei **65g** nur als eines von zahlreichen Produkten isoliert werden konnte.

Dabei bewegen sich die Ausbeuten im moderaten bis guten Bereich, wobei die Variation der Substituenten am Chloralkin auf einige wenige beschränkt wurde (vgl. Tabelle 6). Zusammenfassend erscheint der in Schema 23 abgebildete Mechanismus über das Oxiran-Derivat **72** ausgehend von den beschriebenen Beobachtungen am plausibelsten, wobei einige Versuche zu dessen exakter Aufklärung, beispielsweise ^{17}O-NMR Markierungsexperimente, *a dato* noch ausstehen und derzeit verwirklicht werden. Eine entsprechende Veröffentlichung ist für die nähere Zukunft in Planung.

Nachdem zahlreiche Abfang- und Folgeprodukte von den unter Stickstoffabspaltung aus den Titelverbindungen **7** resultierenden Carbenstrukturen **9** synthetisiert, isoliert und eindeutig auf die Carbene **9** zurückgeführt werden konnten, bestand das nächst ehrgeizigere Ziel nun darin, die Ethinylazide **7** selbst direkt abzufangen. Wie in der Einleitung zu dieser Arbeit bereits beschrieben (vgl. Kapitel 1.2), sollte dies mittels einer 1,3-dipolaren [3+2]-Cycloaddition unter Verwendung eines reaktiven Alkins, explizit des kleinsten bei Raumtemperatur stabilen cyclischen Alkins, dem Cyclooctin, möglich sein.

2.3.2 Direktes Abfangen von Titelverbindungen
2.3.2.1 Versuche unter Verwendung von Cyclooctin

Die Synthese von Ethinylaziden **7** mittels Substitution setzt – wie zuvor bereits erwähnt – polare Lösungsmittel, geeignete Temperaturen (Raumtemperatur) sowie möglichst elektronenarme, aromatische Reste an den als Ausgangsstoff verwendeten Ethinylchloriden **4** voraus. Resultierend erfolgten auch die Umsetzungen in Gegenwart von Cyclooctin unter entsprechenden Bedingungen, wobei jedoch hochkomplexe und schwierig aufzuarbeitende Produktmischungen aus nahezu allen verwirklichten Ansätzen hervorgingen (Schema 27, Tab. 7).

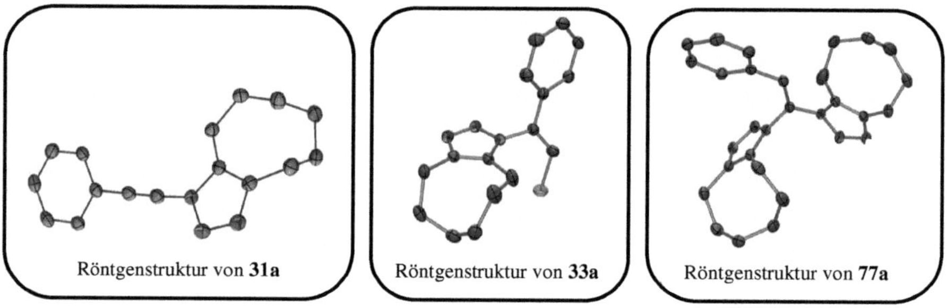

THEORETISCHER TEIL

Röntgenstruktur von **31a** Röntgenstruktur von **33a** Röntgenstruktur von **77a**

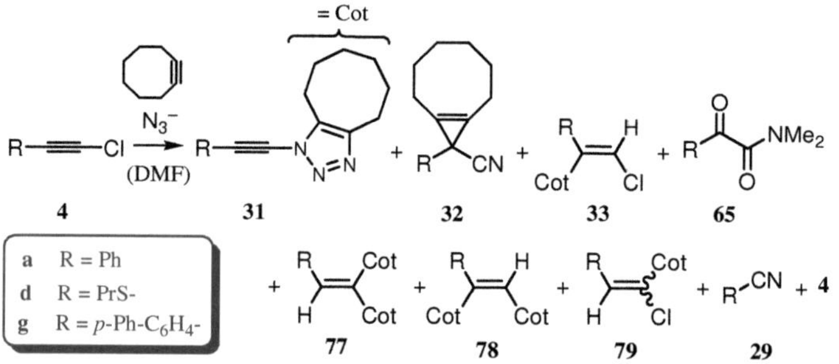

Schema 27: Umsetzung von (Chlorethinyl)aromaten **4** mit Aziden in Gegenwart von Cyclooctin. Zahlreiche Molekülstrukturen konnten mittels Röntgeneinkristallstrukturanalyse bestätigt werden. Die Wasserstoffatome sind dabei aus Gründen der Übersichtlichkeit nicht mit aufgeführt.

Tabelle 7: Übersicht über Reaktionsparameter sowie isolierte Ausbeuten bei der Umsetzung verschiedener Ethinylchloride **4** mit Aziden in Gegenwart von Cyclooctin gemäß Schema 27.

Ansatz / Edukt		Reaktionsbedingungen		Isolierte Ausbeuten [%] an							
	Azid	Parameter[a]	31	32	33	65	77	78	79	29	4
1	LiN$_3$	DMF, 3 d, RT	7.3	–	22	0.46	17	5.3	–	–	19[b]
2 **4a**	LiN$_3$	DMSO, 72 h, RT	2.0	–	2.9	–	–	–	–	–	52[b]
3	NaN$_3$	HMPTA, 2 h, 0°C dann 20 h auf RT	12	–	10	–	5.6	–	–	–	70[b]
4 **4d**	NaN$_3$	DMF, 4 d, RT	–	2.3	2.3	–	–	–	–	–	–
5	NaN$_3$	DMF, 69 h, RT	2.6	0.28	22	11	14	Spuren	0.97	–	20
6	NaN$_3$	HMPTA, 72 h, 0°C→RT	–	1.8[b]	14	–	32	–	2.6	1.5[b]	6.4
7[c] **4g**	LiN$_3$	HMPTA-d$_{18}$, 17 h, 5°C, dann Cyclooctin, 7 h, 0°C→RT	–	–	15	–	–	–	–	46	20
8	LiN$_3$	HMPTA, 65 h, RT	–	2.3[b]	13	–	7.4	8.4	–	5.6[b]	–

[a] Die Reaktionsparameter beinhalten das verwendete Lösungsmittel, die Reaktionszeit sowie die Reaktionstemperatur.
[b] Die Ausbeute wurde nur aus dem ^{1}H-NMR-Spektrum einer Mischung heraus ermittelt.
[c] Der Ansatz wurde NMR-spektroskopisch verfolgt.

Während im Normalfall höhere Temperaturen und längere Reaktionszeiten,[44a] bzw. unter Verwendung terminaler Alkine die Kupferkatalyse,[13] zur 1,3-dipolaren [3+2]-Cycloaddition von organischen Aziden (1,3-Dipol) mit Acetylenen (Dipolarophil) erforderlich sind, erfolgt die Reaktion zu 1*H*-1,2,3-Triazolen mit dem hochreaktiven, gespannten cyclischen Alkin Cyclooctin bereits bei Raumtemperatur ausreichend schnell.[18b] Zudem erweist sich Cyclooctin insofern als geeignetes Azidabfangreagenz, dass es mit den verwendeten ionischen Aziden (NaN$_3$, LiN$_3$) unter den gewählten Reaktionsbedingungen keine[6] Reaktion eingeht. Aus Schema 27 wird ersichtlich, dass die entsprechenden Abfangversuche bei den Umsetzungen der Ethinylchloride **4** zu einer Vielzahl an Cyclooctatriazolen führten. Dabei gelang die eindeutige Strukturaufklärung zuweilen nur durch gezielte Derivatisierung (Schema 28) sowie anhand von Einkristallröntgenstrukturanalysen (vgl. auch Schemata 11 und 27 für die Bestätigung der Struktur **33a**).

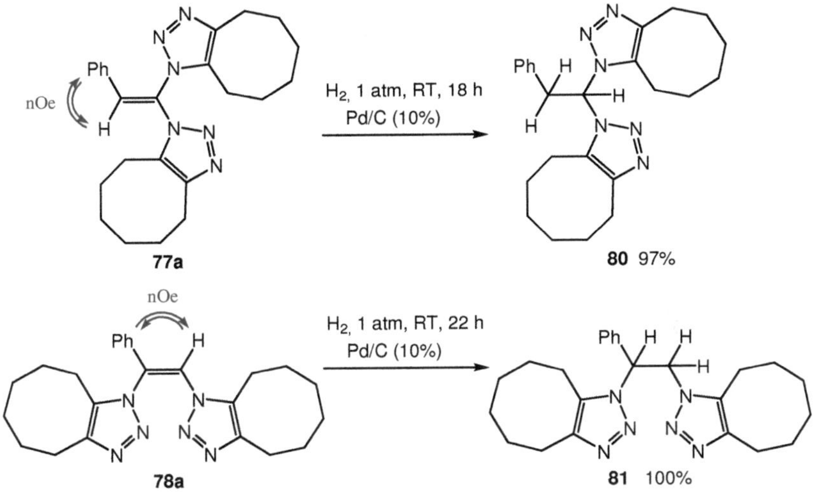

Schema 28: Infolgedessen, dass die Strukturen **77a** und **78a** sich anhand ihrer NMR-Daten sowie den durchgeführten nOe-Einstrahlexperimenten (NOESY1D Pulssequenz) nicht zweifelsfrei voneinander unterscheiden ließen, wurden sie katalytisch unter moderaten Bedingungen hydriert, um nur die nichtaromatische Doppelbindung ins entsprechende Paraffin zu überführen. Anschließend gelang die Unterscheidung anhand der unterschiedlichen Signalanzahl der Hydrierungsprodukte problemlos, da **80**, bedingt durch die freie Drehbarkeit um die neu gebildete Einfachbindung, bei Raumtemperatur nur einen ^{13}C-NMR Signalsatz für die beiden Cyclooctatriazolringe aufweist. Die Zuordnung wurde zusätzlich im Nachhinein über eine Röntgeneinkristallstruktur von **77a** bestätigt (siehe Schema 27).

Das Highlight sämtlicher bislang verwirklichter Versuche zum Nachweis von Ethinylaziden **7** ist jedoch zweifelsohne die Isolierung der Cyclooctatriazole **31**, welche als direkte Abfangprodukte der Titelverbindungen die komplette Azidoalkin-Substruktur im Molekül aufweisen.

---

[6] Die Umsetzung von LiN$_3$ mit Cyclooctin unter versuchsanalogen Bedingungen führte zum geringen Teil zu "dem" 4,5,6,7,8,9-Hexahydro-1*H*-cycloocta[*d*][1,2,3]-triazol (**82**), welches anhand seiner NMR-Daten aus dem Rohprodukt der Umsetzung heraus identifiziert wurde. Auf eine Isolierung wurde infolge des geringen Anteils verzichtet.

Verschiedene Alternativmechanismen, welche **31a** ohne das durchlaufene 1-Azido-1-alkin **7a** erklären könnten, wurden anhand von Kontrollexperimenten ausgeschlossen (Schema 29).

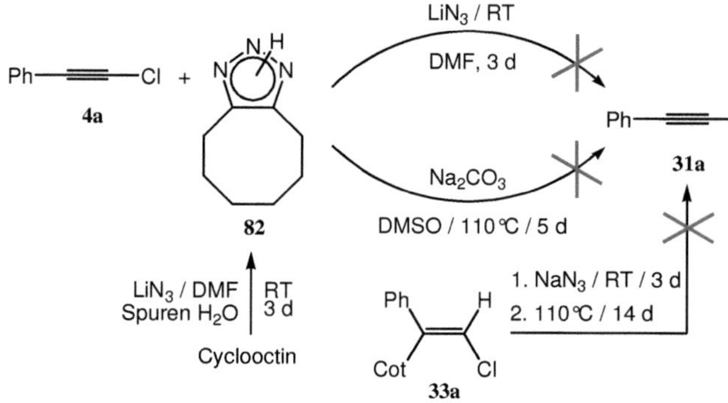

Schema 29: Übersicht der NMR-Versuche zur Untersuchung von Alternativmechanismen bei der Bildung der Struktur **31a**. Die Erzeugung über die Substitution des Chlors in **4a** durch das aus **82** resultierende Triazolid konnte, sowohl unter Verwendung von LiN$_3$ als auch von Na$_2$CO$_3$ als Base, genauso ausgeschlossen werden wie die FRITSCH-BUTTENBERG-WIECHELL analoge Umlagerung[72] ausgehend vom Vinylchlorid **33a**, bei welcher nach α-Eliminierung von HCl über eine carbenoide Zwischenstufe und anschließende 1,2-Wanderung das Alkin **31a** gebildet werden könnte. Bei keiner der verwirklichten Umsetzungen konnte **31a** mittels NMR-Spektroskopie nachgewiesen werden.

Ebenso lassen sich die bis(cyclooctatriazol)substituierten Alkene **77** und **78** relativ sicher auf Titelverbindungen **7** als durchlaufene Intermediate bei ihrer Bildung zurückführen, was ebenfalls über eine Reihe von Vergleichsansätzen belegt werden konnte (Schema 30).

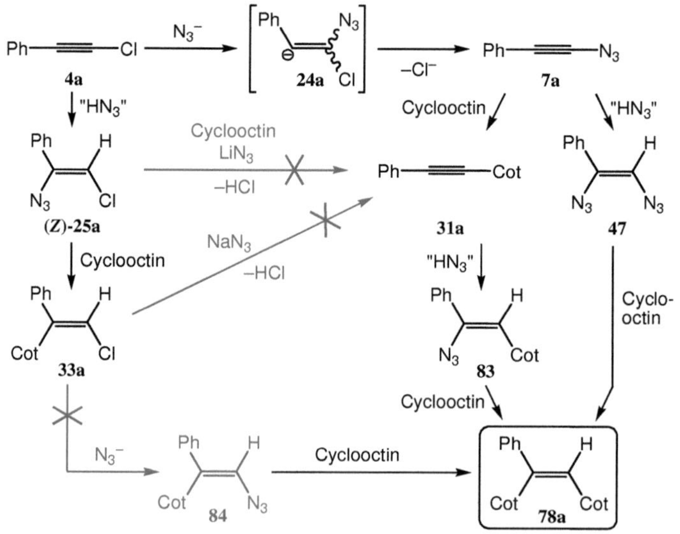

Schema 30: Mögliche Reaktionsmechanismen zur Erklärung der Bildung von **78a**. Analog lässt sich auch **77a** erklären, was jedoch aus Gründen der Übersichtlichkeit nicht mit abgebildet ist.

Ein am (sp^2)-Kohlenstoff gebundenes Chloratom ist nicht mehr durch einfachen Zusatz des Azidnucleophils substituierbar, selbst in polaren Lösungsmitteln. Folglich muss die formale HN$_3$-Addition an die Dreifachbindung erst nach der Substitution des Chlors aus **4a** erfolgen. Somit verbleiben als denkbare Alternativen für die Bildung von **78a** (**77a**) nur die durch das Azid als Base induzierte α-Eliminierung mit anschließender FRITSCH-BUTTENBERG-WIECHELL Umlagerung[72] aus (**Z**)-**25a** oder **33a** (vgl. Schema 30), bzw. die entsprechende β-Eliminierung aus den entsprechenden Konstitutionsisomeren der beiden Vinylchloride. Allerdings erscheinen diese einzigen anderen, halbwegs plausiblen Möglichkeiten zur Erklärung der Bildung des Intermediates **31a** auf dem Weg zu **77a/78a** infolge der schwachen Azidbase eher unwahrscheinlich.

Neben den cyclooctatriazolhaltigen Abfang- und Folgeprodukten der Titelverbindungen **7a,g** konnte mit **32g** abermals ein direkt auf ein Carben, explizit die Struktur **7g**, zurückführbares Cycloaddukt gefunden werden. Allerdings bewegte sich auch dabei die Ausbeute wieder im einstelligen Prozentbereich. Der Versuch, entsprechend höhere Ausbeuten an Triazol **31** bzw. Cyclopropen **32** durch Reaktion des Ethers **4p**, welcher bei der Umsetzung in DMSO die höchste beobachtete Ausbeute an resultierendem Sulfoxonium-Ylid **22p** hervorbrachte (vgl. Tabelle 4), zu erzielen, scheiterte. Aus der betreffenden Reaktion von **4p** mit Natriumazid in DMF in Gegenwart von Cyclooctin konnten aus der chromatographischen Aufarbeitung nach 66 Stunden bei Raumtemperatur einzig 82% unumgesetztes Edukt rückisoliert werden. Ebenso überraschen die geringen Ausbeuten bei der Umsetzung von **4a** mit Lithiumazid in einer stoffmengengleichen Mischung aus DMSO und Cyclooctin (vgl. Tabelle 7, Ansatz 2). Dabei wurden einzig die Cyclooctatriazole **31a** (2.0%) und **33a** (2.9%), jedoch nicht das entsprechende Sulfoxonium-Ylid **22a** gebildet. Die Vermutung liegt nahe, dass die infolge des zugesetzten Cyclooctins herabgesetzte Polarität der Mischung den Additions-Eliminierungs-Mechanismus nicht mehr entsprechend unterstützt und somit die Reaktion verlangsamt, was die geringen Ausbeuten erklärt. Gleiches würde auch die zuvor beschriebene, fehlgeschlagene Umsetzung von **4p** erklären. Allerdings scheint die Abfangreaktion mit Cyclooctin verglichen mit der unimolekularen Zersetzung unter Stickstoffabspaltung genügend schnell abzulaufen, da kein **22a** isoliert, genauer gesagt nicht einmal in Spuren im Rohprodukt der Umsetzung beobachtet werden konnte.

Nur am Rande sei kurz auf die verwendeten Lösungsmittel bei der Umsetzung gemäß Schema 27 eingegangen. Während die gängigen Lösungsmittel DMSO (vgl. Kapitel 2.3.1.1) und DMF (vgl. Kapitel 2.3.1.3) selbst definierte Folgeprodukte der Titelverbindungen liefern, wurde, basierend auf einer Publikation von TANAKA und MILLER,[73] gehofft, dass Hexamethylphosphorsäuretriamid (HMPTA) möglicherweise eine Reaktionsbeschleunigung der Substitution, respektive eine Reaktionsführung bei geringerer Temperatur ermöglicht. Leider erwies sich dabei die Entfernung des Lösungsmittels [Kp.(HMPTA) = 230–232°C (740 mmHg)] nach der Reaktion als ähnlich aufwendig wie beim zuvor bereits verwendeten Sulfolan (vgl. Schemata 20 und 21).

Dabei ließ sich das hochgradig cancerogene HMPTA nicht, wie erhofft, ins entsprechende Hydrochlorid überführen und somit aus der Reaktionsmischung heraus waschen und musste folglich im Pumpenstandvakuum (10^{-3} Torr) bei ca. 50–60°C abkondensiert werden. Damit gehen einerseits leichtflüchtige Substanzen ebenfalls aus dem Produktgemisch „verloren" (was jedoch für die gebildeten Cyclooctatriazole eine weniger entscheidende Rolle spielt), andererseits sind Folge- und Zersetzungsreaktionen der gebildeten Produkte bei der erhöhten Temperatur denkbar.

Nichtsdestotrotz konnte in einem ersten Ansatz von **4a** in HMPTA (vgl. Tabelle 7, Ansatz 3) bereits nach einer Nacht eine höhere Ausbeute an **31a** erhalten werden als bei der Durchführung in DMF nach 3 Tagen (vgl. Tab. 7, Ansatz 1). Unglücklicherweise ließ sich diese Ausbeutesteigerung nicht auf die analoge Umsetzung von **4g** übertragen (vgl. Tab. 7, Ansätze 6–8), wo gegenteilig keinerlei Abfangverbindung **31g** gebildet wurde. Auch ein Versuch, die vermeintlich gebildete Titelverbindung **7g** bei einer Umsetzung von **4g** mit LiN$_3$ in HMPTA-d$_{18}$ (vgl. Tab. 7, Ansatz 7) mittels NMR-spektroskopischer Reaktionsverfolgung bei 5°C direkt zu beobachten, schlug fehl. Resultierend wurden als letzte Versuche in diesem Zusammenhang zwei NMR-Ansätze verwirklicht, bei welchen die Umsetzung von **4a** mit Lithiumazid in HMPTA-d$_{18}$ bei 0°C, einerseits in Gegenwart von Cyclooctin (Schema 31) und andererseits ohne zusätzliches Abfangreagenz, spektroskopisch verfolgt wurde.

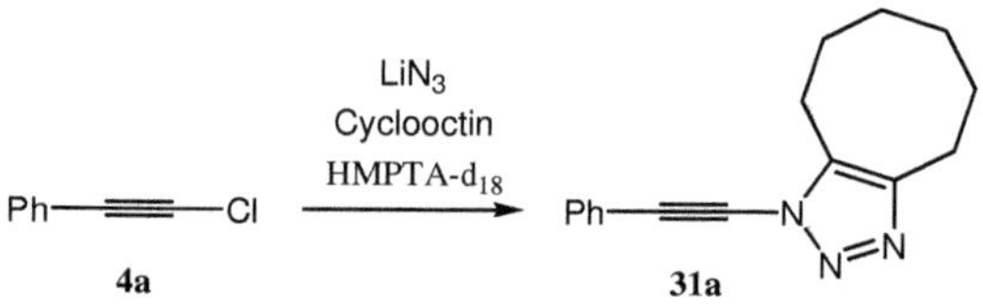

Messung	Reaktionszeit bei 0°C	Ausbeute / Umsatz bezogen auf int. Standard (TMS)	
		4a	31a
1	3 h	90 %	10 %
2	6 h	83 %	14 %
3	9 h	76 %	15 %
4	12 h	(72) %	15 %
5	42 h	(70) %	16 %

Schema 31: NMR-Verfolgung der Umsetzung **4a**→**31a** unter Verwendung von TMS als internem Standard. Dabei stagnierte die Umsetzung nach 12 Stunden bei 0°C, vermutlich infolgedessen, dass sich das suspendierte LiN$_3$ sowie gebildetes LiCl am Boden des NMR-Röhrchens absetzten (infolge des nicht rotierenden Spinners bedingt durch einen Gerätedefekt). Auch zeigten sich nach 12 Stunden Signalüberlagerungen für das Edukt **4a**, so dass dessen NMR-Umsatz nur noch bedingt genau angegeben werden kann. Erwärmung auf Raumtemperatur führte zu zahlreichen weiteren Produkten, eine chromatographische Auftrennung erfolgte nicht.

Es wird ersichtlich, dass die Ausbeute an **31a** bei einer Reaktionsführung bei tieferer Temperatur sogar noch gesteigert werden kann, verglichen mit der Durchführung bei Raumtemperatur.

Allerdings gelang es nicht, **7a** bei einer analogen Umsetzung ohne Cyclooctin-Zusatz direkt NMR-spektroskopisch zu beobachten, und es konnten einzig die zuvor schon mehrfach beobachteten Produkte **(Z)-25a**, **29a** sowie unumgesetztes Edukt **4a** (vgl. Tabelle 7) aus dem Rohprodukt nach wässriger Aufarbeitung identifiziert werden. Infolgedessen, dass **(Z)-25a** bereits vollständig charakterisiert wurde, **29a** eine kommerziell erhältliche Verbindung darstellt und abgesehen von **4a** keinerlei weitere Signale im ^{13}C-NMR-Spektrum der Rohproduktmischung gefunden werden konnten, wurde auf eine chromatographische Auftrennung verzichtet.

2.3.2.2 Versuche *via* STAUDINGER-Reaktion

Nachdem die erfolgreiche Darstellung von Ethinylaziden **7** sowie die Möglichkeit, diese abzufangen, anhand der Cyclooctatriazole **31** (sowie **77**, **78**) zweifelsfrei belegt werden konnte, sollte untersucht werden, ob sich die Titelverbindungen auch mittels STAUDINGER-Reaktion unter Verwendung von Triphenylphosphin umsetzen lassen (Schema 32).

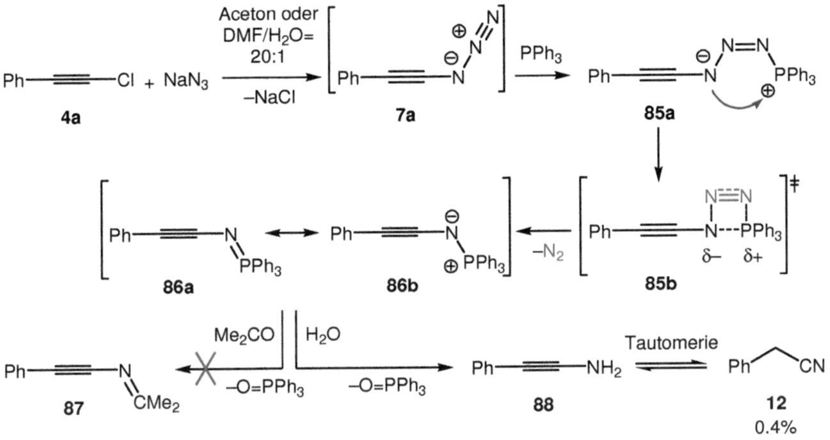

Schema 32: Bereits in der Einleitung der vorliegenden Arbeit wurde beschrieben, dass Nucleophile mit Aziden an N_γ reagieren können. Die misslungene Umsetzung unter Verwendung von Aceton als Lösungsmittel ist höchstwahrscheinlich auf die schlechte Löslichkeit von NaN$_3$ in Aceton zurückzuführen. Allerdings lieferte auch die Umsetzung in DMF/Wasser = 20:1 einzig Spuren des Nitrils **12**, welches im Tautomerengleichgewicht mit dem Ethinylamin **88** zu 100% vorliegt.

Es wurde festgestellt, dass die Umsetzung des Ethinylchlorids **4a**, welches zuvor bereits mehrfach erfolgreich in Folge- (→**22a**, **65a**, **77a**, **78a**) sowie Abfangprodukte (→**31a**) des 1-Azido-1-alkins **7a** überführt werden konnte, nur in minimalen Spuren zum Nitril **12** führt, das zu 0.4% aus der säulenchromatographischen Aufarbeitung isoliert werden konnte. Ebenso misslang der Versuch, **86a**, respektive **87**, bei der Umsetzung in Aceton nach Entfernung des Lösungsmittels im Vakuum direkt NMR-spektroskopisch nachzuweisen. Die Vermutung liegt nahe, dass die

Reaktion mit Triphenylphosphin schlichtweg zu langsam ist, um die kurzlebige Zwischenstufe **7a** abzufangen. Auf weitere analoge Umsetzungen, selbst unter Verwendung des reaktiveren Tributylphosphins anstelle von PPh$_3$, wurde entsprechend verzichtet, zumal zuvor bereits gezeigt werden konnte, dass andere intermolekulare Abfangmöglichkeiten (z. B. mit DMSO, vgl. Kapitel 2.3.1.1; DMF, vgl. Kapitel 2.3.1.3 oder Cyclooctin, vgl. Kapitel 2.3.2.1) signifikant höhere Ausbeuten an Abfangprodukten liefern.

2.3.3 Substitutionsreaktionen ausgehend von speziellen Acetylenen

Als abschließende Betrachtungen zu den Versuchen, 1-Azido-1-alkine über Substitutionsreaktionen zu generieren, sollen zwei Ansatzpunkte diskutiert werden, in denen andere Ausgangsstoffe als die zuvor verwendeten Ethinylchloride **4** in entsprechenden Umsetzungen Verwendung fanden. Diesbezüglich wurden Fluoracetylen (**89**) sowie Dicyanacetylen (**90**) synthetisiert und unter verschiedenen Bedingungen mit unterschiedlichen Aziden zur Reaktion gebracht.

2.3.3.1 Versuche ausgehend von Fluoracetylen (89)

Fluoracetylen (**89**), welches – eine erfolgreiche Substitution vorausgesetzt – den einfachsten Vertreter der Titelverbindungen, explizit „das" Ethinylazid (**7e**), welches gemäß AUER et al. die stabilste von allen berechneten Strukturen darstellt (vgl. Kapitel 2.2),[35] liefern sollte, erwies sich dabei als vielversprechender für Substitutionsreaktionen als die chlorsubstituierten Acetylene **4**. Dies begründet sich insofern, dass Fluor eine höhere Elektronegativität als Chlor aufweist und somit nicht nur mittels des resultierend größeren –I-Effekts den direkt gebundenen Kohlenstoff stärker positiviert und damit den Angriff des Azidnucleophils an diesem begünstigt, sondern zusätzlich die negative Ladung beim Additions-Eliminierungs-Mechanismus besser zu stabilisieren vermag.

Zwar ist die Synthese von 1-Fluor-1-alkinen in der Literatur nicht gänzlich unbekannt,[74a,b] jedoch wurden diese zumeist nur *in situ* erzeugt und nicht isoliert. Zusätzlich gestaltet sich nicht nur die Synthese der Ethinylfluoride selbst, sondern auch die ihrer entsprechenden Vorstufen als präparativ sehr aufwendig.[74c] Die Arbeitsgruppe um OKANO stellte bei ihren Versuchen zur Synthese von (Fluorethinyl)benzol fest, dass entsprechende Verbindungen nicht über Halogenaustauschreaktionen aus den jeweiligen Chloriden zugänglich sind und das fluorsubstituierte Analogon zu **4a** infolge spontaner Polymerisation nicht isoliert werden kann.[75] Ein Lichtblick in Hinsicht auf die Synthese von Fluoracetylenen bietet sich mit dem einfachsten Vertreter dieser Substanzklasse, „dem" Fluoracetylen (**89**), dessen Herstellung ausführlich in der Literatur beschrieben wird.[76] Tatsächlich konnte die Literaturvorschrift erfolgreich reproduziert werden, wobei Ausbeuten gemäß Schema 33 erreicht wurden.

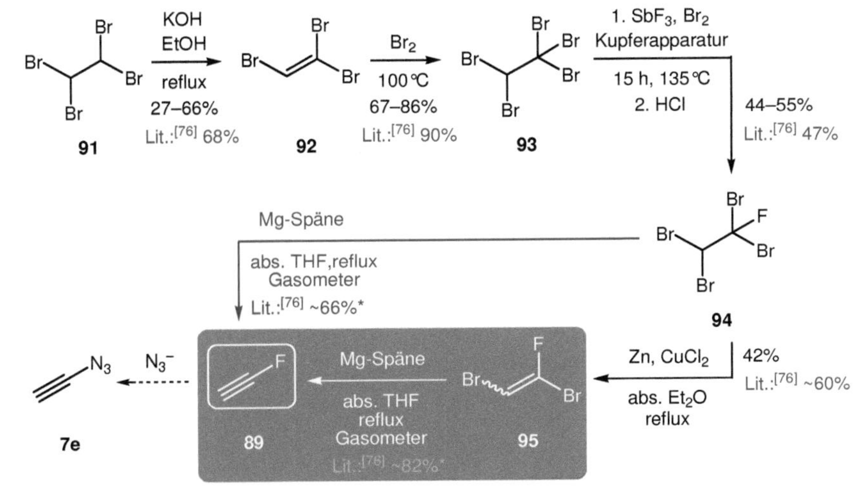

Schema 33: Syntheseroute zu Fluoracetylen (**89**) gemäß VIEHE und FRANCHIMONT.[76] Die Umsetzung **93→94** wurde mittels einer FINKELSTEIN-Reaktion unter Verwendung des SWARTZ-Reagenz (SbF$_3$) in einer eigens dafür angefertigten Metallapparatur verwirklicht, wobei sowohl das Reaktionsgefäß als auch die Innenauskleidung des über ein Schraubgewinde aufsetzbaren Rückflusskühlers (Dichtheit wurde mittels eines Teflonrings garantiert) komplett aus Kupfer gefertigt wurden.

Dabei wurde die direkte Vorstufe **95** als Konfigurationsisomerenmischung (*E*)-**95**/(*Z*)-**95** ≅ 4:1 erhalten und in einer Apparatur gemäß Abbildung 1 zu Fluoracetylen (**89**) umgesetzt, welches in Deuteromethanol zu 57% (bezogen auf einen zugesetzten internen Standard) erhalten wurde.

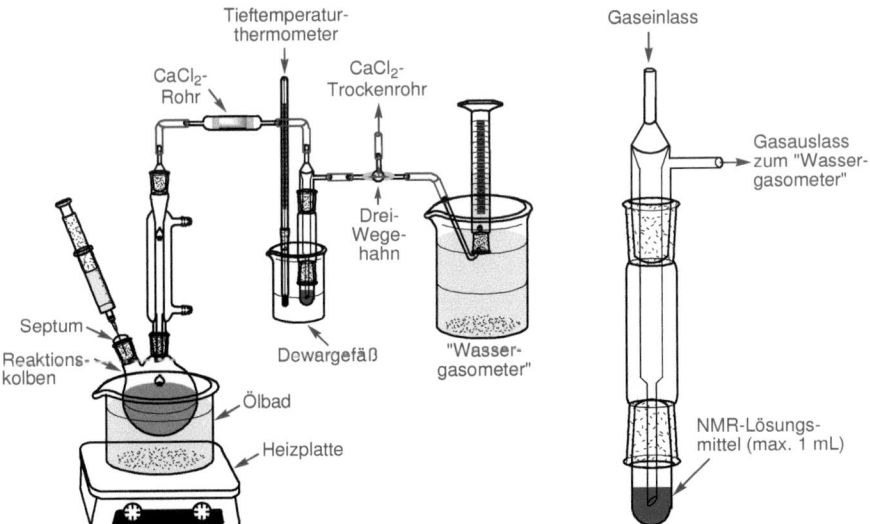

Abbildung 1: Schematische Darstellung der Apparatur zur *in situ* Erzeugung von Fluoracetylen (**89**). Es wurde stets Ethin als Nebenprodukt erhalten (zu ca. 1/2–2/3 der Ausbeute an **89**).

Es wurde festgestellt, dass **89** in Methanol-d_4 (57% **89**, 23% Ethin bei Umsetzung **95→89**) sowie in Aceton-d_6 (4.2% **89**, 0.96% Ethin, zusätzlich 40 mL Gas aufgefangen bei Umsetzung **95→89**) deutlich besser löslich ist als in halogenierten Lösungsmitteln wie $CDCl_3$ (1.8% **89**, 1.2% Ethin, zusätzlich 56 mL Gas aufgefangen bei Umsetzung **94→89**). Unter Verwendung der in Abbildung 1 gezeigten Apparatur wurden verschiedene Ansätze verwirklicht, welche in Schema 34 zusammengefasst dargestellt sind.

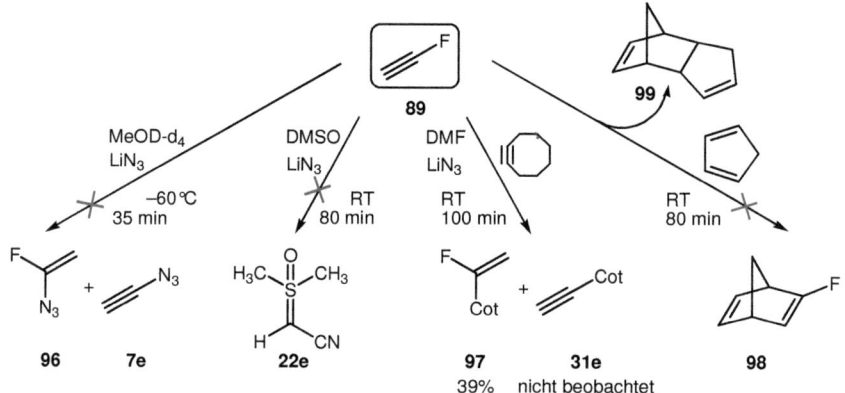

Schema 34: Übersicht der Umsetzungen ausgehend von *in situ* generiertem Fluoracetylen (**89**).

Unglücklicherweise lieferten weder die Umsetzung mit LiN_3 in DMSO, noch die Versuche zur DIELS-ALDER-Reaktion mit Cyclopentadien sowie der Ansatz zur direkten spektroskopischen Beobachtung der Titelverbindung **7e** bei −60°C die gewünschten Resultate. Sowohl das Sulfoxonium-Ylen **22e** als auch das Cyclooctatriazol **31e** wurden nicht beobachtet. Einzig das Vinylfluorid **97**, welches bei der Umsetzung von **89** mit LiN_3 in DMF zu 39% isoliert werden konnte, deutet auf die gewünschte Azidaddition an den Fluor-gebundenen Kohlenstoff. Allerdings erfolgte anschließend die Anlagerung eines Protons zum Vinylazid, welches mit Cyclooctin als **97** abgefangen wurde, und nicht die Fluorid-Abspaltung zum Ethinylazid **7e**, aus welchem **31e** gebildet worden wäre. Zusammenfassend deutet aus den verwirklichten Reaktionen ausgehend von **89** nichts darauf hin, dass die Bildung von 1-Azido-1-alkinen **7** aus Fluoracetylenen in irgendeiner Weise erfolgversprechender wäre als bei analogen Substitutionsreaktionen ausgehend von Ethinylchloriden **4**, welche zudem vergleichsweise einfach zugänglich sind (vgl. Schema 18, Tabelle 4). Gegenteilig wurden keinerlei Abfang- oder Folgeprodukte isoliert, welche überhaupt auf eine gelungene Substitution zur Titelverbindung **7e** schließen lassen.

2.3.3.2 Versuche ausgehend von Dicyanacetylen (90)

Neben Fluoracetylen (**89**) sollte ein weiteres interessantes Acetylen, Dicyanacetylen (**90**), bezüglich seiner möglichen Umsetzung zum entsprechenden Ethinylazid **7k** untersucht werden.

Die literaturbekannte Verbindung **90**[77] weist zwar zwei elektronenziehende, jedoch keinen aromatischen Substituenten an der Dreifachbindung auf. Nichtsdestotrotz liegt die Zersetzungsbarriere der vermeintlich resultierenden Titelverbindung **7e** für die unimolekulare Reaktion unter Stickstoffsabspaltung gemäß den Rechnungen von AUER et al. im Bereich analoger Strukturen mit aromatischen Resten am Acetylen (vgl. Tabelle 2).[35] Dabei erweist sich Cyanid im Additions-Eliminierungs-Mechanismus zur Bildung von **7e** zwar als mutmaßlich schlechtere Abgangsgruppe verglichen mit Chlorid, jedoch wurde CN⁻ bereits an anderer Stelle dieser Arbeit entsprechend diskutiert (vgl. Schema 23).

Das Diamid **101** konnte gemäß einer Literaturvorschrift[77a] zu 68% aus dem entsprechenden Dimethyldiester **100** gewonnen und in einer Feststoffreaktion analog zur Synthese von Fumardinitril[78] in das elektronenarme Acetylen **90** überführt werden (Schema 35). Dicyanacetylen (**90**) wurde für sämtliche Umsetzungen stets frisch hergestellt, zudem sei in diesem Zusammenhang auf die Sicherheitshinweise im experimentellen Teil dieser Arbeit verwiesen.

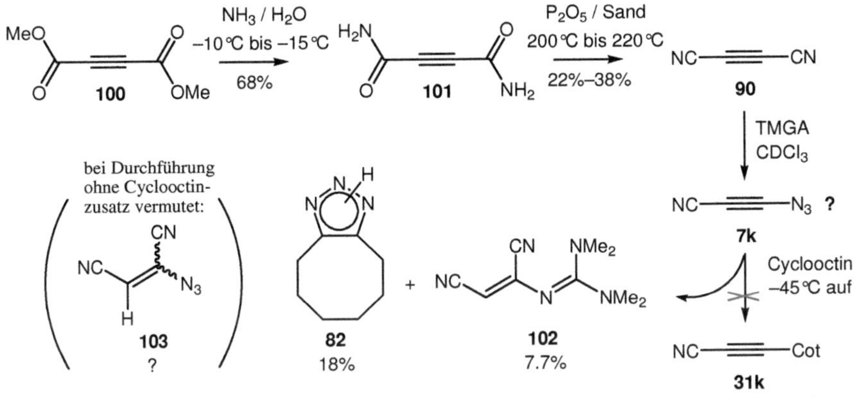

Schema 35: Synthese und Umsetzung von Dicyanacetylen (**90**) mit TMGA in Gegenwart von Cyclooctin. Analoge Umsetzungen von **90** ohne Cyclooctinzusatz lieferten ebenso als einziges isolierbares Produkt das Tetramethylguanidinaddukt **102**, basierend auf dem zumindest zum Teil im Gleichgewicht mit Tetramethylguanidin und HN$_3$ vorliegenden TMGA. Weitere Nebenprodukte, wie beispielsweise das formale HN$_3$-Addukt **103** (vgl. Kapitel 4.3.6.11) von **90** konnten maximal vermutet werden, eine Isolierung bzw. ein Abfangen mit Cyclooctin gelangen nicht.

Trotz mehrfacher Versuche zur Umsetzung von **90** mit TMGA in oder ohne Gegenwart von Cyclooctin im NMR-Maßstab (vgl. Schema 35) konnten abermals keinerlei Hinweise auf die gebildete Titelverbindung **7k** gefunden werden. Eine Umsetzung mit LiN$_3$ in DMSO war nicht möglich, da sich **90** in DMSO-d$_6$ noch vor jeglicher Azidzugabe zersetzte. Bei der Umsetzung mit QN$_3$ in CDCl$_3$, wobei keine analoge Reaktion zur ungewollten Bildung von **102** denkbar ist, kam es zwar zur Umsetzung des Dicyanacetylens (**90**), jedoch wurden keine neuen signifikanten Signale im Spektrum gefunden. Einzig ein verbreitertes ^{13}C-NMR-Signal im Nitrilkohlenstoffbereich ließ auf eine potentielle Substanzpolymerisation schließen. Zusammenfassend erwiesen sich die verwirklichten Versuche ausgehend von Dicyanacetylen (**90**) in Bezug auf die Bildung des Ethinylazids **7e** nicht im Mindesten erfolgversprechend und wurden, ebenso wie zuvor die Ansätze ausgehend von Fluoracetylen (**89**) (vgl. Kapitel 2.3.3.1), beendet.

2.4 Synthese von 1-Azido-1-alkinen via Eliminierungsreaktionen

Wie in den vorangegangenen Kapiteln der vorliegenden Arbeit eindrucksvoll gezeigt werden konnte, eröffnet sich ein präparativ einfacher Zugang zu Ethinylaziden **7** über Substitutionsreaktionen ausgehend von entsprechenden Ethinylchloriden **4**. Dabei unterliegen die betreffenden Reaktionen jedoch gewissen Limitierungen in Bezug auf Reaktionsmedium und -temperatur sowie den Substituenten an der Dreifachbindung des jeweiligen Eduktalkins. Vor allem in Hinsicht auf den instabilen Charakter der Titelverbindungen sowie die Reaktivität der aus ihnen resultierenden Carbenstrukturen erweisen sich diese Einschränkungen als nachteilig für die angestrebte direkte spektroskopische Beobachtung von 1-Azido-1-alkinen. Eine denkbare Möglichkeit, die genannten Limitierungen zu umgehen, sind Eliminierungsreaktionen (Schema 36).

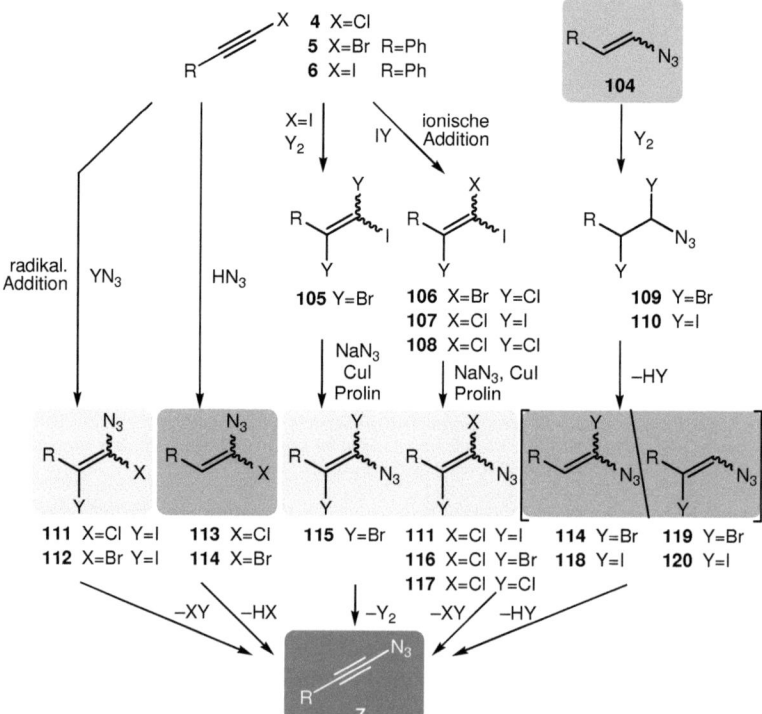

Schema 36: Übersicht zur Erzeugung von Ethinylaziden **7** mittels Eliminierungsreaktionen ausgehend von dihalogensubstituierten (gelb hinterlegt), monohalogensubstituierten (grün hinterlegt) sowie Vinylaziden ohne Halogen-Substitution (blau hinterlegt).

In Schema 36 wurde eine Grobeinteilung der potentiellen Herangehensweisen zur Erzeugung von Titelverbindungen **7** mittels Eliminierungsreaktionen ausgehend von entsprechenden Vinylaziden getroffen, welche sich auch in der Untergliederung des aktuellen Kapitels widerspiegelt. Einige Details, wie beispielsweise die Bildung der jeweiligen Konstitutionsisomere von **113** und **114** bei der HN$_3$-Addition an die Dreifachbindung, wurden aus Gründen der Übersichtlichkeit in Schema 36 nicht mit dargestellt. Die Synthese ausgehend von Vinylaziden **104** ohne Halogen-Substitution nimmt dabei insofern eine Sonderstellung ein, dass zwar ebenfalls monohalogensubstituierte Vinylazide auf dem Weg zum gewünschten Endprodukt **7** durchlaufen werden, diese jedoch unter Voraussetzung sauberer Edukte **104** sowie einer quantitativ verlaufenden Halogenaddition nicht zwangsweise aufgereinigt und isoliert werden müssen, sondern die Umsetzung vielmehr als «zweistufiges Eintopfverfahren», vorzugsweise im NMR-Maßstab, erfolgen kann.

2.4.1 Herangehensweise über dihalogensubstituierte Vinylazide

Der entscheidende Vorteil bei den Versuchen zur Erzeugung von 1-Azido-1-alkinen aus entsprechend substituierten Vinylaziden begründet sich darauf, dass der eigentliche Eliminierungsschritt auch bei tieferer Temperatur im NMR-Maßstab realisiert werden kann, wodurch eine direkte NMR-spektroskopische Beobachtung der gebildeten Titelverbindungen denkbar ist. Dabei sind zahlreiche Methoden zur Erzeugung von entsprechenden Acetylenen aus 1,2-dibromsubstituierten[79] sowie 1,2-dichlorsubstituierten[80] Olefinen, zumeist unter Verwendung verschiedener Metalle,[79c,d] bzw. Metallsalze,[79a,b] in der Literatur beschrieben.

Voraussetzung für die Syntheseversuche mittels Eliminierung ist dabei die erfolgreiche Generierung geeigneter Vinylazid-Vorstufen, welche sich sowohl in Konstitution als auch Konfiguration (bezogen auf die Abgangsgruppen) für die Bildung von Ethinylaziden **7** eignen. Obwohl die Eliminierungsreaktionen im Gegensatz zu den zuvor beschriebenen Substitutionsreaktionen (vgl. Kapitel 2.3) weder aromatische noch elektronenziehende Substituenten an der Doppelbindung voraussetzen, sondern vielmehr geeignete Abgangsgruppen sowie wirksame Basen entscheidend sind, wurden zunächst die präparativ einfach zugänglichen Ethinylhalogenide **4a–6** (Schema 37), welche einen Phenylrest an der Dreifachbindung aufweisen, als Ausgangspunkt für die Vinylazid-Synthesen herangezogen.

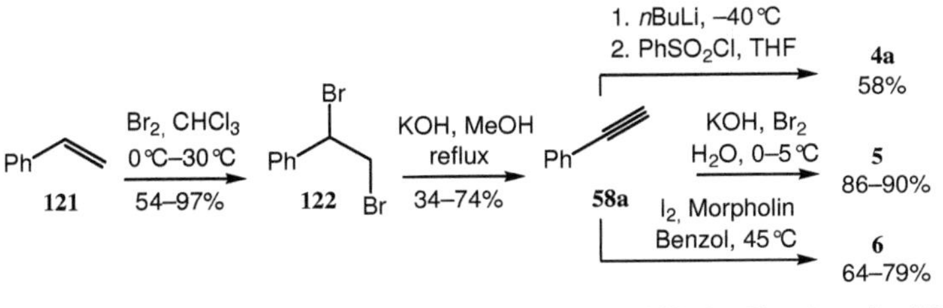

Ph—⟨ **121** ⟩ $\xrightarrow[54-97\%]{Br_2, CHCl_3 \; 0°C-30°C}$ Ph—CHBr—CH$_2$Br **122** $\xrightarrow[34-74\%]{KOH, MeOH \; reflux}$ Ph—≡ **58a**

1. *n*BuLi, –40°C
2. PhSO$_2$Cl, THF → **4a** 58%

KOH, Br$_2$, H$_2$O, 0–5°C → **5** 86–90%

I$_2$, Morpholin, Benzol, 45°C → **6** 64–79%

Schema 37: Synthese der Ethinylhalogenide **4a–6** ausgehend von Styren (**120**) über Phenylacetylen (**58a**)[81].

2.4.1.1 Synthese mittels kupferkatalysierter Kupplungsreaktionen

Die vermeintlich vielversprechendste Methode zur Erzeugung halogensubstituierter Vinylazide eröffnete sich aus einer Literaturvorschrift, welche die kupferkatalysierte, Prolin-unterstützte Umsetzung von Vinyliodiden zu den entsprechenden Vinylaziden beschreibt. Dabei verläuft die Kupplungsreaktion unter Erhalt der Stereochemie an der Doppelbindung und ist unter den gewählten Reaktionsparametern nicht für analoge Vinylbromide anwendbar.[42]

Zunächst wurde untersucht, ob sich unter Verwendung selbiger Vorschrift auch Ethinyliodide, explizit der phenylsubstituierte Vertreter **6**, direkt in Titelverbindungen überführen lassen (Schema 38). Die literaturanaloge Durchführung in DMSO beinhaltete dabei zusätzlich den Vorteil, dass, eine erfolgreiche Umsetzung zu **7a** vorausgesetzt, das Sulfoxonium-Ylen **22a** als isolierbares Folgeprodukt aus der Umsetzung resultieren dürfte. Parallel dazu wurde ein Vergleichsansatz verwirklicht, in welchem **6** analog zu **4a** mit Natriumazid in DMSO (vgl. Schema 18) über 65 Stunden bei Raumtemperatur zur Reaktion gebracht wurde. Damit sollte ausgeschlossen werden, dass, im Falle der Bildung von **22a** bei der katalysierten Kupplungsreaktion, eventuell "nur" ein Additions-Eliminierungs-Mechanismus entsprechend Schema 10 zugrunde liegt.

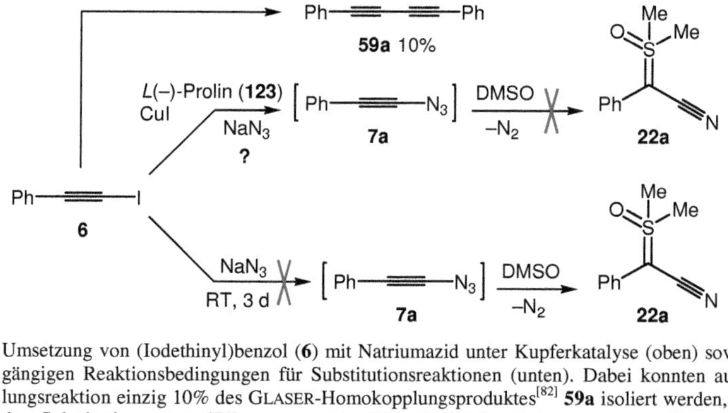

Schema 38: Umsetzung von (Iodethinyl)benzol (**6**) mit Natriumazid unter Kupferkatalyse (oben) sowie unter den gängigen Reaktionsbedingungen für Substitutionsreaktionen (unten). Dabei konnten aus der Kupplungsreaktion einzig 10% des GLASER-Homokopplungsproduktes[82] **59a** isoliert werden, während aus dem Substitutionsansatz 67% unumgesetztes Ethinyliodid **6** zurückgewonnen wurde.

Obwohl eine direkte Generierung von 1-Azido-1-alkinen gemäß der obigen Vorschrift von ZHU et al.[42] nicht gelang, sollte die Cu(I)-katalysierte, prolinunterstützte Kupplung ausgehend von Vinyliodiden genutzt werden, um entsprechende 1,2-dihalogensubstituierte Vinylazide zu erzeugen, welche ihrerseits über Eliminierungsversuche in die entsprechenden Titelverbindungen überführt werden sollten. Diesbezüglich wurde das 1,2-dichlorsubstituierte Vinyliodid **108a**, welches aus der Umsetzung von (Chlorethinyl)benzol (**4a**) mit Iodmonochlorid gewonnen werden konnte, in Gegenwart von Kupfer(I)iodid mit NaN_3 umgesetzt (Schema 39).

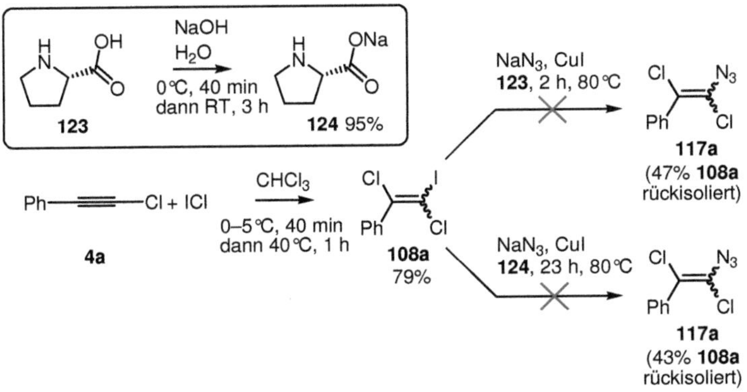

Schema 39: Versuche zur Generierung des Vinylazids **117a**. Unabhängig von Reaktionszeit sowie der Verwendung von L(–)-Prolin (**123**) bzw. von dessen Natriumsalz (**124**) konnte keine Umsetzung beobachtet werden. Verschiedene Versuche zur Synthese des dibromsubstituierten Vinyliodids **105a** mittels Bromaddition an **6** schlugen ebenso fehl, wie ein Versuch zur Iodaddition an **4a** zu **107a**.

Allerdings konnte in beiden untersuchten Fällen nicht das gewünschte Vinylazid **117a** gewonnen, sondern ausschließlich unumgesetztes Edukt **108a** rückisoliert werden. Um zu klären, ob die misslungenen Syntheseversuche auf die zusätzlichen Halogensubstituenten an der Doppelbindung von **108a** zurückzuführen sind, oder aber die Literaturvorschrift[42] an sich nicht funktioniert, wurde diese anhand von zwei darin beschriebenen Umsetzungen reproduziert (Schema 40). Dabei konnten die beiden Vinyliodide (**Z**)-**126** nach einer bekannten Methode[83] mittels Umsetzung der entsprechenden Aldehyde **60** mit Natriumhexamethyldisilazan und (Iodmethyl)-triphenylphosphoniumiodid (**125**) in Gegenwart von HMPTA erfolgreich hergestellt werden.

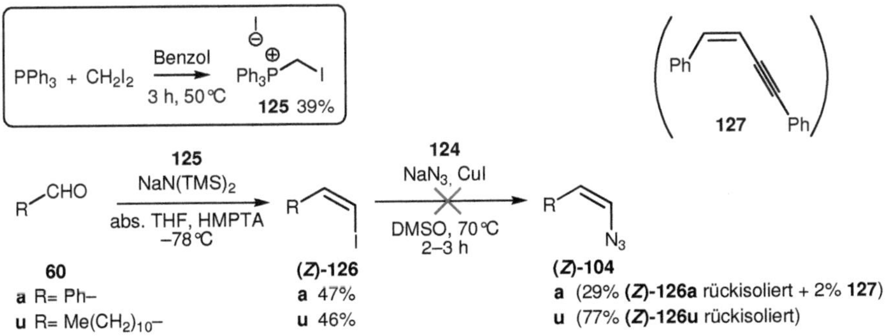

Schema 40: Fehlgeschlagene Versuche zur Reproduktion der Literaturvorschrift gemäß ZHU et al.[42]. Während die WITTIG-analoge Reaktion zur Bildung der Vinylazide (**Z**)-**126** problemlos realisiert werden konnte, wurde keine Umsetzung zu den Vinylaziden (**Z**)-**104** beobachtet. Die Bildung des Enins **127** ist dabei nicht überraschend, da die Cu(I)-katalysierte, Stickstoffbasen-unterstützte Kupplungsreaktion von Vinylaziden mit terminalen Alkinen bereits in der Literatur beschrieben wurde.[84] Resultierend kann davon ausgegangen werden, dass NaN$_3$ als Base unter den gewählten Bedingungen einen geringen Teil des Vinyliodids (**Z**)-**126a** zu dehydrohalogenieren vermag und das resultierende Phenylacetylen (**58a**) mit (**Z**)-**126a** unter Bildung von **127** reagiert.

Zusammenfassend konnte gezeigt werden, dass die Literaturvorschrift von ZHU et al.[42] sich weder auf das modifizierte Vinyliodid **108a** übertragen, noch unter Verwendung literaturidentischer Ansätze reproduzieren lässt. Somit erwies sich diese vielversprechende Herangehensweise zur Generierung von geeigneten Vinylaziden für anschließende Eliminierungsreaktionen bedauerlicherweise als "Sackgasse".

2.4.1.2 Synthese mittels Iodazid-Addition an Ethinylhalogenide

Eine weitere potentielle Methode zur Synthese dihalogensubstituierter Vinylazide findet sich in der literaturanalogen Vorgehensweise zur Generierung von 2-Azido-1-iodethanen ausgehend von verschiedenen Styrolderivaten.[85] Übertragen auf (Bromethinyl)benzol (**5**) sollte auf diesem Weg das Vinylazid **112** zugänglich sein, welches im Gegensatz zum Produkt **3** aus der ionischen Iodazid-Addition an die Dreifachbindung von **5** die "richtige" Konstitution für anschließende Eliminierungsversuche zum Ethinylazid **7a** aufweist (Schema 41). Weiterhin wurde untersucht, inwiefern sich **7a** auch aus **3** mittels einer FRITSCH-BUTTENBERG-WIECHELL-Umlagerung[72] bei tiefer Temperatur generieren lässt.

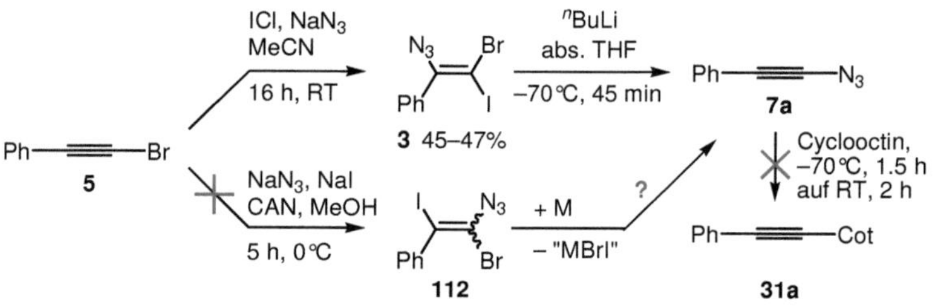

Schema 41: Versuche zur Umsetzung von **5** zu dihalogensubstituierten Vinylaziden sowie zu deren Weiterumsetzung zur Titelverbindung **7a**. Der Versuch zur Umsetzung von **3** mit einem 4-fachen Überschuss an *n*BuLi mittels FRITSCH-BUTTENBERG-WIECHELL-Umlagerung (oben) lieferte nach Zusatz von Cyclooctin weder das direkte Abfangprodukt **31a**, noch das aus **3** resultierende Cyclooctatriazol **37**. Eine chromatographische Aufarbeitung des hochkomplexen Produktgemisches erfolgte nicht. Die Umsetzung **5**→**112** schlug fehl. Zwar wurden mittels Flash-Chromatographie zwei Styrolderivate mit durchweg quartären Alkenkohlenstoffen isoliert, jedoch enthielten diese ausgehend von den aufgenommenen IR-Spektren keine Azideinheit.

Unglücklicherweise schlugen beide Herangehensweisen fehl. Ebenso misslangen Versuche, *in situ* generiertes Iodazid radikalisch an die Ethinylhalogenide **4a** sowie **5** zu addieren. Gemäß HASSNER lässt sich die radikalische Bromazid-Addition in unpolaren Solventien unter Ausschluss von Radikalfängern (z. B. Sauerstoff, resultierend Verwendung entgaster Lösungsmittel) erzwingen.[20b] Der Versuch zur entsprechenden Umsetzung von **4a** (bzw. **5**) mit Iodmonochlorid und Natriumazid in entgastem *n*-Pentan lieferte nach Erwärmung der Reaktionsmischung von −40°C auf Raumtemperatur über 24 Stunden (bzw. 43 h) einzig 43% des ICl-Adduktes **108a** (bzw. 63% **106a**).

2.4.2 Herangehensweise über monohalogensubstituierte Vinylazide

Infolgedessen, dass sich die Erzeugung von dihalogensubstituierten Vinylaziden (vgl. Kapitel 2.4.1) weitaus schwieriger als erhofft gestaltete und abgesehen von der Synthese von **3** in keinem Fall zum Erfolg führte, sollte im nächsten Schritt untersucht werden, ob sich monohalogensubstituierte Vinylazide (vgl. Schema 36) generieren lassen. Dabei beruht der Grundgedanke einer möglicherweise aussichtsreicheren Synthese von Vinylaziden mit nur einem (sp^2)-gebundenen Halogen darauf, dass die räumlich anspruchsvollen Halogene, allen voran natürlich Iod und Brom, infolge ihres sterischen Anspruchs die Bildung von 1,2-dihalogensubstituierten Alkenen erschweren, da bedingt durch die Hybridisierung ein "Verdrehen" in günstigere Konformationen für die planaren Verbindungen nicht möglich ist.

2.4.2.1 Synthese mittels Stickstoffwasserstoffsäure-Addition an Ethinylhalogenide

Die einfachste denkbare Möglichkeit zur Erzeugung monohalogensubstituierter Vinylazide besteht in der HN$_3$-Addition an Ethinylhalogenide **4–6**. Dazu wurde die Stickstoffwasserstoffsäure *in situ* aus Natriumazid und Schwefelsäure in Gegenwart des jeweiligen 1-Halogen-1-alkins (**4a** bzw. **5**) erzeugt (Schema 42). Allerdings schlugen beide Ansätze fehl. Während für die Umsetzung von **4a** keine Vinylprotonensignale im ^{1}H-NMR-Spektrum des Rohproduktes, welches hauptsächlich unumgesetztes Edukt enthielt, gefunden wurden, lieferte die Umsetzung von **5** zwar zum geringen Teil potentielle Produkte (Signale bei 4.0 sowie 4.5 ppm im Protonenspektrum), jedoch ließen sich aus der chromatographischen Aufarbeitung einzig 44% **5** zurückgewinnen.

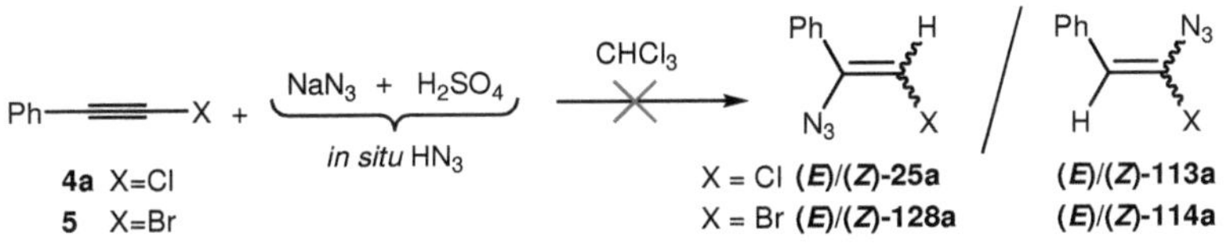

Ph—≡—X + NaN$_3$ + H$_2$SO$_4$ →(CHCl$_3$) Ph,H / N$_3$,X / Ph,N$_3$ / H,X
in situ HN$_3$

4a X=Cl   X = Cl (*E*)/(*Z*)-**25a**   (*E*)/(*Z*)-**113a**
5 X=Br   X = Br (*E*)/(*Z*)-**128a**   (*E*)/(*Z*)-**114a**

Schema 42: Misslungene Umsetzung der Ethinylhalogenide **4a, 5** mit *in situ* generiertem HN$_3$ in Chloroform. Dabei wurden das jeweilige Alkin sowie NaN$_3$ (5 eq) vorgelegt und H$_2$SO$_4$ (96%, 2.5 eq) langsam zugetropft, so dass die Temperatur 35 °C nicht überstieg.

2.4.2.2 Synthese mittels Substitutionsreaktionen *via* Azidnucleophil

Eine weitere denkbare Methode, relativ einfach zu einer geeigneten Vorstufe für Eliminierungsreaktionen zu gelangen, scheint durch die Umsetzung des kommerziell erhältlichen Tribromids **129** mit ionischen Aziden gegeben. Diesbezüglich wurde eine Reihe von Versuchen zur nucleophilen Substitution unternommen, welche in Schema 43 zusammengefasst sind.

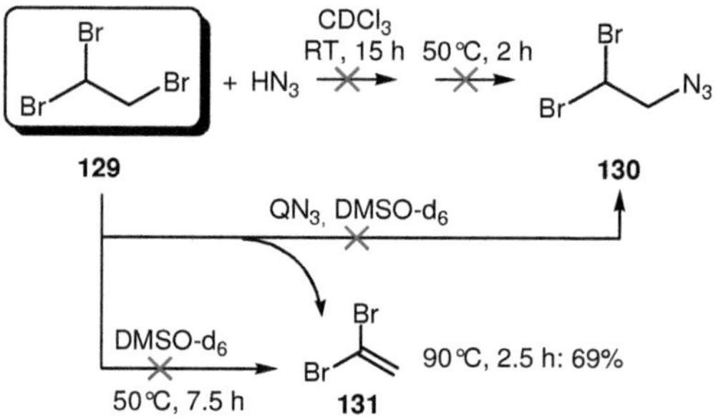

Schema 43: Substitutionsversuche ausgehend vom Tribromid **129**. Die angegebene Ausbeute wurde bezogen auf **129** unter Verwendung des Lösungsmittelrestsignals als internem Standard ermittelt. Die Reaktion mit HN$_3$ (59 mg **129**, 0.7 M HN$_3$-Lösung in CDCl$_3$, 3.2 eq) lieferte keinerlei Umsetzung. Bei Verwendung von QN$_3$ (105 mg **129**, 1.2 eq QN$_3$, 0.7 mL DMSO-d$_6$) kam es zur baseninduzierten HBr-Eliminierung zum Alken **131**. Die rein thermische Eliminierung wurde über einen Vergleichsansatz ohne QN$_3$-Zusatz ausgeschlossen.

Während die Substitution ausgehend vom Bromalkan **129** fehlschlug, führte eine analoge Vorgehensweise für das Bromalken **132** tatsächlich zum entsprechenden monohalogensubstituierten Vinylazid **(Z)-119v** (Schema 44). Dabei verläuft die betreffende Umsetzung unter Retention der Konfiguration an der Doppelbindung, was insofern von Bedeutung ist, dass das konfigurationsisomere Azidovinylketon **(E)-119v** zum entsprechenden Isoxazol aromatisieren würde.[20b]

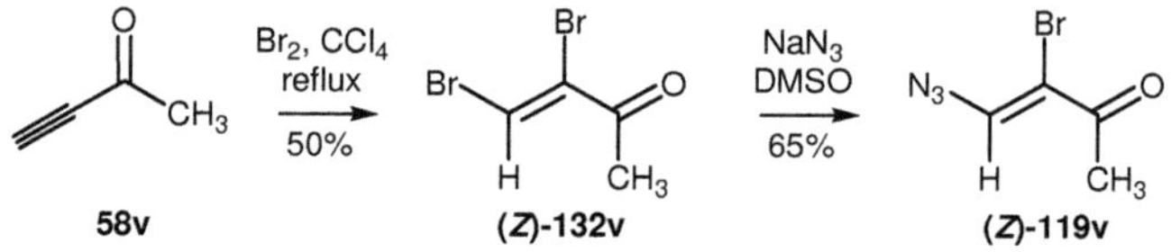

Schema 44: Die Stereochemie an der Doppelbindung wurde mittels nOe-Experimenten zweifelsfrei bestätigt. **(Z)-119v** konnte nach wässriger Aufarbeitung ohne zusätzliche säulenchromatographische Aufreinigung sehr sauber isoliert werden.

Allerdings lieferten verschiedene Ansätze ausgehend von **(Z)-119v** keinerlei Hinweis darauf, dass eine baseninduzierte Eliminierung zur Titelverbindung **7v** möglich ist (Schema 45). Dabei konnten weder das entsprechende Sulfoxonium-Ylid **22v** aus der Umsetzung mit KOH in DMSO, noch das literaturbekannte Nitril **134**[86], welches aus einer WOLFF-Umlagerung zum Keten **133** hervorgeht, bei entsprechenden Umsetzungen beobachtet werden. Obwohl eine analoge Umlagerung ausgehend von α-Cyandiazoacetophenon sowie das Abfangen des resultierenden Ketens in der Literatur beschrieben werden,[87] lieferte die Umsetzung von **(Z)-119v** mit Natriummethanolat nach 21-stündiger Reaktion bei Raumtemperatur und wässriger Aufarbeitung nicht einmal in Spuren das Cyanpropanoat **134** (lt. ^{1}H-NMR-Spektrum). Gleichsam konnte aus der Umsetzung in DMSO nach wässriger Aufarbeitung keine verwertbare Substanz isoliert werden.

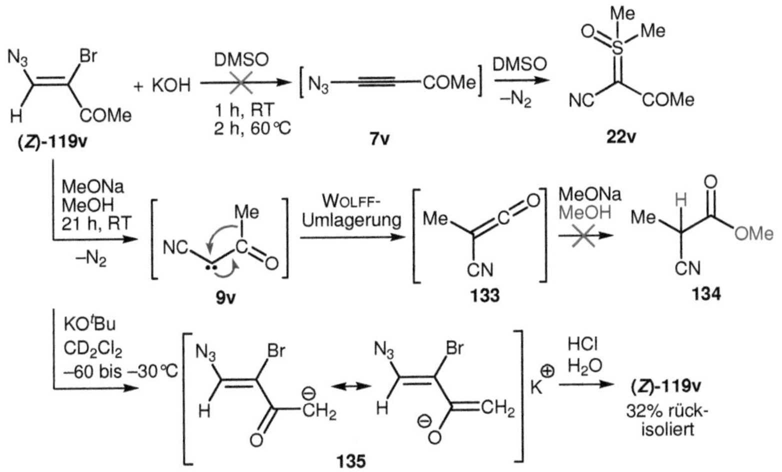

Schema 45: Übersicht der verwirklichten Eliminierungsversuche ausgehend vom Vinylazid (**Z**)-**119v**.

Eine mögliche Begründung für die misslungenen Umsetzungen ergibt sich aus einem Tieftemperatur-NMR-Ansatz, in welchem (**Z**)-**119v** mit Kalium-*tert*-butanolat zur Reaktion gebracht wurde (vgl. Schema 45). Dabei wurde die Reaktionsmischung über 10 Tage bei –30 °C aufbewahrt, bis kein Edukt mehr im Spektrum ersichtlich war und anschließend sauer aufgearbeitet, wobei 32% Edukt rückisoliert werden konnten. Eine mögliche Erklärung wäre die Bildung des unlöslichen Kaliumenolats **135** bedingt durch die aciden Acetylprotonen, wodurch einerseits die zugesetzte Base verbraucht und andererseits – bedingt durch die schlechte Löslichkeit des Salzes in den verwendeten Solventien – die gewünschte Eliminierungsreaktion verhindert wurde.

Eine Möglichkeit zur Erzeugung des iodsubstituierten Vinylazids **120a** (vgl. Schema 36) gemäß eines Experiments von WOERNER und REIMLINGER, welche Iodazid in DMF *in situ* an Phenylacetylen (**58a**) addieren konnten,[88] wurde zugunsten von Versuchen zur Umsetzung halogenunsubstituierter Vinylazide (vgl. Kapitel 2.4.3) nicht näher untersucht, ist jedoch aus Gründen der Vollständigkeit an dieser Stelle mit erwähnt.

2.4.3 Herangehensweise über Vinylazide ohne Halogen-Substitution

Dem Weg vom Komplizierten zum Einfachen folgend, ergibt sich nach den dihalogensubstituierten sowie monohalogensubstituierten Vinylaziden als logische Konsequenz die Herangehensweise über die nächsteinfacheren Vertreter, explizit die Vinylazide **104** ohne Halogen-Substitution (vgl. Schema 36). Von besonderem Interesse ist dabei "das" Vinylazid (**104e**), welches im Erfolgsfall zu "dem" Ethinylazid (**7e**) führen würde. Dieses gehört gemäß AUER et al.[35] zu den stabilsten Mitgliedern der Ethinylazid-Familie (vgl. Kapitel 2.2). Zudem würde das terminale

Alkin Aufschluss über entsprechende Kopplungskonstanten (NMR-Spektroskopie) liefern und zusätzlich die Identifikation der Verbindung erleichtern.

2.4.3.1 Versuche ausgehend vom Vinylazid-Grundkörper (104e)

Die Synthese von Vinylazid (**104e**) konnte nach einer Literaturvorschrift erfolgreich reproduziert werden (Schema 46),[89] wobei eine Aufreinigung des Produkts (Abtrennung der Verunreinigung **139**) mittels Umkondensation, jedoch unter größeren Ausbeuteverlusten, möglich war.

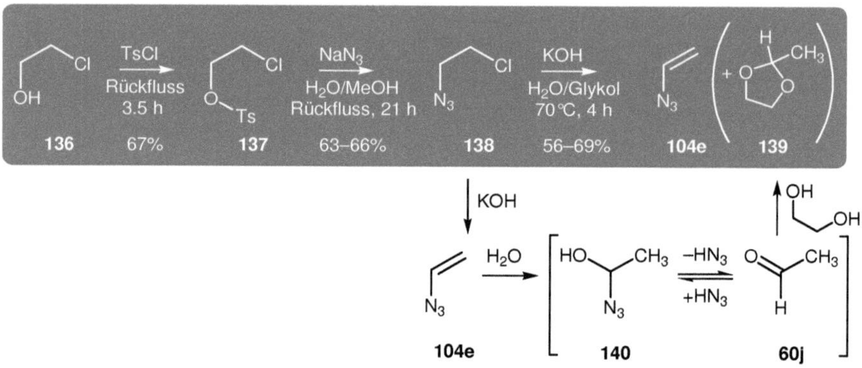

Schema 46: Synthese von Vinylazid (**104e**) gemäß der Literatur.[89] Das Produkt enthielt dabei stets das Ketal **139** (zu 3.5–6.2% lt. ^{1}H-NMR-Spektrum) als Verunreinigung. Eine mögliche Erklärung zur Bildung von **139** ist ebenfalls mit abgebildet. Dabei würde das Gleichgewicht zwischen dem α-Azidoalkohol **140** und dem Aldehyd **60j** unter den gewählten Reaktionsbedingungen vollständig auf der Seite des Aldehyds liegen, da die flüchtige Stickstoffwasserstoffsäure ungehindert entweichen kann.

Ausgehend von Vinylazid (**104e**) konnten zahlreiche Versuche, vorwiegend im Rahmen von NMR-Ansätzen,[7] verwirklicht werden. Dabei galt es zunächst zu klären, inwieweit sich Halogene, explizit Brom oder Iod, an die Doppelbindung von **104e** addieren lassen, da die Bromaddition an Vinylazide gemäß HASSNER in den meisten Fällen zu Produkten führt, welche keine Azidgruppe mehr aufweisen.[90] Im Fall von Vinylazid (**104e**) jedoch begünstigen nicht nur die Azidgruppe als Donor, sondern auch die vorteilhaften sterischen Bedingungen, d. h., der geringe räumliche Anspruch der Vinylprotonen, die elektrophile Addition. Resultierend ließ sich das Bromaddukt **109e** unter geeigneten Reaktionsparametern quantitativ aus **104e** generieren (Schema 47, Tabelle 8). Das analoge Iodaddukt **110e** erwies sich allerdings als instabil und kann einzig anhand von Folgeprodukten vermutet werden (Schema 48). Dabei wurde der erste Versuch zur Addition von Brom an Vinylazid (**104e**) vor nunmehr bereits 100 Jahren von FORSTER und NEWMAN realisiert,[26] wobei sich **109e** mit Wasser zu 2-Bromacetaldehyd (**141**)[91] zersetzte.

---

[7] Für den Umgang mit Vinylazid (**104e**) sind *unbedingt* die Sicherheitshinweise, welche in der Einleitung zum Experimentellen Teil dieser Arbeit aufgeführt sind, zu beachten! Die Verbindung ist *potentiell explosiv*!

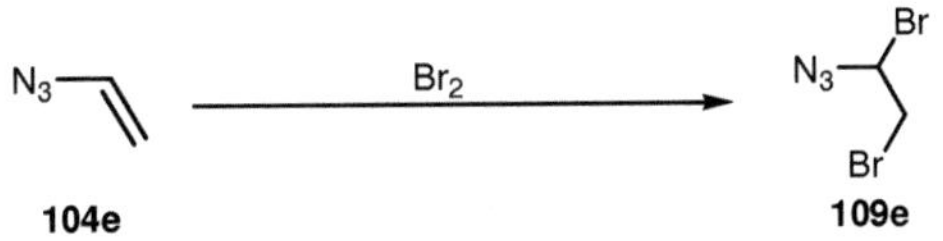

THEORETISCHER TEIL 61

$$N_3-CH=CH_2 \xrightarrow{Br_2} N_3-CH(Br)-CH_2Br$$

104e → **109e**

Schema 47: Addition von Brom an Vinylazid (**104e**).

Tabelle 8: NMR-Ausbeuten (bezogen auf **104e**) sowie Reaktionsbedingungen der Umsetzung **104e**→**109e** gemäß Schema 47. Eine Reaktion in DMSO-d_6 konnte dabei nicht verwirklicht werden, da dieses selbst mit Brom reagiert. Gleiches wurde für Mesitylen beobachtet. Die Bromaddition verlief dabei in allen untersuchten Fällen in einer *stark exothermen* Reaktion.

	Lösungs-mittel	Temperatur	Parameter[a]	Standard	Ausbeute an 109e
1	CDCl$_3$	–10 °C auf RT	50 mg / 0.40 mL / 0.10 mL / 5 min	1,4-Dioxan	75%
2		–45 °C	20 mg / 0.40 mL / 0.15 mL / 2 min	TMS	99%
3		–60 °C	68 mg / 0.40 mL / 0.15 mL / 5 min	TMS	97%
4	CD$_2$Cl$_2$	–10 °C auf RT	35 mg / 0.40 mL / 0.10 mL / 10 min	1,4-Dioxan	quantitativ
5		–15 °C	43 mg / 0.30 mL / 0.20 mL / 10 min	Benzol	quantitativ
6	Benzol-d_6	RT	46 mg / 0.35 mL / 0.20 mL / 10 min	1,4-Dioxan	50%
7	D$_2$O	RT	42 mg / 0.30 mL / 0.30 mL / 1 min	**Explosion nach Zugabe**	
8	Toluol-d_8	–65 °C	56 mg / 0.40 mL / 0.15 mL / 2 min	TMS	98%
9		–45 °C	54 mg / 0.40 mL / 0.15 mL / 2 min	TMS	86%

[a] Die Reaktionsparameter beinhalten die Ansatzgröße (eingesetztes **104e**), die Lösungsmittelmenge, in welcher **104e** vorgelegt wurde, die Lösungsmittelmenge, in welcher Brom gelöst wurde (ca. 1–2 Äquivalente, anschließend Zutropfen bis keine Entfärbung mehr eintrat) sowie die Zutropfzeit in der genannten Reihenfolge.

Es wurde festgestellt, dass die Bromaddition erfolgreich in einer Vielzahl von Lösungsmitteln realisiert werden kann, wobei tiefere Temperaturen die Produktbildung begünstigen. Die Umsetzung von **104e** mit Iod lieferte dagegen ausschließlich Iodacetonitril (**143**)[92a].

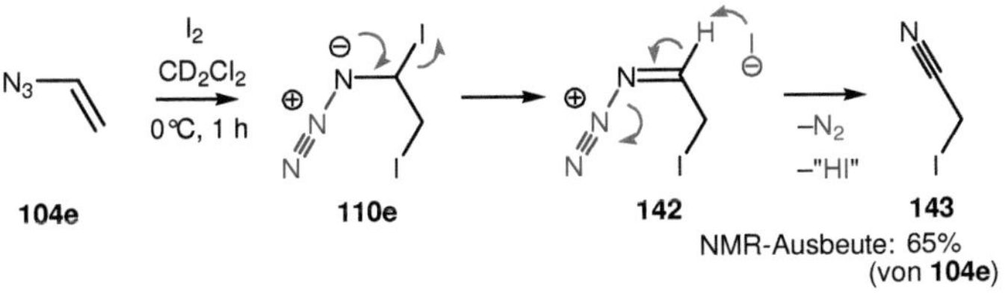

104e → **110e** → **142** → **143**
(I$_2$, CD$_2$Cl$_2$, 0 °C, 1 h) ... (–N$_2$, –"HI")
NMR-Ausbeute: 65% (von **104e**)

Schema 48: Möglicher Mechanismus für die Bildung von Iodacetonitril (**143**). Dabei wurde das Iodaddukt **110e** vermutlich durchlaufen, wobei auch die direkte Bildung von **142** aus **104e** denkbar ist. Die spektroskopische Beobachtung von **110e** gelang auch in einem zweiten Ansatz, in welchem I$_2$ bei –50 °C zur Vinylazidlösung gegeben und anschließend langsam erwärmt wurde, nicht. Während bei –40 °C keinerlei Reaktion zu verzeichnen war, konnte bei –20 °C bereits eine deutliche Gasentwicklung (Stickstoffabspaltung) beobachtet werden. Nach 10 Tagen Aufbewahrung bei –30 °C enthielt die Mischung 27% **143** (bezogen auf **104e**, interner Standard: Benzol).

Eine mögliche Erklärung für die explosive Reaktion bei der Umsetzung in D$_2$O (vgl. Tab. 8), welche sich auch mit den Beobachtungen von FORSTER und NEWMAN bei der Zugabe von Brom zu einer wässrigen Vinylazid-Lösung deckt,[26] ergab sich beim Versuch, das Bromaddukt **109e** aus dem verwendeten NMR-Lösungsmittel zu isolieren und in DMSO aufzunehmen (Schema 49). Der Hintergedanke war die Verwirklichung der anschließenden Eliminierung im hochsiedenden Dimethylsulfoxid, wodurch entweder das flüchtige Ethinylazid (**7e**) abkondensiert werden könnte, oder aber das entsprechende Sulfoxonium-Ylen **22e** (vgl. Schema 10) als Folgeprodukt der Titelverbindung resultieren würde.

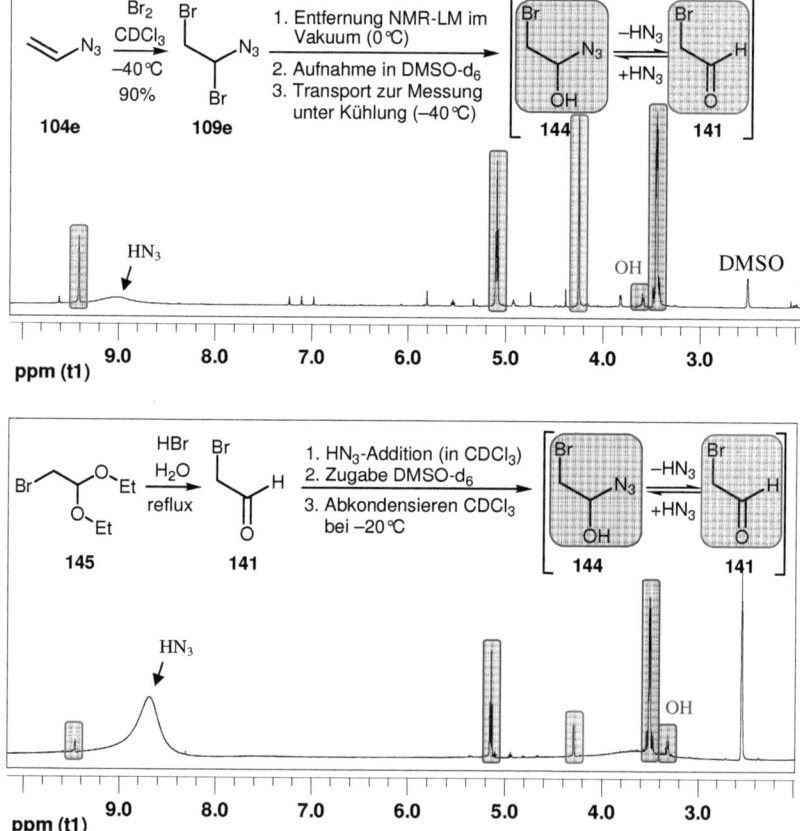

Schema 49: Spektrum resultierend aus der Aufnahme des vermeintlich isolierten Vinylazid-Bromadduktes (**109e**) in DMSO-d$_6$ (oben) sowie Vergleichsspektrum der HN$_3$-Addition an Bromacetaldehyd (**141**) (unten) bei Raumtemperatur. Dabei konnte **109e** als gelbliche Flüssigkeit in 71% Ausbeute isoliert werden. Das Vergleichsspektrum wurde freundlicherweise von M. Sc., M. Phil. Samia Firdous zur Verfügung gestellt.[45] Das Signal der Alkoholfunktion ist bezogen auf seine Integralfläche, vermutlich resultierend aus einem H-D-Austausch mit dem NMR-Lösungsmittel, zu klein, wodurch die Zuordnung des OH-Protons zumindest für das obere Spektrum nicht eindeutig ist.

Dabei wurde zweifelsfrei der α-Azidoalkohol **144** beobachtet, welcher vermutlich durch im DMSO enthaltenes Wasser gebildet wurde und der mit dem korrespondierenden Aldehyd **141** und HN$_3$ im Gleichgewicht steht, wobei HN$_3$ für die explosive Reaktion verantwortlich scheint. Eine Reihe weiterer Kontrollreaktionen (Schema 50) bestätigte ausgehend von gebildetem Bromacetaldehyd (**141**), dass sich das Bromaddukt **109e** leicht durch Wasser(spuren) in den Azidoalkohol **144** überführen lässt, auch wenn dieser dabei nicht direkt spektroskopisch nachgewiesen und einzig anhand des gefundenen Aldehyds **141** vermutet werden konnte.

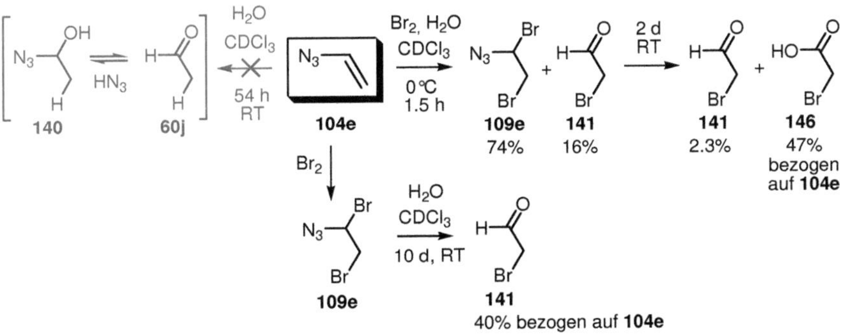

Schema 50: Vergleichsansätze zur Umsetzung des Bromaduktes **109e** mit Wasser im NMR-Maßstab. Während Vinylazid (**104e**) bei Raumtemperatur keine Reaktion mit Wasser zeigt, kommt es für dessen Bromaddukt **109e**, unabhängig davon, ob Wasser schon während der Bromaddition zugegen war oder erst im Nachhinein zugesetzt wurde, zur Bildung von 2-Bromacetaldehyd (**141**)[92a] sowie von dessen Oxidationsprodukt 2-Bromessigsäure (**146**)[92b].

Resultierend aus der gezeigten Empfindlichkeit gegenüber Wasser(spuren) wurde das Bromaddukt **109e** für alle Eliminierungsversuche frisch hergestellt. Dabei konnte jedoch weder unter Verwendung von Triethylamin (pK_a = 9.00 in DMSO)[93], noch von DABCO (pK_a = 8.93 in DMSO)[93] als Base eine Umsetzung von **109e** zu den Vinylaziden **114e** sowie **119e**, bzw. zur Titelverbindung **7e**, beobachtet werden (Schema 51).

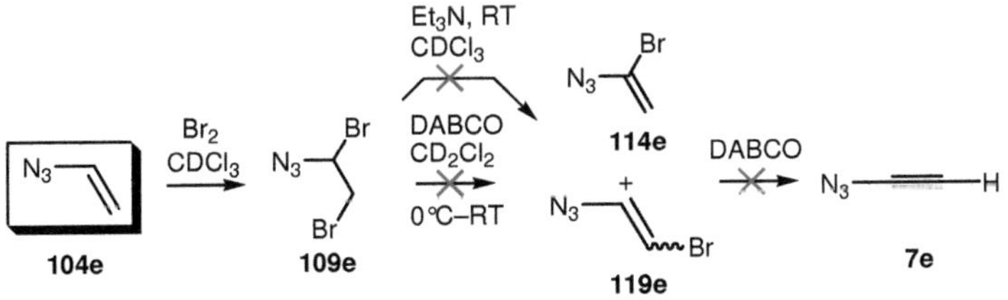

Schema 51: Versuche zur HBr-Eliminierung aus dem *in situ* generierten Bromaddukt **109e** unter Verwendung verschiedener Basen. Während mit Triethylamin nur Spuren einer Reaktion beobachtet wurden, führte der Einsatz von DABCO zur vollständigen Umsetzung von **109e**. Jedoch kann die Bildung der Vinylazide **114e** sowie **119e** infolge fehlender Vinylprotonensignale im resultierenden ^{1}H-NMR-Spektrum ausgeschlossen werden. Ebenso erscheint die Generierung von **7e** basierend auf den NMR-Spektren unwahrscheinlich.

Dies überraschte insofern, dass aus der analogen Reaktion basierend auf dem entsprechenden Cyclooctatriazol **148e** die beiden HBr-Eliminierungsprodukte **(Z)-149e** und **150e** hervorgingen (Schema 52).

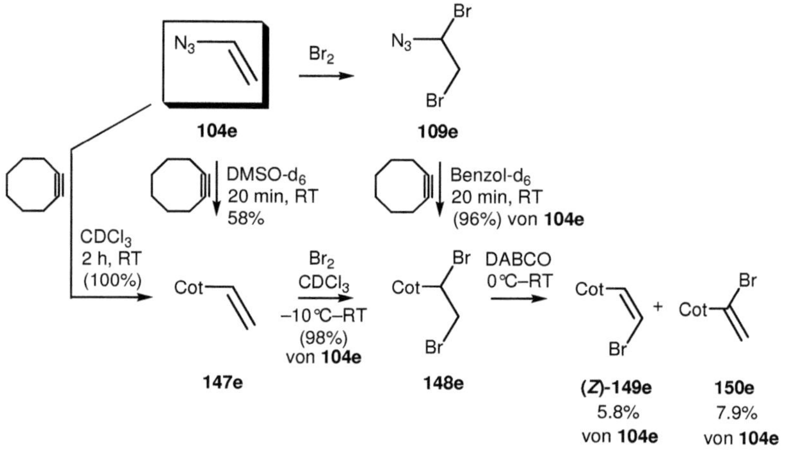

Schema 52: Übersicht der verwirklichten Vergleichssynthesen für die Cyclooctatriazole **147e–150e**. Die Abfangstruktur **31e** (siehe Schema 27), welche dem direkten Abfangprodukt der Titelverbindung **7e** entspricht, konnte nicht gefunden werden. Ebenso misslang ein Eliminierungsversuch ausgehend von **148e** unter Verwendung von Kalium-*tert*-butanolat als Base. Zur besseren Unterscheidung wurden NMR-Ausbeuten, welche über interne Standards ermittelt wurden, im Gegensatz zu isolierten Ausbeuten in Klammern angegeben.

Nachdem die Charakterisierungsdaten der möglichen Cyclooctin-Abfangprodukte zu den – aus den Eliminierungsreaktionen gebildeten – Vinylaziden mittels der Vergleichssynthesen gemäß Schema 52 zusammengetragen werden konnten, wurden weitere Umsetzungen ausgehend vom Bromaddukt **109e** unter Verwendung von stärkeren Basen verwirklicht. Eine Übersicht der unternommenen Versuche ist in Schema 53, Tabelle 9 gezeigt.

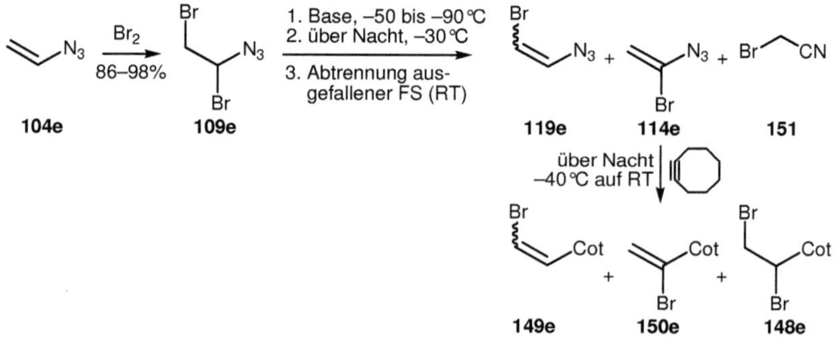

Schema 53: Umsetzung des Bromadduktes **109e** mit verschiedenen Basen sowie anschließende Versuche zum Abfangen der gebildeten Produkte mit Cyclooctin. Die Ausbeuten an **109e** wurden mittels TMS als zugesetztem internen Standard ermittelt (vgl. Tabelle 8), als Lösungsmittel fand Toluol-d_8 Verwendung.

Tabelle 9: Übersicht der Reaktionsparameter sowie der Ausbeuten zur Umsetzung von **109e** gemäß Schema 53. Es wurde jeweils nur ein Stoffmengenäquivalent der Base (bezogen auf **104e**) zugesetzt, da bei Zugabe von 2 eq Base [Verwendung der Phosphazenbase $(Me_2N)_3P=N-^tBu$ (P_1-^tBu)] selbst nach Filtration der ausgefallenen Salze nur ein uninterpretierbares Spektrum mit stark verbreiterten Signalen resultierte.

Eliminierungsparameter		Produktverhältnis^a	Isolierte Ausbeute^b		
Base	Temperatur	114e / 119e / 151	148e	149e	150e
1 DBU (1 eq)	−60°C	3.2 / 1.0 / 0	−	2.4%	23%
2 P$_2$-Et (1 eq)	−90°C	1.6 / 0 / 1.0	30%	−	11%
3 KO^{t}Bu (1 eq)	−50°C	keine Eliminierung, nur **109e**^{c}	−	−	−

^{a} Infolgedessen, dass die ausgefallenen Hydrobromid-Salze vor der NMR-Messung mittels Filtration abgetrennt werden mussten, kann keine NMR-Ausbeute bezogen auf **104e**, sondern einzig das aus dem ^{1}H-NMR-Spektrum ermittelte Substanzverhältnis angegeben werden. Die Entfernung des Feststoffs war dabei unumgänglich, um einer starken Signalverbreiterung vorzubeugen und vernünftig interpretierbare NMR-Spektren zu gewährleisten.

^{b} Die angegebenen Ausbeuten beziehen sich auf das eingesetzte Vinylazid (**104e**).

^{c} Die misslungene Eliminierung mit Kalium-*tert*-butanolat basiert höchstwahrscheinlich auf der schlechten Löslichkeit der organischen Base im verwendeten NMR-Lösungsmittel.

Dabei wurde zunächst bei tiefen Temperaturen die Bromaddition verwirklicht und direkt im Anschluss die Base (DBU: $pK_a \cong 12$ in DMSO;[93] KO^{t}Bu: $pK_a = 29.4$ in DMSO;[93] P$_2$-Et: $pK_a = 32.9$ in MeCN lt. Hersteller FLUKA) zugesetzt. Als Lösungsmittel konnten wegen der starken Basen weder Chloroform oder Methylenchlorid (→ Eliminierung zum Carben möglich), noch Solventien mit aciden Protonen, wie DMSO, verwendet werden, so dass durchgängig in Toluol gearbeitet wurde. Infolgedessen, dass nach dem notwendigen Filtrationsschritt (vgl. Schema 53) kein Bromaddukt **109e** mehr im Produktgemisch vorlag, sind die isolierten Cyclooctatriazole **149e** und **150e** eindeutig auf die entsprechenden Vinylazide **114e** sowie **119e** zurückzuführen, da eine Eliminierung ausgehend vom Dibromid **148e** folglich ausgeschlossen werden kann. Diesbezüglich irritiert die Isolierung des Triazols **148e** gemäß Tabelle 9 (Ansatz 2), da auch bei der betreffenden Umsetzung mit der Phosphazenbase P$_2$-Et nach der Eliminierung und vor dem Zusatz von Cyclooctin kein zugrunde liegendes Azid **109e** mehr im Produktgemisch vorlag.

Um Aussagen über die Stabilität der beobachteten Vinylazide **114e** sowie **119e** treffen zu können, wurde ein weiterer NMR-Ansatz unter Verwendung von DBU realisiert, in welchem keine Abfangreaktion mit Cyclooctin, sondern vielmehr eine NMR-spektroskopische Verfolgung der thermisch induzierten Zersetzung der Vinylazide erfolgte (Schema 54, Tabelle 10). Es wurde gezeigt, dass diese sich schnell unter Bildung von Bromacetonitril (**151**) zersetzen. Gleiches gilt für das Bromaddukt **109e** selbst, jedoch erfolgte die Reaktion dabei signifikant langsamer (Schema 55, Tabelle 11). Damit musste die Idee, Brom an **114e**, respektive **119e**, zu addieren und anschließend *via* aktivierter Metalle zur Titelverbindung **7e** zu gelangen, bedingt durch die geringe Stabilität der beiden Vinylazide, verworfen werden.

Schema 54: NMR-spektroskopische Verfolgung der thermisch induzierten Zersetzung der Vinylazide **114e** / **119e**.

Tabelle 10: Reaktionsparameter sowie NMR-Umsatz bzw. NMR-Ausbeuten (ermittelt über TMS als internem Standard bezogen auf **104e**) für die Umsetzung gemäß Schema 54 (Ansatzgröße: 68 mg **104e**). Die in Klammern angegebenen Werte sind infolge von Signalüberlagerungen nur bedingt genau.

	Zeit / Temperatur	NMR-Ausbeuten			
		109e	119e	114e	151
1	90 min / –30 °C	76%	4.8%	14%	3.1%
2	20 h / –30 °C	65%	9.8%	9.7%	11%
3	15 min / RT	60%	8.6%	6.7%	17%
4	1 h / RT	(58%)	7.6%	1.8%	28%
5	2 h / RT	(56%)	4.3%	< NWG	44%
6	3 h / RT	(44%)	< NWG		(62%)
7	21 h / RT	< NWG			(64%)

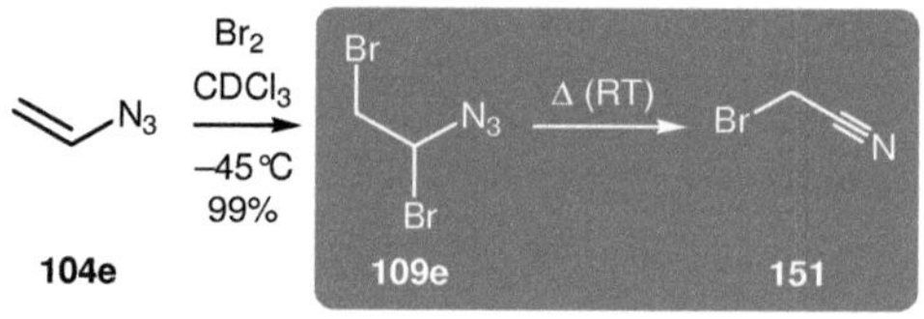

Schema 55: NMR-spektroskopische Verfolgung der thermisch induzierten Zersetzung des Alkylazids **109e**.

Tabelle 11: Reaktionsparameter sowie NMR-Umsatz bzw. NMR-Ausbeuten (ermittelt über TMS als internem Standard bezogen auf **104e**) für die Umsetzung gemäß Schema 55 (Ansatzgröße: 20 mg **104e**).

	Zeit / Temperatur	NMR-Ausbeuten	
		109e	151
1	20 min / RT	100%	–
2	80 min / RT	98%	–
3	150 min / RT	94%	–
4	22 h / RT	56%	15%
5	45 h / RT	33%	28%
6	67 h / RT	19%	33%
7	164 h / RT	< NWG	41%

Aus Tabelle 10 ist ersichtlich, dass **114e** weniger stabil ist als sein Konstitutionsisomer **119e**, dafür jedoch schneller gebildet wird. Mögliche Reaktionsmechanismen zur Erklärung der Bildung von Bromacetonitril (**151**) sind in Schema 56 zusammengefasst, wobei der direkte Weg ausgehend vom Dibromid **109e** (vgl. Schema 56, rechts) analog zum Diiodid **110e** (vgl. Schema 48) denkbar, allerdings basierend auf den Ergebnissen gemäß Tabelle 10/11 eher unwahrscheinlich ist.

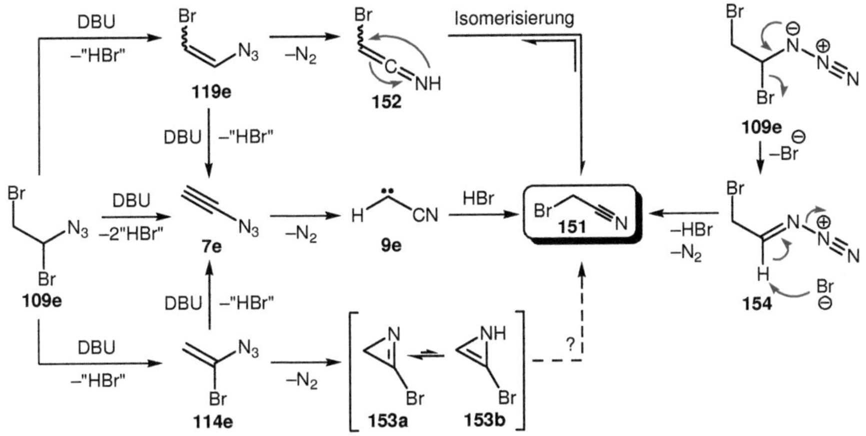

Schema 56: Übersicht möglicher Reaktionswege zur Erklärung der Bildung von Bromacetonitril (**151**). Dabei sind das Ketenimin **152** sowie das Azirin **153** denkbare Intermediate. Der Antiaromat **153b** ist allerdings extrem unwahrscheinlich und nur der Vollständigkeit halber mit aufgeführt.

Zusammenfassend konnte zwar erfolgreich Brom an den einfachsten Vertreter der Vinylazide, "das" Vinylazid (**104e**), addiert und anschließend die Eliminierung eines Moleküls HBr zu den Vinylaziden **114e/119e** mittels starker Basen bei tiefer Temperatur verwirklicht werden, jedoch erwiesen sich diese als extrem instabil. Ebenso ließen sich die entsprechenden NMR-Ansätze nach Basenzugabe sehr schlecht, wenn überhaupt erst nach Abfiltration der ausgefallenen Hydrobromide NMR-spektroskopisch vermessen. Versuche zum Abkondensieren der Titelverbindung **7e** aus der Reaktionsmischung scheiterten an geeigneten Solventien, welche einerseits hochsiedend (um nicht selbst abkondensiert zu werden) und andererseits niedrig schmelzend (um Eliminierungen, bedingt durch die erwartete Instabilität der gewünschten Ethinylazide, bei tiefer Temperatur zu ermöglichen) sein müssen und dabei weder mit Brom, noch mit starken Basen reagieren dürfen. Dabei ist für Ethinylazid (**7e**) als terminales Alkin, sofern seine Bildung mittels baseninduzierter Eliminierung gelingt, zusätzlich zu befürchten, dass es durch die zugesetzte Base ins korrespondierende Acetylid überführt wird und aus diesem Grund möglicherweise nicht beobachtet wurde. Resultierend wurden als abschließende Betrachtungen zu den Eliminierungsreaktionen die Synthese sowie die Umsetzung des Vinylazids **104a** ohne Halogen-Substitution, welches einen Phenylrest in β-Stellung zur Azideinheit aufweist und zur bereits erfolgreich abgefangenen Titelverbindung **7a** (vgl. Schema 27) führen würde, untersucht.

2.4.3.2 Versuche ausgehend von β-Azidostyrol (104a)

Das Azid **104a** konnte ausgehend von Styrol (**121**) erfolgreich synthetisiert werden, wobei zunächst über eine Literaturvorschrift[15] eine radikalische Iodazid-Addition verwirklicht werden konnte, bevor die anschließende Dehydrohalogenierung unter Verwendung verschiedener Basen sowie unter Variation der Reaktionsparameter untersucht wurde (Schema 57).

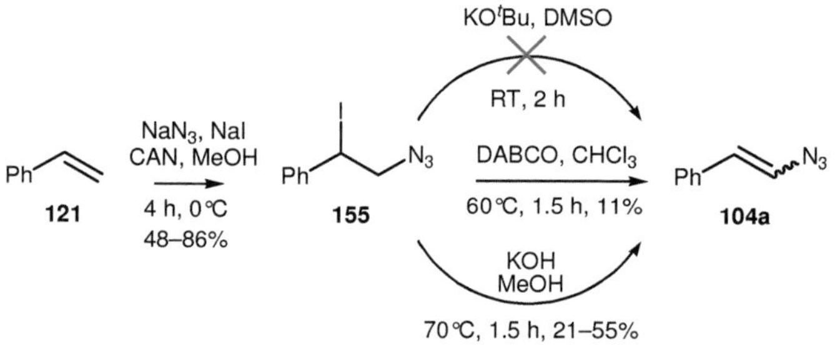

Ph⁀ **121** → NaN₃, NaI, CAN, MeOH, 4 h, 0 °C, 48–86% → Ph-CHI-CH₂-N₃ **155** → [KO^tBu, DMSO, RT, 2 h / DABCO, CHCl₃, 60 °C, 1.5 h, 11% / KOH, MeOH, 70 °C, 1.5 h, 21–55%] → Ph-CH=CH-N₃ **104a**

Schema 57: Das Einelektronen-Oxidationsmittel Cer(IV)ammoniumnitrat oxidiert das Azidanion zum Azidradikal, welches an der Doppelbindung des Styrols unter Ausbildung des – bedingt durch die Mesomeriestabilisierung – stabileren Benzylradikals addiert. Anschließend kommt es unter Rekombination mit dem ebenfalls gebildeten Iodradikal, das jedoch nicht reaktiv genug ist, um seine Radikaleigenschaft auf die Doppelbindung zu übertragen. Resultierend findet sich einzig die gewünschte Konstitution im Produkt. Das entsprechende Konstitutionsisomer zu **155**, welches aus der ionischen Iodazid-Addition an **121** hervorgehen würde, wurde nicht beobachtet. Der zweite Reaktionsschritt verläuft basierend auf der guten Iodid-Abgangsgruppe sowie der Mesomeriestabilisierung des resultierenden Carbeniumions über einen E1-Mechanismus.

Dabei wurde das Vinylazid **104a** als Mischung der beiden möglichen Stereoisomere (Z)-**104a**/(E)-**104a** = 1:4.6–6.1 erhalten, im Einzelfall kam es sogar zur Bildung des (E)-Isomers im 13.5-fachen Überschuss. Die Addition von Brom an **104a** lieferte laut NMR-Versuch eine Mischung aus zwei Bromaddukten (ca. 1:1), welche im IR-Spektrum eine eindeutige Azidbande ($\tilde{v}$ = 2119 cm^{-1}) aufwiesen, so dass auch für die Umsetzung von **104a** von einer erfolgreichen Bildung des resultierenden Bromadduktes **109a** ausgegangen wird. Allerdings liegt die Vermutung nahe, dass die Bromaddition über ein Carbeniumion und nicht über ein Bromoniumion als Zwischenstufe abläuft, da für letztgenannte Möglichkeit, bedingt durch die beiden Angriffsmöglichkeiten (Re-Seite, Si-Seite) am prochiralen Alken **104a** sowie dem Rückseitenangriff des Bromids am jeweils resultierenden Bromoniumion, einzig das Racemat zweier Enantiomere [(S,S)-**109a**, (R,R)-**109a**] gebildet werden dürfte. Diese verhalten sich wie Bild und Spiegelbild und würden infolge der isochronen chemischen Verschiebungen nur einen Signalsatz im NMR-Spektrum aufweisen. Ein Versuch zur säulenchromatographischen Auftrennung der beiden diastereomeren Isomerenpaare [(S,S)-/(R,R)-**109a** und (S,R)-/(R,S)-**109a**] lieferte einzig den Aldehyd **156** (Schema 58) und lässt vermuten, dass **109a** analog zu **109e** empfindlich gegenüber Wasser ist (vgl. Schema 50) und stets *in situ* frisch generiert werden muss.

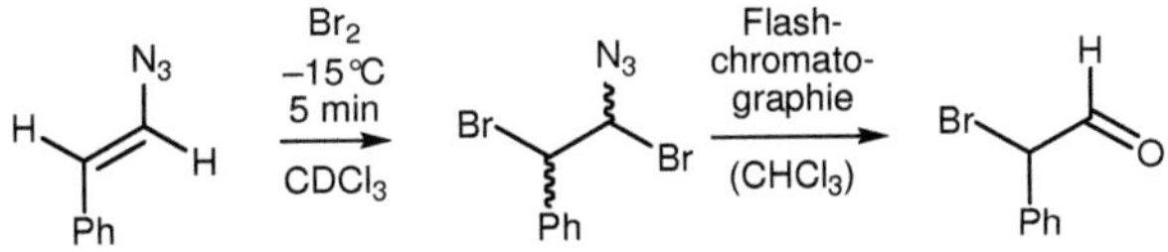

(*E*)-**104a** | **109a** (*R*),(*R*) / (*S*),(*S*) und (*R*),(*S*) / (*S*),(*R*) | **156** 26%

direkt nach Zugabe: 19% / 16%
nach 1 h, RT: 19% / 13%
nach 19 d, −30°C: 16% / 9%

Schema 58: Bromaddition an (***E***)**-104a** sowie Versuch zur chromatographischen Auftrennung der gebildeten Diastereomerenmischung. Die Unterscheidung der entsprechenden Diastereomerenpaare ist eine Vermutung basierend auf dem Aspekt, dass die größeren Substituenten für (***R,R***)**-/(*S,S*)-109a** räumlich weiter auseinander liegen, wodurch das betreffende Enantiomerenpaar sich weniger schnell zersetzen sollte.

Nichtsdestotrotz gelang die Bromaddition unter Erhalt der Azidfunktion, so dass versucht werden konnte, aus dem Addukt **109a** mittels zweifacher HBr-Eliminierung zur Titelverbindung **7a** zu gelangen. Infolgedessen, dass **7a** zuvor bereits erfolgreich mit Cyclooctin abgefangen wurde (vgl. Schema 27), erfolgte die Eliminierung basierend auf den Erfahrungen mit Vinylazid (**104a**) unter Verwendung von DBU sowie dem anschließenden Zusatz von Cyclooctin (Schema 59).

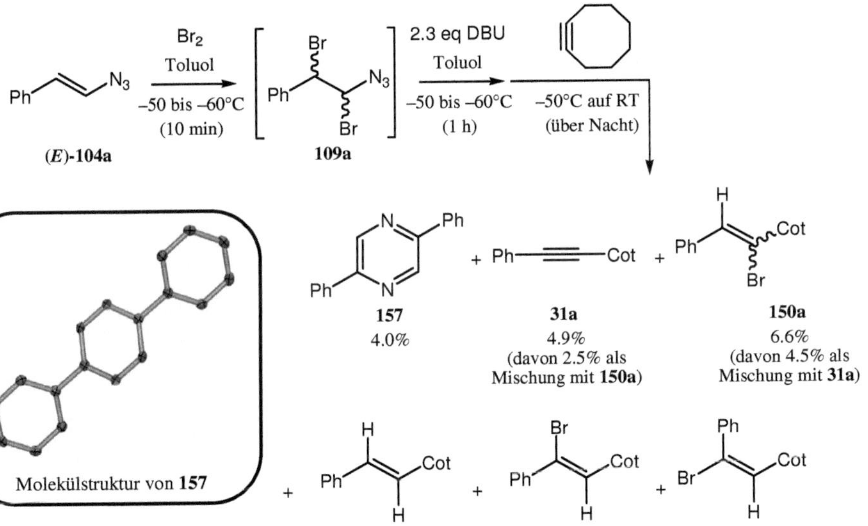

(*E*)-**104a**; **109a**

157 4.0%

31a 4.9% (davon 2.5% als Mischung mit **150a**)

150a 6.6% (davon 4.5% als Mischung mit **31a**)

(***E***)**-147a** 17.9% (davon 16.5% als Mischung mit (***E***)**-149a**)

(***Z***)**-149a** 12.9%

(***E***)**-149a** 29.9% (davon 11.3% als Mischung mit (***E***)**-147a**)

Schema 59: Versuch zum Abfangen der Eliminierungsprodukte bei der Umsetzung von **109a** mit DBU unter Verwendung von Cyclooctin. Dabei konnten aus der aufwendigen chromatographischen Auftrennung des Produktgemischs die abgebildeten Verbindungen in den angegebenen Ausbeuten isoliert werden.

Tatsächlich ließ sich aus der Eliminierungsreaktion das Cyclooctatriazol **31a** isolieren. Zusätzlich wurden zahlreiche isomere Vinylbromide gewonnen, welche aus einer einfachen statt der doppelten HBr-Eliminierung resultieren. Sowohl im Rohproduktspektrum der Reaktion gemäß Schema 59 als auch nach der chromatographischen Aufarbeitung fand sich kein Acetaldehyd **156** (vgl. Schema 58), so dass von einer vollständigen Umsetzung des Bromadduktes **109a** *via* HBr-Eliminierung ausgegangen wird. Das Styrolderivat **147a** deutet jedoch darauf hin, dass die Bromaddition selbst, trotz eines vollen Stoffmengenäquivalents an zugesetztem Brom, nicht quantitativ ablief. Die Struktur konnte ausgehend von einem Vergleichsansatz, in welchem eine Mischung (*E*)-/(*Z*)-**104a** = 5:1 in abs. THF mit Cyclooctin zur Reaktion gebracht wurde, bestätigt werden. Dabei wurden 82% (*E*)-**147a** sowie 17% (*Z*)-**147a** isoliert, was abermals die Effektivität der Abfangreaktion mit Cyclooctin verdeutlicht.

Interessant erscheint die Bildung des Pyrazins **157**, welches über eine Röntgeneinkristallstruktur (vgl. Schema 59) belegt werden konnte. Eine Möglichkeit zu dessen Bildung besteht in der formalen Dimerisierung des aus **104a** unter Stickstoffabspaltung resultierenden Azirins (+ nachfolgende Oxidation zum Aromaten) analog zur bekannten Dimerisierung von Brückenkopfazirinen.[94] Alternativ wäre die Umsetzung zwischen **104a** und dem vermeintlich gebildeten Ethinylazid **7a** eine (siehe Fußnote), wenn auch wenig wahrscheinliche,[8] Erklärung für das isolierte Pyrazin **157**. Diesbezüglich wurde ein Substitutionsansatz ausgehend von (Chlorethinyl)-benzol (**4a**) verwirklicht, welchem ein volles Äquivalent an **104a** beigemengt wurde (Schema 60). Dabei enthielt das Rohprodukt jedoch keinerlei Pyrazin **157**, so dass der Mechanismus über eine Titelverbindung ausgeschlossen werden kann.

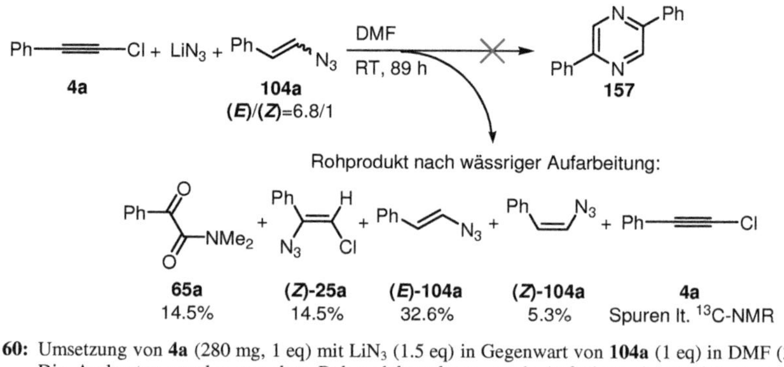

Schema 60: Umsetzung von **4a** (280 mg, 1 eq) mit LiN$_3$ (1.5 eq) in Gegenwart von **104a** (1 eq) in DMF (3.5 mL). Die Ausbeuten wurden aus dem Rohproduktspektrum nach Aufnahme der Reaktionsmischung in CHCl$_3$ (150 mL), Waschen mit Wasser (3x 200 mL) und Entfernung des Solvens am Rotationsverdampfer (35 °C) durch Zusatz eines internen Standards (10 μL Aceton) ermittelt. Eine chromatographische Aufarbeitung erfolgte nicht.

---

[8] Die Bildung von **157** würde den Angriff des nucleophilen α-Stickstoffs der Titelverbindung **7a** am Benzylkohlenstoff von **104a** bzw. des daraus resultierenden Azirins voraussetzen. Allerdings ist der *N*-gebundene Alkenkohlenstoff von **104a** deutlich elektrophiler, so dass Nucleophile bevorzugt mit diesem wechselwirken sollten.

Zusätzlich ist auch für die Bildung des Cyclooctatriazols **31a** gemäß Schema 59 nicht auszuschließen, dass zunächst eine einfache Eliminierung zu den Vinylaziden **114a** sowie **119a** erfolgte, diese zu den entsprechenden Cyclooctatriazolen umgesetzt wurden und erst im Anschluss die zweite HBr-Eliminierung stattfand. Somit ist fraglich, ob tatsächlich das Ethinylazid **7a** in der Produktbildung involviert war.

Resultierend wurden die Versuche zur Synthese des 1-Azido-1-alkins **7a** mittels der baseninduzierten 2-fachen HBr-Abspaltung aus dem Dibromid **109a** beendet. Zwar wurden Hinweise auf eine erfolgreiche Umsetzung gefunden, jedoch konnte, infolge der zuvor bereits für die Umsetzung von **109e** beschriebenen Probleme in Zusammenhang mit der direkten spektroskopischen Reaktionsverfolgung (vgl. Kapitel 2.4.3.1), auch an dieser Stelle kein eindeutiger Beweis für eine durchlaufene Titelverbindung erbracht werden.

3 Zusammenfassung und Ausblick

Im Rahmen der vorliegenden Arbeit konnten eine Vielzahl an Versuchen zur Synthese sowie zu den Reaktionen von Ethinylaziden **7** verwirklicht werden. Dabei wurden zunächst zahlreiche Publikationen untersucht, in welchen die Titelverbindungen als vermeintlich durchlaufene Intermediate zur Erklärung der gebildeten Produkte herangezogen werden können,[14,30,31] bzw. welche von der gelungenen Isolierung von 1-Azido-1-alkinen berichten.[34] Allerdings konnten abgesehen von der Veröffentlichung einer japanischen Arbeitsgruppe, die dabei jedoch einer Spektrenfehlinterpretation für das gebildete Sulfoxonium-Ylen **22a** unterlag,[30] sämtliche beschriebenen Produkte auf andere als die postulierten Ethinylazid-Zwischenstufen zurückgeführt werden.

Basierend darauf wurde die Herstellung der Titelverbindungen über Substitutionsreaktionen ausgehend von substituierten Chloracetylenen **4** realisiert, wobei zahlreiche Abfang- sowie Folgeprodukte von Azidoalkinen bzw. von deren Zersetzungsprodukten resultierten (Schema 1).

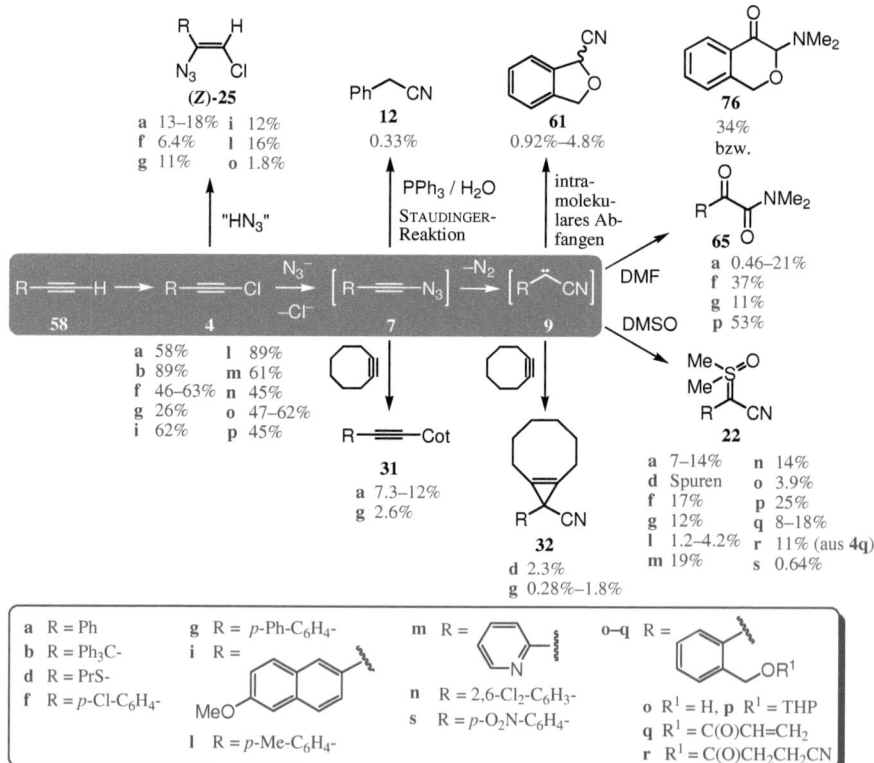

Schema 61: Übersicht wichtiger Abfang-, Folge- sowie Nebenprodukte bei den verwirklichten Reaktionen zur Generierung von Ethinylaziden **7** *via* Substitutionsreaktionen ausgehend von Ethinylchloriden **4**.

Dabei konnten nicht nur mit gezielt zugesetzten Abfangreagenzien, wie Cyclooctin, Tolan oder Triphenylphosphin, entsprechende Produkte erhalten werden, sondern auch durch Reaktionen mit dem Lösungsmittel (DMF, DMSO). Neben den gut kristallisierenden Sulfoxonium-Yliden **22**, die sich präparativ leicht aus den zumeist hochkomplexen Produktmischungen separieren ließen, konnten auch die α-Oxocarbonsäureamide **65** sowie das Isochromanonderivat **76** zweifelsfrei auf Titelverbindungen zurückgeführt werden. Es wurde zudem gezeigt, dass möglichst elektronenarme aromatische Substituenten am Ethinylchlorid **4** sowie polare Lösungsmittel und vergleichsweise hohe Temperaturen (mindestens Raumtemperatur) für den Erfolg der Substitutionsreaktionen erforderlich sind, wobei die meisten der isolierten Folgeprodukte auf den unter Stickstoffabspaltung aus den Titelverbindungen hervorgehenden Carbenen **9** beruhen. Infolgedessen, dass diese Carbene durch die dem Carbenkohlenstoff benachbarte Cyanfunktion (Akzeptorsubstituent) eine erhöhte Reaktivität aufweisen und zahlreiche intramolekulare Nebenreaktionen (Insertion, Bildung von *anti*-BREDT-Strukturen sowie resultierende Folgereaktionen) denkbar sind, liegen die Ausbeuten der entsprechenden Carbenabfangprodukte zumeist nur im unteren bis moderaten Prozentbereich. Deshalb wurde versucht, die Ethinylazide **7** unter Verwendung des hochgespannten cyclischen Alkins Cyclooctin direkt abzufangen, wobei wiederum komplexe Mischungen erhalten wurden, welche einer aufwendigen chromatographischen Auftrennung unterworfen werden mussten (Schema 62).

Als Highlight der vorliegenden Dissertationsschrift konnten dabei die Cyclooctatriazole **31** isoliert werden, welche die zugrunde liegenden Titelverbindungen zweifelsfrei belegen, zumal potentielle Alternativmechanismen zu ihrer Bildung experimentell ausgeschlossen wurden.

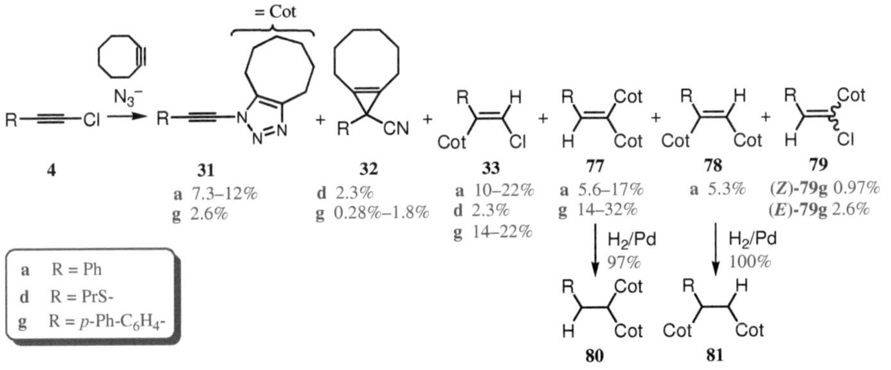

Schema 62: Übersicht isolierter Produkte bei den Versuchen zum Abfangen von Ethinylaziden **7** mit Cyclooctin sowie zweier Versuche zur Strukturunterscheidung mittels Derivatisierung (*via* katalytischer Hydrierung).

Alle Versuche, ausgehend von Fluoracetylen sowie von Dicyanacetylen zu entsprechenden Titelverbindungen zu gelangen, schlugen fehl.

Eine potentielle Möglichkeit, die zuvor genannten Limitierungen bei der Synthese von 1-Azido-1-alkinen **7** mittels Substitutionsreaktionen, vor allem in Hinblick auf Versuche zur direkten spektroskopischen Beobachtung von Titelverbindungen, zu umgehen, ist die Herangehensweise über Eliminierungsreaktionen. Diesbezüglich wurden zahlreiche Experimente zur Darstellung geeigneter Vinylazid-Vorstufen verwirklicht, welche jedoch nur bedingt erfolgreich verliefen (Schema 63).

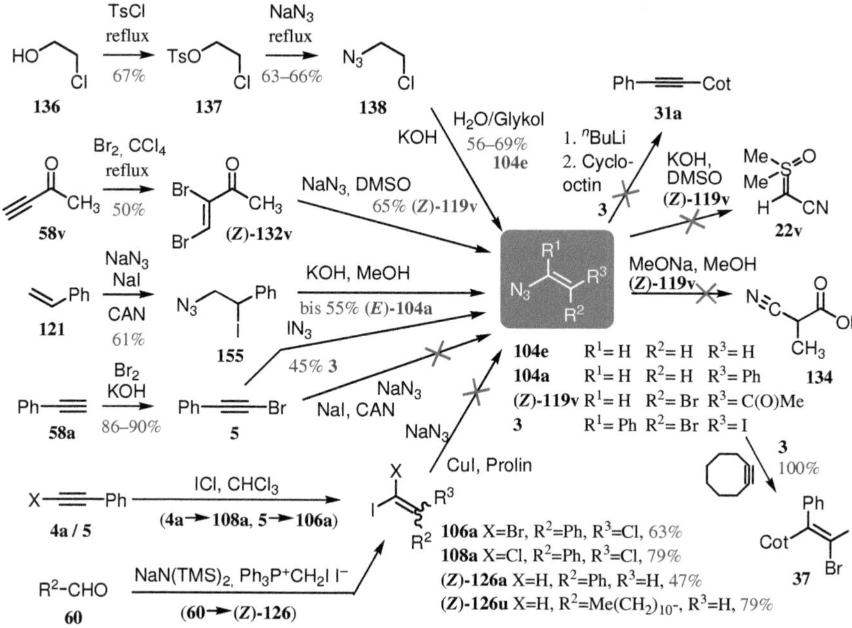

Schema 63: Übersicht ausgewählter Versuche zur Synthese (substituierter) Vinylazide sowie zu einigen exemplarischen Weiterumsetzungen.

Trotzdem gelang es, ausgehend von den gewonnenen Vinylaziden, allen voran dem Vinylazid-Grundkörper (**104e**), verschiedene Ansätze zur Erzeugung von Ethinylaziden **7** über Eliminierungsreaktionen zu realisieren (Schema 64). Unglücklicherweise ließen sich diese Reaktionen zwar unter Verwendung starker Basen bei tieferen Temperaturen tatsächlich verwirklichen, jedoch stellte sich heraus, dass eine direkte NMR-spektroskopische Beobachtung entsprechender Verbindungen nicht gelang. Zusätzlich kann bei der Isolierung des Cyclooctatriazols **31a** aus dem Bromaddukt **109a** gemäß Schema 64 nicht sicher davon ausgegangen werden, dass dessen Bildung auf dem Azidoalkin **7a** beruht. Eine Schwierigkeit, welche die betreffenden Versuche zusätzlich erschwerte, lag in der Empfindlichkeit der Vinylazid-Bromaddukte **109** gegenüber Wasser sowie in der geringen Stabilität der daraus resultierenden einfachen HBr-Eliminierungsprodukte, was deren Isolierung bzw. Aufreinigung schwer möglich macht.

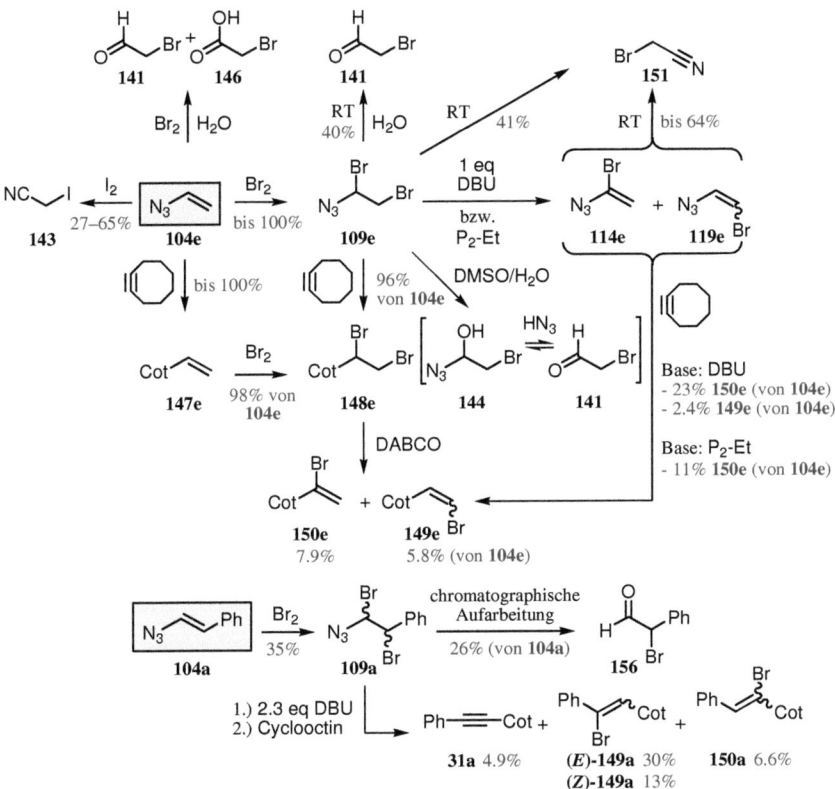

Schema 64: Übersicht ausgewählter Experimente zu den verwirklichten Versuchen zur Erzeugung von Titelverbindungen aus Vinylaziden **104**.

Als Fazit sämtlicher Versuche im Rahmen dieser Arbeit kann gesagt werden, dass 1-Azido-1-alkine relativ problemlos über Substitutionsreaktionen ausgehend von geeignet substituierten Ethinylchloriden **4** zugänglich sind. Ihre Existenz wurde zweifelsfrei anhand zahlreicher Folge- sowie Abfangprodukte bewiesen. Eine Tieftemperatur-NMR-spektroskopische Charakterisierung der Zielverbindungen gelang dabei nicht. Allerdings wird aus den isolierten Produkten, welche zumindest eine gewisse Stabilität der kurzlebigen Ethinylazide voraussetzen, vermutet, dass eine betreffende direkte Beobachtung theoretisch möglich ist.

Einige Versuche konnten im zeitlichen Rahmen dieser Arbeit nicht verwirklicht werden. Experimente zur Erzeugung 1,1,2,2-tetrabromsubstituierter Alkylazide sowie anschließende metallinduzierte Eliminierungen erscheinen dabei interessant. Ebenso sind Versuche zum Abkondensieren des flüchtigen, einfachstmöglichen Ethinylazids **7e** aus entsprechenden Eliminierungsreaktionen bei tiefer Temperatur potentielle Hoffnungsträger für zukünftige Versuche zum direkten spektroskopischen Nachweis der «Yetis innerhalb der Azidfamilie».

4 Experimenteller Teil

4.1 Verwendete Geräte und allgemeine Anmerkungen

IR-Spektren wurden mit einem FT-IR-Spektrometer IFS 28 der Firma BRUKER in KBr-Küvetten als $CDCl_3$-, $CHCl_3$- oder CCl_4-Lösung sowie im Falle unlöslicher Verbindungen mit Selbigem, bzw. mit einem Gerät "Spektrum 1000" der Firma PERKIN ELMER als KBr-Pressling aufgenommen. Das jeweils verwendete Lösungsmittel ist bei den Substanzcharakterisierungen angegeben. Untergrundeliminierung und Abzug des reinen Lösungsmittelspektrums erfolgten mittels gerätezugehöriger Software OPUS 2.0. Es wurden ausschließlich die charakteristischen IR-Absorptionen der untersuchten Substanzen berücksichtigt. Die subjektiv bewertete Intensität der Banden wurde durch folgende Abkürzungen jeweils in Klammern angegeben: br = breit (broad), vs = sehr stark (very strong), s = stark (strong), m = mittel (medium), w = schwach (weak) und vw = sehr schwach (very weak).

NMR-Spektren wurden mit einem Gerät UNITY INOVA 400 der Firma VARIAN gemessen und mittels zugehöriger Software *VnmrJ* ausgewertet. Die Messfrequenz lag für ^{1}H-NMR-Messungen bei 399.93 MHz, für ^{13}C-NMR-Messungen bei 100.56 MHz und für ^{19}F-NMR-Messungen bei 376.30 MHz. Die Werte für die angegebenen chemischen Verschiebungen δ sind durchgängig in ppm angegeben. Als Referenz wurde das Lösungsmittelrestsignal genutzt. $CDCl_3$ wurde auf 7.26 ppm (^{1}H) bzw. 77.0 ppm (^{13}C) gesetzt, DMSO-d_6 auf 2.5 ppm (^{1}H) bzw. 39.5 ppm (^{13}C), CD_2Cl_2 auf 5.30 ppm (^{1}H) bzw. 53.73 ppm (^{13}C), Methanol-d_4 auf 3.31 ppm (^{1}H) bzw. 49.05 ppm (^{13}C), DMF-d_7 auf 8.05 ppm (^{1}H) bzw. 162.5 ppm (^{13}C), D_2O auf 4.72 ppm (^{1}H) und Aceton-d_6 auf 2.05 ppm (^{1}H) bzw. 205.1 ppm (^{13}C). Im Fall der ^{19}F-NMR-Spektren erfolgte die Referenzierung rechnerisch über das gyromagnetische Verhältnis ausgehend von der Referenzierung im entsprechenden ^{1}H-NMR-Spektrum. Das jeweils verwendete deuterierte Lösungsmittel ist bei den Verbindungscharakterisierungen angegeben. Die Multiplizität der Signale wurde durch folgende Abkürzungen und deren Kombination beschrieben: br = breit, s = Singulett, d = Dublett, t = Triplett, q = Quartett, quint = Quintett, sext = Sextett, sept = Septett und m = Multiplett. Das Präfix *pseudo* bezeichnet Kopplungsmuster, welche auf stark gekoppelten Systemen beruhen und nur scheinbar nach erster Ordnung auswertbare Spinsysteme darstellen. Für ^{13}C-NMR-Daten wurde die entsprechende Information aus den DEPT-Experimenten unter Verwendung der selbigen Abkürzungen angegeben. Für Verbindungen, in denen Kopplungen zu Heteroatomen auftreten, welche im ^{13}C-NMR-Spektrum entgegen den $^1J_{1H,13C}$-Kopplungen, die *via* Protonenbreitbandentkopplung ausgeblendet werden, zur Signalaufspaltung führen, ist die jeweilige beobachtete Aufspaltung zusätzlich zur DEPT-Information mit aufgeführt. Sofern nicht anders angegeben, wurden alle NMR-Spektren bei Raumtemperatur aufgenommen. Für die durchgeführten ^{1}H-nOe-Experimente (NOESY1D) sind nur die für die

Aufklärung der Stereochemie (und z.T. auch Regiochemie) relevanten Werte angegeben. Die Zuordnung der Signale in den ^{13}C-NMR-Spektren erfolgte weitestgehend mittels ^{1}H{^{13}C}-Korrelationsspektren (gHSQC, gHSQCAD, gHMBC, gHMBCAD) sowie über DEPT-Experimente (DEPT). Für einige Zuordnungen wurden weiterführende NMR-Untersuchungen, wie 2D-^{1}H{^{1}H}-Korrelationen (gCOSY) oder Doppelresonanz-Einstrahlexperimente (HOMODEC) durchgeführt. Die jeweils verwendete Pulssequenz ist dabei in Klammern angegeben.

Elementaranalysen wurden mittels eines Elementanalysators VARIO EL der Firma ELEMENTAR ANALYSENSYSTEME GmbH Hanau bzw. mit einem Gerät VARIO MICRO CUBE der Firma ELEMENTAR erstellt. Auf die Analyse sich potentiell explosionsartig zersetzender Verbindungen, allen voran Aziden mit geringem Kohlenstoffanteil, wurde verzichtet. Bei Verbindungen, welche nur im mg-Bereich entstanden und die noch für weitere Umsetzungen bestimmt waren, wurde der relativ substanzaufwendigen Elementaranalyse ein hochaufgelöstes Massenspektrum (HR-MS) vorgezogen.

Massenspektren wurden mit einem Spektrometer MARINER 5229 der Firma APPLIED BIOSYSTEMS, respektive einem BRUKER micrOTOF-QII Spektrometer aufgenommen. Probenionisierung erfolgte für beide Geräte mittels Elektrospray-Ionisation (ESI). Die *m/z*-Werte der hochaufgelösten Massenspektren (HR-MS) wurden für ersteres Gerät durch Vergleich mit internen Standards ermittelt. Als Standards fanden in Abhängigkeit von der gemessenen Probe entweder Phenacetin {*N*-(4-Ethoxyphenyl)ethanamid, $C_{10}H_{13}NO_2$, *m/z* = 180.1019 [M+H$^+$]}, Didecylamin ($C_{20}H_{43}N$, *m/z* = 298.3468 [M+H$^+$]) oder 3,4-Bis(diphenylphosphoryl)-*N*-isopropyl-2,5-dimethyl-1*H*-pyrrol ($C_{33}H_{33}NO_2P_2$, *m/z* = 538.2059 [M+H$^+$]) Verwendung, wobei jeweils derjenige Standard zur Korrektur der Messwerte verwendet wurde, welcher dem *m/z*-Verhältnis der gemessenen Substanz am nächsten lag.

GC-MS-Untersuchungen wurden im Arbeitskreis Technische Chemie der TU Chemnitz unter Verwendung eines GC-17A Gaschromatographen der Fa. SHIMADZU (mit einer Säule WCOT Fused Silica 30 m x 0.32 mm coating CP-SIL 8 CB Low Bleed/MS DF=1.00 der Fa. CHROMPACK) mit gekoppeltem QP-5000 Massenspektrometer derselben Firma durchgeführt.

Schmelzpunkte wurden mittels einer BOETIUS-Apparatur der Firma PENTAKON DRESDEN bestimmt. Die ermittelten Werte sind nicht korrigiert.

Photolysen erfolgten mit einem 150 W Quecksilber-Hochdruckbrenner TQ 150 der QUARZLAMPEN-GESELLSCHAFT HANAU. Die Kühlung von Lampenschacht und Photolyseprobe wurde mit Ethanol mit einem Gerät ULTRA-KRYOMAT® der Firma MGW LAUDA realisiert.

HPLC-Trennungen wurden unter isokratischen Bedingungen mit destillierten und entgasten (Ultraschallbad) Lösungsmitteln durchgeführt. Dazu wurden eine HPLC-Pumpe HPLC

PUMP 64 der Firma KNAUER mit UV-Detektor (Variable Wavelength Monitor, λ = 254 nm) und ein Schreiber L250E der Firma LINSEIS eingesetzt. Es wurde eine Säule LICHROSPHER Si 60, 5 µm ($\varnothing$ = 20 mm, l = 20 cm) verwendet. Flussraten und verwendete Lösungsmittel sind bei den entsprechenden Versuchsbeschreibungen aufgeführt.

Flash-Chromatographie nach STILL[95] erfolgte mit Kieselgel 60 M (Korngröße 0.04–0.063 mm / 230–400 mesh ASTM für die Säulenchromatographie) der Firma MACHEREY-NAGEL als stationäre Phase. Die jeweiligen mobilen Phasen wurden vor der Verwendung im Ultraschallbad entgast und im Falle von Lösungsmittelgemischen zeitgleich homogenisiert und sind ebenso wie die Retentionsfaktoren R_f bei den einzelnen Synthesevorschriften aufgeführt. Die dabei angegebenen Mischungsverhältnisse stellen Volumenverhältnisse dar. In der Regel fand bei der Dünnschichtchromatographie zur Wiederfindung der Fraktionen nach der Flash-Chromatographie dasselbe Laufmittel wie für die entsprechende Säule Verwendung.

Für die **Dünnschichtchromatographie** (TLC) wurden 0.2 mm Kieselgel Fertigfolien POLYGRAM® SIL G/UV$_{254}$ mit Fluoreszenzindikator der Firma MACHEREY-NAGEL verwendet. Die in den Synthesevorschriften angegebenen Retentionsfaktoren R_f beziehen sich jeweils, sofern nicht anders angegeben, auf das für die Säulenchromatographie verwendete Lösungsmittel.

Einkristall-Röntgenstrukturanalysen wurden von Dr. Petra Ecorchard (geb. Zoufalá) oder Dipl.-Chem. Dieter Schaarschmidt mit einem Gerät OXFORD GEMINI S am Lehrstuhl für Anorganische Chemie (Prof. Dr. Heinrich Lang) an der Technischen Universität Chemnitz erstellt. Messtechnische Informationen und Parameter zu den Molekülstrukturen, welche nicht in der „CAMBRIDGE CRYSTALLOGRAPHIC DATA CENTER (CCDC)" Datenbank hinterlegt wurden, sind dem Anhang zu entnehmen.

Für alle wässrigen Arbeiten wurde grundsätzlich entionisiertes Wasser verwendet. Dafür wurde eine Anlage SERALPUR PRO 90 CN der Firma SERAL REINSTWASSERSYSTEME genutzt. Eis wurde mittels einer Eismaschine AF20 der Firma SCOTSMAN erzeugt.

4.1.1 Sicherheitshinweise (allgemein)

Besondere Vorsicht beim Arbeiten mit Aziden![6] Während das verwendete ionische Natriumazid vor allem wegen seiner Giftwirkung (LD$_{50}$ oral (Ratte) = 45 mg/kg, LD$_{50}$ dermal (Kaninchen) = 20 mg/kg, Resorption über die Haut)[96a] mit Bedacht zu handhaben ist, sind organische Azide, vor allem solche mit niedrigem Molekulargewicht oder hohem Stickstoffanteil, wegen ihres explosiven Charakters gefährlich. Von SMITH[96b,c] wurde für organische Azide die Faustregel aufgestellt, dass eine gefahrlose Handhabung ab einem Verhältnis $\frac{N_{C-Atome} + N_{O-Atome}}{N_{N-Atome}} > 3$ gegeben ist. Thermische und mechanische Beanspruchung sind zu vermeiden.

4.1.2 Sicherheitshinweise (speziell)

Die Handhabung der im Folgenden aufgelisteten Verbindungen ist mit zusätzlichen Schutzmaßnahmen verbunden, beziehungsweise mit besonderen Risiken behaftet:

FLUORACETYLEN (89)[97]: Zur Gefährlichkeit von Fluoracetylen finden sich in der Literatur widersprüchliche Aussagen. Gemäß VIEHE et al. ist Fluoracetylen „im Vergleich zum Chloracetylen nicht luftentzündlich, polymerisiert zu festen braunen Produkten (Anmerkung: vermutlich 1,2,4-Trifluorbenzol)[97d] und [...] ist bei Operationen in den drei Aggregatzuständen niemals explodiert".[76] An anderer Stelle wird jedoch beschrieben, dass „Fluoracetylen zu spontanen Explosionen neigt" und diesbezüglich aus Sicherheitsgründen „stets nur in Wochenrationen dargestellt und eingefroren werden sollte".[97d,e] Resultierend wurde vermieden, die Verbindung in größeren als den bei Abbildung 1 (max. 5 mmol **95**, bzw. **94**, umgesetzt) beschriebenen Ansätzen zu generieren. Auch wurde die Verbindung stets nur *in situ* erzeugt und sicherheitshalber nicht bei tiefer Temperatur ausgefroren und aufbewahrt.

DICYANACETYLEN (90): Es gilt zu beachten, dass Dicyanacetylen sowohl einen hohen Dampfdruck aufweist, als auch gesundheitsschädlich ist.[77b] Ebenso wurde festgestellt, dass die Verbindung eine tränenreizende Wirkung zu besitzen scheint, was mit Literaturangaben zum strukturähnlichen Fumardinitril durchaus vereinbar ist.[78] Ansonsten ist die Verbindung im Lösungsmittel ($CDCl_3$) sowohl bei Raumtemperatur (nach 2 h nur Spuren an Zersetzungsprodukten) als auch im Tiefkühlschrank (bei −30°C nach 11 Tagen keinerlei Zersetzungsspuren) bedingt lagerungsfähig.

HEXAMETHYLENPHOSPHORSÄURETRIAMID (HMPTA): Die Verbindung ist hochgradig krebserregend; die Verwendung von Schutzhandschuhen beim Umgang mit der Substanz wird dringend empfohlen!

VINYLAZID (108E): Für die leichtflüchtige Verbindung (Kp. 28°C), welche infolge ihres hohen Stickstoffgehaltes sowie der geringen Molekülmasse (C/N = 0.67) ein gewisses Risiko birgt, gelten die zuvor bereits allgemein für Azide aufgeführten Anmerkungen. Zusätzlich wurde festgestellt, dass die Addition von Brom bei zu konzentrierter bzw. zu schneller Br_2-Zugabe sowie unter Verwendung von Wasser als Lösungsmittel explosiv abläuft. Dies deckt sich auch mit der Beschreibung durch FORSTER und NEWMAN.[26] Gemäß der Literatur explodiert die Verbindung infolge von Kristallspannungen, wenn sie aus dem eingefrorenen Zustand (kein Gefrieren bis −85°C beobachtet) aufgetaut wird.[98] Obwohl ein entsprechender Kontrollversuch im kleinen Maßstab nicht zur Explosion führte, wurde die Verbindung nur mit besonderer Vorsicht (*Schutzscheibe, Sicherheitshandschuhe, Gesichtsschutz*) gehandhabt und stets nur in Kleinstmengen zur Reaktion gebracht.

4.2 Synthesen zu Kapitel 2.1
(1-Azido-1-alkine in der Literatur)

4.2.1 Synthesevorschriften zu Kapitel 2.1

4.2.1.1 Synthesen zur Untersuchung der vermeintlich gelungenen Isolierung von Titelverbindungen[34]

Verbindung **4d** wurde in einer zweistufigen Synthese gemäß der Literatur[50] aus Trichlorethylen und Propan-1-thiol über (2,2-Dichlorvinyl)propylthioether[99] in einer Gesamtausbeute von bis zu 44% hergestellt.

4.2.1.1.1 Umsetzung von 4d mit NaN$_3$ analog zur Literatur[34b]

Die Umsetzung erfolgte analog der Literatur[34b] mit einem Ansatz von 1.00 g **4d** (1.1 eq NaN$_3$) und wurde auch dementsprechend aufgearbeitet. Allerdings lieferten weder der Etherextrakt noch der Chloroformextrakt die angegebenen Produkte, sondern komplexe Substanzgemische. Diese wurden wie folgt aufgearbeitet:

Der Etherextrakt (392 mg) wurde säulenchromatographisch an Kieselgel mit Ethylacetat/ *n*-Hexan = 10:1 als Laufmittel vorgetrennt, wobei zwei Hauptfraktionen erhalten wurden. Erstere (241 mg, R_f = 0.97) wurde erneut mittels Flashchromatographie aufgereinigt, wobei mit einer Diethylether/*n*-Hexan = 1:4 Mischung 31 mg **21** (4.1%, R_f = 0.40) abgetrennt wurden. Die zweite Fraktion aus der Vortrennung (23 mg, R_f = 0.41) enthielt als Hauptbestandteil **22d**, welches jedoch trotz weiterer Versuche zur chromatographischen Aufarbeitung nicht sauber isoliert werden konnte. Basierend auf den Resultaten der Aufreinigungsversuche liegt die Vermutung nahe, dass **22d** sich entweder auf der Säule zersetzt oder aber an sich bei Raumtemperatur nicht stabil ist.

Der Chloroformextrakt (229 mg) wurde mit einem Gemisch Ethylacetat/*n*-Hexan = 1:2 als Laufmittel säulenchromatographisch aufgearbeitet, wobei 35 mg **23** (2.8%, R_f = 0.17) sowie, nach Spülen der Säule mit Aceton, eine Mischfraktion [70 mg, R_f (Aceton) ≅ 0.90] erhalten wurden. Aus dieser konnten nach erneuter Säulenchromatographie (Laufmittel: Ethylacetat) weitere 35 mg **23** (R_f = 0.85, 2.8%, Gesamtausbeute: 5.6%) abgetrennt werden.

4.2.1.1.2 Umsetzung von 4d mit NaN$_3$ in Gegenwart von Cyclooctin

Unter Argonatmosphäre wurden 809 mg NaN$_3$ (12.4 mmol, 1.7 eq) in 10 mL abs. DMF vorgelegt und zur resultierenden Suspension 1.35 g Cyclooctin (12.4 mmol, 1.7 eq) in einer Einzelportion zugesetzt. Anschließend wurde portionsweise über 25 Minuten 1.00 g **4d** (7.4 mmol, 1 eq) zugegeben, wobei die Temperatur bei 20–25°C gehalten wurde (exotherme Reaktion, geringe Gasentwicklung beobachtbar!). Nach 4 Tagen Rühren bei Raumtemperatur unter Schutzgas wurde die Reaktionsmischung in 30 mL Eiswasser gegeben, 20 Minuten gerührt und mit Diethylether (5x 50 mL) extrahiert. Die vereinigten organischen Phasen wurden mit Wasser gewaschen (3x 50 mL), getrocknet (MgSO$_4$) und das Lösungsmittel im Vakuum entfernt. Es verblieben 1.22 g eines braunen Öls.

Der Etherextrakt wurde zunächst säulenchromatographisch an Kieselgel mit Chloroform als Laufmittel in vier große Mischfraktionen (Fraktion 1: 328 mg, R_f = 0.95–0.98; Fraktion 2: 21 mg, R_f = 0.80–0.90; Fraktion 3: 75 mg, R_f = 0.68–0.75; Fraktion 4 nach Laufmittelwechsel zu Ethylacetat: 294 mg, R_f = 0.83–0.93) vorgetrennt. Fraktion 3 lieferte nach chromatographischer Trennung mit einem Gemisch Diethylether/n-Hexan = 1:3 6 mg **21** (0.8%), 37 mg **32d** (2.3%) sowie 25 mg einer ansonsten sauberen Mischung der beiden Komponenten (lt. ^{1}H-NMR: 0.80% **21** und 0.79% **32d**). Aus Fraktion 4 wurden mit einer Mischung Diethylether/n-Hexan = 3:1 19 mg **34** (0.93%) sowie 54 mg einer Mischfraktion isoliert, aus welcher wiederum nach säulenchromatographischer Auftrennung mit Diethylether 48 mg **33d** (2.3%) gewonnen werden konnten. Sämtliche anderen Mischfraktionen aus der Vortrennung lieferten, trotz zahlreicher Versuche zur säulenchromatographischen Auftrennung, keine sauberen bzw. identifizierbaren Produkte.

4.2.1.2 Synthesen zur Untersuchung der Bildung von Dicyanstilbenen nach HASSNER[14a] und BOYER[14b]

4.2.1.2.1 Synthese des Vinylazids 3 analog zur Literatur[14a]

Die Synthese erfolgte weitestgehend gemäß der Literaturvorschrift nach HASSNER[14a] mit leicht modifizierten Parametern (Temperatur, Lösungsmittelvolumen). Es wurde nicht die Vorschrift nach BOYER[14b] verwendet, da gemäß den Angaben in der Literatur von HASSNER höhere Ausbeuten erreicht wurden.

Es wurden 7.5 g Natriumazid (115 mmol, 2.3 eq) in 40 mL Acetonitril vorgelegt, auf –30°C bis –15°C abgekühlt und unter Schutzgas 9.15 g Iodmonochlorid (44 mmol, 0.88 eq) in 15 mL Acetonitril (V_{ges} = 55 mL) über 15 Minuten zugetropft. Anschließend wurde 30 Minuten bei –20 bis –15°C nachgerührt und 9.05 g (Bromethinyl)benzol (**5**) (50 mmol, 1 eq) portionsweise über ca. 2 Minuten zugegeben. Das Kältebad wurde entfernt und die Mischung 16 Stunden bei Raumtemperatur gerührt. Nach Zugabe von 100 mL Natriumthiosulfatlösung (5% m/V) wurde mit Diethylether (3x 50 mL) extrahiert, die vereinten organischen Phasen mit wässriger Natriumthiosulfatlösung (2% m/V, 2x 50 mL) gewaschen, über Magnesiumsulfat getrocknet und das Lösungsmittel am Rotationsverdampfer (RT) entfernt. Die Reinigung des Rückstandes mittels Flash-Chromatographie an Kieselgel (n-Pentan) lieferte 6.93 g **3** (45%, R_f = 0.29).

4.2.1.2.2 Umsetzung des Vinylazids 3 analog zu HASSNER et al.[14a]

Die Umsetzung erfolgte analog der Vorschrift von HASSNER,[14a] allerdings in einem kleineren Ansatz und unter modifizierter Aufarbeitung.

Es wurden 20 mL abs. Diglyme auf 175°C erhitzt und langsam über ca. 3 Minuten mittels Spritze 1.65 g Vinylazid **3** (4.7 mmol, 1 eq) zugetropft. Die heiße Reaktionsmischung wurde direkt nach beendeter Azidzugabe in 150 mL eisgekühlte Natriumthiosulfatlösung (2% m/V, 3.00 g $Na_2S_2O_3$ in 100 mL Wasser gelöst und mit Eis auf 150 mL aufgefüllt) gegeben. Es wurde mit Methylenchlorid (3x 50 mL) extrahiert, die vereinigten organischen Phasen über $MgSO_4$ getrocknet und das Lösungsmittel im Vakuum (bei 45°C) entfernt. Der verbliebene gelb-orangefarbene Feststoff wurde aus Aceton/n-Pentan im Tiefkühlschrank (–30°C) umkristallisiert und die ausgefallenen Kristalle (127 mg *trans*-**14**, 23%) über eine Fritte abgesaugt und mit wenig n-Pentan gewaschen.

Anschließend wurde aus dem Filtrat erneut das Lösungsmittel entfernt und der verbliebene Rückstand (380 mg orange-gelber Feststoff) mittels Flash-Chromatographie an Kieselgel aufgearbeitet. Dabei wurde zunächst mit n-Hexan gespült, bevor mit Methylenchlorid eine Mischfraktion (174 mg gelber Feststoff) eluiert wurde, die einer erneuten Säulenchromatographie unterworfen werden musste. Dabei konnten unter Verwendung einer Mischung Dichlormethan/ n-Hexan = 1:1 64 mg *cis*-**14** (12%, R_f = 0.35) sowie 150 mg einer ansonsten sauberen Mischung aus *cis*- und *trans*-Dicyanstilben [70 mg *trans*-**14** (13%, R_f = 0.50) und 80 mg *cis*-**14** (15%) lt. ^{1}H-NMR-Auswertung] gewonnen werden.

4.2.1.2.3 Umsetzung des Vinylazids 3 in DMSO

Es wurden 20 mL DMSO (22 g, 282 mmol, 60 eq) auf 150°C erhitzt und mittels Spritze 1.65 g Vinylazid **3** (4.7 mmol, 1 eq) tropfenweise über ca. 3 Minuten zugegeben. Infolge von starkem Nebeln im Kolben wurde 2 Minuten bei selbiger Temperatur nachgerührt, bevor die heiße Reaktionsmischung in 150 mL eisgekühlte Natriumthiosulfatlösung (2% m/V, 3.00 g $Na_2S_2O_3$ in 100 mL Wasser gelöst und mit Eis auf 150 mL aufgefüllt) gegeben wurde. Es wurde mit Methylenchlorid (3x 50 mL) extrahiert, die vereinigten organischen Phasen über Magnesiumsulfat getrocknet und das Lösungsmittel am Rotationsverdampfer (RT) sowie Reste von DMSO im Pumpenstandvakuum (10^{-3} Torr) entfernt. Der Rückstand (500 mg) wurde über Flash-Chromatographie an Kieselgel aufgearbeitet.

Mit einer Mischung Chloroform/n-Hexan = 1:1 als mobile Phase wurden 149 mg *trans*-**14** (27%) und nach Laufmittelwechsel zu Diethylether 118 mg *cis*-**14** (22%) isoliert. Das erhoffte Carbenabfangprodukt **22a** konnte selbst nach Spülen der Säule mit Ethanol NMR-spektroskopisch nicht nachgewiesen werden.

4.2.1.2.4 Umsetzung des Vinylazids 3 mit Cyclooctin

Vinylazid **3** (1.00 g, 2.86 mmol, 1 eq) wurde in 5 mL abs. THF gelöst und unter kräftigem Rühren bei Raumtemperatur Cyclooctin (467 mg, 4.32 mmol, 1.5 eq) zugetropft. Anschließend wurde 5 Stunden bei Raumtemperatur gerührt, das Lösungsmittel sowie Cyclooctinreste im Vakuum (ca. 10^{-2} mbar) bei 30°C entfernt und der verbliebene Rückstand säulenchromatographisch an Kieselgel (4x20 cm, Et$_2$O/n-Hexan=2:1) aufgearbeitet. Es konnten 1.20 g Cyclooctatriazol **37** (100%, R_f = 0.52) isoliert werden.

4.2.1.2.5 Umsetzung des Vinylazids 3 mit Anilin (NMR-Ansatz)

Es wurden 103 mg Vinylazid **3** (0.294 mmol, 1 eq) im NMR-Röhrchen in 0.5 mL CDCl$_3$ vorgelegt und 20 mg 1,4-Dioxan (0.227 mmol, 0.8 eq) als interner Standard zugesetzt. Der resultierenden klaren gelben Lösung wurden 69 mg frisch destilliertes Anilin (0.741 mmol, 2.5 eq) zugesetzt und das dicht verschlossene NMR-Röhrchen über 15½ Stunden auf 40°C erhitzt. Die Reaktionsmischung wurde über eine Fritte abgesaugt, der ausgefallene Feststoff mit Chloroform gewaschen und das Filtrat am Rotationsverdampfer (RT) vom Lösungsmittel befreit. Der Feststoff (17 mg, 33%) konnte als Anilin-Hydrobromid[53] identifiziert werden. Der verbliebene Rückstand aus dem eingeengten Filtrat (52 mg, orangebraunes viskoses Öl) wurde einer Säulenchromatographie an Kieselgel (2x 31 cm, CHCl$_3$) unterworfen. Es konnten 16 mg verunreinigtes Edukt **3** (R_f = 0.94, <16%) und 19 mg des Nitrils **40** (R_f = 0.77, 32%) isoliert werden.

4.2.1.2.6 Umsetzung des Azirins 35 mit Anilin (NMR-Ansatz)

Es wurden 93 mg Vinylazid **3** (0.266 mmol, 1 eq) im NMR-Röhrchen in 0.5 mL CDCl$_3$ vorgelegt und 14 mg 1,4-Dioxan (0.159 mmol, 0.6 eq) als interner Standard zugesetzt. Die resultierende klare gelbliche Lösung wurde über 2 Stunden bei −50°C photolysiert und anschließend bei −50°C NMR-spektroskopisch vermessen. Neben 22% unumgesetztem Vinylazid **2** wurden 66% Azirin **35** in der klaren dunkelroten Lösung nachgewiesen. Trotz unvollständiger Umsetzung wurde auf eine Fortsetzung der Photolyse verzichtet, um ein Zerstrahlen des Azirins **35** zu vermeiden. Stattdessen wurden 62 mg frisch destilliertes Anilin (0.666 mmol, 2.5 eq) zugesetzt und das dicht verschlossene NMR-Röhrchen über 15½ Stunden auf 40°C erhitzt. Die Reaktionsmischung wurde über eine Fritte abgesaugt, der ausgefallene Feststoff mit Chloroform gewaschen und das Filtrat am Rotationsverdampfer (RT) vom Lösungsmittel befreit. Der Feststoff (40 mg, 87%) konnte als Anilin-Hydrobromid[53] identifiziert werden. Der verbliebene Rückstand aus dem eingeengten Filtrat (70 mg, orangerotes viskoses Öl) wurde einer Säulenchromatographie an Kieselgel (3x 22 cm, CHCl$_3$) unterworfen. Es konnten 9 mg verunreinigtes Edukt **3** (R_f = 0.93, <9.2%) und 9 mg des Nitrils **40** (R_f = 0.82, 16%) isoliert werden.

Ein entsprechender Vergleichsansatz, in welchem ebenfalls zum Azirin **35** photolysiert, anschließend jedoch ohne Zugabe von Anilin auf 55°C erhitzt wurde, wurde ebenfalls verwirklicht. Nach 4 Tagen bei selbiger Temperatur wurden 44% **(E)-14** und 42% **(Z)-14** in der Reaktionsmischung nachgewiesen.

4.2.1.3 Synthesen zur Untersuchung der Umsetzung von (Chlorethinyl)benzol (4a) mit NaN₃ nach TANAKA und YAMABE[30]

Die Synthese von **4a** ist der Übersichtlichkeit halber in Kapitel 4.2.1.4.1 mit aufgeführt.

4.2.1.3.1 Umsetzung von 4a mit NaN₃ analog der Literatur[30]

Die Synthese erfolgte weitgehend analog einer Literaturvorschrift[30] mit geändertem Ansatz und modifizierter Aufarbeitung.

Unter Argonatmosphäre wurde Natriumazid (1.43 g, 22 mmol, 1.5 eq) in trockenem Dimethylsulfoxid (15 mL) vorgelegt. Im Anschluss wurde (Chlorethinyl)benzol (**4a**) (2.00 g, 14.6 mmol, 1 eq) zugegeben und mit trockenem DMSO (5 mL, Gesamtvolumen: 20 mL, ca. 20 eq) nachgespült. Die Reaktionsmischung wurde unter Aufrechterhaltung der inerten Atmosphäre über 3 Tage bei Raumtemperatur gerührt und anschließend auf Eiswasser (50 mL) gegeben. Danach wurde zunächst mit *n*-Pentan (4x 50 mL), dann mit Diethylether (4x 70 mL) und letztlich – nach Sättigung mit Kochsalz – mit Benzol (5x 100 mL) extrahiert. Die jeweils vereinigten organischen Phasen wurden zur Entfernung von DMSO mit Wasser gewaschen, anschließend über Magnesiumsulfat getrocknet und säulenchromatographisch an Kieselgel aufgearbeitet. Das Waschwasser wurde dabei jeweils zur wässrigen Phase zurückgegeben.

Aus dem *n*-Pentan Extrakt (646 mg) wurde zunächst mit Dichlormethan als Laufmittel eine Hauptfraktion (571 mg Mischung) isoliert, welche in einer zweiten Säule aufgearbeitet wurde. Dabei konnten mit *n*-Hexan 18 mg unumgesetztes **4a** (0.9%), 340 mg **(Z)-25a** (12.9%) und anschließend mit einer Chloroform/*n*-Hexan = 1:1 Mischung 4 mg Thiobenzoesäure-*S*-methylester[56] (0.17%) isoliert werden. Zusätzlich wurden nach Laufmittelwechsel zu Chloroform 5 mg *trans*-**14** (0.28%) gefunden. Aus dem Diethylether-Extrakt wurden ebenfalls chromatographisch an Kieselgel mit Dichlormethan als Laufmittel weitere 7 mg **(Z)-25a** (0.27%) und nach Spülen der Säule mit Aceton eine Mischfraktion (188 mg) erhalten. Diese wurde auf eine ca. 5 cm hohe Kieselgelschicht gegeben und Verunreinigungen durch Spülen mit Chloroform (200 mL) und Diethylether (250 mL) heraus gewaschen. Anschließend konnten 85 mg **22a** (3.0%) durch Spülen mit Ethanol (250 mL) gewonnen werden. Aus dem Benzolextrakt wurden mit Chloroform als Laufmittel 14 mg 2-Azidoacetophenon[55] (0.58%) und nach Laufmittelwechsel zu Diethylether/*n*-Hexan = 1:1 11 mg 4-Phenyl-1*H*-1,2,3-triazol[57] (0.52%) sowie nach

Spülen der Säule mit reinem Diethylether unter Verwendung von Ethanol als Laufmittel weitere 207 mg **22a** (7.3%) erhalten.

4.2.1.3.2 Photolyse des Vinylazids (Z)-25a zum Azirin 43a

Es wurden 20 mg Vinylazid **(Z)-25a** (0.11 mmol) in ca. 0.7 mL Deuteromethylenchlorid vorgelegt und bei −85°C photolysiert. Nach 17 Minuten wurde die Photolyse beendet und mittels Tieftemperatur-^{1}H-NMR-Messung (−90°C) der Umsatz bestimmt. Es konnte eine NMR-Ausbeute von 81% (Lösungsmittelrestsignal als interner Standard) für das Azirin **43a** ermittelt werden.

4.2.1.3.3 Umsetzung des Vinylazids (Z)-25a zum Cyclooctatriazol 33a

15 mg Vinylazid **(Z)-25a** (0.084 mmol, 1 eq) wurden im NMR-Röhrchen in 0.75 mL Deuterochloroform gelöst und mittels Spritze 10 mg Cyclooctin (0.092 mmol, 1.1 eq) zugegeben und kräftig durchmischt. Im Anschluss wurde das Röhrchen bei Raumtemperatur aufbewahrt und der Reaktionsfortschritt mittels ^{1}H-NMR Spektroskopie verfolgt. Bereits nach 15 Minuten Reaktionszeit konnte **33a** als Hauptbestandteil der Mischung beobachtet werden. Nach 3¼ Stunden war **(Z)-25a** nur noch in Spuren nachzuweisen und nach 4½ Stunden wurde die Reaktion beendet. Nach Entfernen des Lösungsmittels im Vakuum und Abziehen des geringen Überschusses an Cyclooctin im Pumpenstandvakuum (10^{-3} Torr) verblieben 24 mg **33a** (100%).

4.2.1.3.4 Vergleichssynthese zum Sulfoxonium-Ylen 51

Die Synthese erfolgte analog der Literatur[38] unter Verwendung von CuCN als Katalysator.

2-Hydrazono-1,2-diphenylethanon (**48**) (448 mg, 2 mmol, 1 eq) wurde in 10 mL Chloroform gelöst, auf 0°C abgekühlt und vorsichtig (zur Vermeidung einer verfrühten Stickstoffabspaltung) portionsweise über ca. 15 Minuten mit 700 mg akt. MnO_2 (8 mmol, 4 eq) versetzt. Nach weiteren 30 Minuten Rühren bei 0°C wurde über 30 Minuten auf Raumtemperatur erwärmt, über eine Schicht aus Kieselgur abgesaugt und mit Chloroform nachgespült. Nach Entfernung des Lösungsmittels am Rotationsverdampfer (Schutzscheibe!) verblieben 365 mg (82%) einer orangefarbenen Lösung von 2-Diaza-1,2-diphenylethanon (**49a**).
Zum Rohprodukt wurden 20 mL DMSO und eine Spatelspitze Kupfer(I)cyanid gegeben, woraufhin Gasentwicklung sowie eine Aufhellung der Reaktionsmischung zu beobachten war. Nach Rühren über Nacht bei Raumtemperatur wurde das Lösungsmittel im Pumpenstandvakuum (10^{-3} Torr) abkondensiert (leichte Erwärmung mit Wasserbad erforderlich, um Festwerden des DMSO zu vermeiden). Zum verbliebenen grünen Feststoff gab man etwas Diethylether und saugte über eine Fritte ab. Nach Trocknen an der Luft wurden 210 mg **51** (39% ausgehend von **48**) erhalten.

4.2.1.3.5 Synthese des Diazirins 53

Die Synthese von **53** erfolgte analog zur Synthese des ^{15}N-markierten Diazirins,[60a] allerdings mit abgeändertem Ansatz und geänderten Reaktionszeiten.

Unter Stickstoffatmosphäre wurden 7.6 g Benzonitril (**29a**) (74 mmol, 1 eq) in 40 mL abs. Methanol vorgelegt. Dann wurden 8 mL einer Suspension von Natriummethanolat (415 mg, 7.7 mmol, 0.1 eq) in abs. Methanol und anschließend weitere 20 mL Lösungsmittel ($V_{MeOH} \cong$ 70 mL) zugegeben. Nach Rühren bei Raumtemperatur unter Schutzgas über 96 Stunden wurden 3.90 g Ammoniumchlorid (73 mmol, 1 eq) zugegeben und weitere 71 Stunden gerührt. Im Anschluss wurde der Feststoff über eine Fritte abgetrennt, mit ca. 15 mL abs. Methanol nachgespült und das Lösungsmittel am Rotationsverdampfer entfernt. Aus dem verbliebenen Feststoff wurde mittels 4-maliger Zugabe von jeweils 30 mL Diethylether, kräftigem Schwenken und Abdekandieren der überstehenden Lösung nicht umgesetztes Edukt heraus gewaschen. Reste des Ethers wurden im Vakuum entfernt und das erhaltene Benzamidinhydrochlorid (4.91 g, 43%) ohne weitere Aufreinigung direkt weiter zum Diazirin umgesetzt.

4.75 g des rohen Benzamidinhydrochlorids (30 mmol, 1 eq) wurden in 70 mL dest. DMSO gelöst und 75 mL *n*-Hexan zugegeben. Zu dem Zweiphasensystem wurden unter kräftigem Rühren portionsweise 10.91 g Natriumbromid (106 mmol, 3.5 eq) gegeben und 75 Minuten bei Raumtemperatur gerührt. Anschließend wurde die resultierende Suspension auf 0°C gekühlt und eine Natriumhypobromitlösung [28.01 g NaOH (0.7 mol, 23 eq) in 80 mL Wasser gelöst und 8.75 mL Brom (27.3 g, 172 mmol, 5.7 eq) bei Raumtemperatur zugetropft und mit 10 mL Wasser nachgespült] langsam über 75 Minuten zugetropft. Dabei wurden bereits beim Herunterkühlen bei ca. 15°C 5 mL der Lösung zugegeben, um ein Einfrieren des DMSO zu vermeiden. Außerdem wurde die Zutropfgeschwindigkeit so reguliert, dass die Temperatur im Kolben nie höher als auf 10°C stieg (exotherme Reaktion). Nach vollständiger Zugabe wurden weitere 160 Minuten unter Kühlung gerührt, bevor die organische Phase abgetrennt und die wässrige Phase mit Diethylether (2x 100 mL) extrahiert wurde. Die vereinigten organischen Phasen wurden erst mit Wasser (2x 100 mL), dann mit gesättigter wässriger NaCl-Lösung (2x 100 mL) gewaschen, über Magnesiumsulfat getrocknet und das Lösungsmittel im Vakuum entfernt. Chromatographische Aufreinigung des verbliebenen Rohprodukts (1.64 g) an Kieselgel mit *n*-Hexan als Laufmittel lieferte 482 mg **53** (3.4% bezogen auf **29a**).

4.2.1.3.6 Umsetzung des Diazirins 53 zum Sulfoxonium-Ylen 22a

80 mg **53** (0.41 mmol, 1 eq) wurden in 5mL dest. DMSO vorgelegt und unter kräftigem Rühren bei Raumtemperatur 220 mg TBACN (0.82 mmol, 2 eq) zugegeben und mit 2 mL dest. DMSO (V_{DMSO} = 7 mL, 7.7 g, 99 mmol, 241 eq) nachgespült. Direkt bei der Zugabe erfolgte ein Farbumschlag von farblos zu gelb, eine Gasentwicklung war jedoch nicht zu beobachten. Nach Rüh-

ren bei Raumtemperatur über 47 Stunden wurde Wasser (20 mL) zugegeben, mit NaCl gesättigt und mit Benzol (5x 20 mL) extrahiert. Die vereinigten organischen Phasen wurden mit Wasser (2x 30 mL) und gesättigter wässriger Kochsalzlösung (2x 30 mL) gewaschen, über Magnesiumsulfat getrocknet und das Lösungsmittel im Vakuum entfernt. Das resultierende orange-braune Öl (48 mg) wurde chromatographisch an Kieselgel mit Ethylacetat als Laufmittel aufgearbeitet. Es konnten 11 mg **22a** (14%) und zusätzlich, nach Spülen der Säule mit Ethanol, 21 mg Tetrabutylammoniumbromid[92f] (16%) isoliert werden.

4.2.2 Charakterisierungsdaten zu Kapitel 2.1

4.2.2.1 Charakterisierungsdaten zur Untersuchung der vermeintlich gelungenen Isolierung von Titelverbindungen[34]

Die Charakterisierungsdaten von **4d**, **22d**, **32d** und **33d** sind aus Gründen der Übersichtlichkeit in Kapitel 4.3.2 bei strukturähnlichen Verbindungen mit aufgeführt.

3,3-Bis(propylthio)acrylnitril (21): Orange-gelbe Flüssigkeit. – **^{1}H-NMR (CDCl$_3$)**: δ = 1.03 (*pseudo* t, J = 7.2 Hz, A$_3$MM'XX'-System, 3 H, *E*-Me), 1.04 (*pseudo* t, J = 7.2 Hz, A$_3$MM'XX'-System, 3 H, *Z*-Me), 1.65–1.76 (m, 4 H, A$_3$MM'XX'-System, *E*-CH$_2$CH$_3$, *Z*-CH$_2$CH$_3$), 2.86 (*pseudo* t, J = 7.2 Hz, A$_3$MM'XX'-System, 2 H, *E*-SCH$_2$), 3.01 (*pseudo* t, J = 7.2 Hz, A$_3$MM'XX'-System, 2 H, *Z*-SCH$_2$), 5.19 (s, 1 H, =CH). Die geminale Anordnung der Propylthio-Reste wurde mittels gefundener ^3J Kopplung (gHMBC) der SCH$_2$ Protonen beider Reste zum quart. Kohlenstoff der Doppelbindung ermittelt. – **^{13}C-NMR (CDCl$_3$)**: δ = 13.12 (q, *Z*-Me), 13.42 (q, *E*-Me), 21.33 (t, *E*-CH$_2$CH$_3$), 23.03 (t, *Z*-CH$_2$CH$_3$), 35.82 (t, SCH$_2$), 35.97 (t, SCH$_2$), 90.60 (d, =CH), 116.45 (s, CN), 162.58 (s, =C(SPr)$_2$). – **IR (CCl$_4$)**: $\tilde{\nu}$ = 1460 cm^{-1} (m), 1535 (m), 1643 (w), 2211 (s, CN), 2875 (w), 2934 (m), 2968 (s, CH$_2$). – **HR-MS (ESI)**: *m/z*: 202.0714 [M+H$^+$, ber.: 202.0719]. – **C$_9$H$_{15}$NS$_2$ (201.34 g/mol)**: ber. (%): C 53.69, H 7.51, N 6.96, S 31.84; gef. (%): C 53.59, H 7.34, N 6.95, S 32.16. – **R_f (Et$_2$O/*n*-Hexan=1:4)**: 0.40.

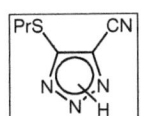

4-Cyan-5-propylthio-1*H*-1,2,3-triazol (23): Braunes Öl, unangenehmer Geruch. – **^{1}H-NMR (CDCl$_3$)**: δ = 1.04 (*pseudo* t, J = 7.2 Hz, A$_3$MM'XX'-System, 3 H, Me), 1.73 (*pseudo* qt,

$J_{Me,CH2}$ = 7.2 Hz, $J_{CH2,CH2}$ = 7.2 Hz, A$_3$MM'XX'-System, 2 H, CH$_3$CH_2), 3.10 (*pseudo* t, J = 7.2 Hz, A$_3$MM'XX'-System, 2 H, SCH$_2$), 11.18 (br. s, 1 H, NH). – **^{13}C-NMR (CDCl$_3$)**: δ = 12.99 (q, Me), 22.82 (t, MeCH$_2$), 35.56 (t, SCH$_2$), 111.09 (s, CN), 121.59 (s, CCN), 147.10 (s, PropSC). – **IR (CCl$_4$)**: $\tilde{\nu}$ = 978 cm^{-1} (m), 1107 (m), 1381 (m), 1432 (m), 1461 (m), 2248 (m, CN), 2875 (m), 2934 (s), 2969 (s), 3207 (br.), 3430 (m). – **HR-MS (ESI)**: *m/z*: 169.0530 [M+H$^+$, ber.: 169.0542]. – R_f **(EtOAc)**: 0.85. – R_f **(EtOAc/*n*-Hexan = 1:2)**: 0.17.

(*E*)-1-[2-Cyan-1-(propylthio)vinyl]-4,5,6,7,8,9-hexahydro-1*H*-cycloocta[*d*][1,2,3]triazol (34): Orangebraunes Öl. – **^{1}H-NMR (CDCl$_3$)**: δ = 1.02 (*pseudo* t, J = 7.2 Hz, A$_3$MM'XX'-System, 3 H, Me), 1.46–1.57 (m, 4 H, H-6, H-7), 1.73 (*pseudo* qt, $J_{Me,CH2}$ = 7.2 Hz, $J_{CH2,CH2}$ = 7.2 Hz, A$_3$MM'XX'-System, 2 H, MeCH$_2$), 1.79 (m, 2 H, H-5), 1.85 (m, 2 H, H-8), 2.70 (*pseudo* t, J = 7.2 Hz, A$_3$MM'XX'-System, 2 H, SCH$_2$), 2.84 (m, 2 H, H-9), 2.95 (m, 2 H, H-4), 5.59 (s, 1 H, =CH). – **^{13}C-NMR (CDCl$_3$)**: δ = 13.28 (q, Me), 21.48 (t, MeCH$_2$), 21.77 (t, C-9), 24.23 (t, C-4), 24.83 (t, C-6), 25.65 (C-7), 26.54 (C-8), 27.77 (C-5), 34.90 (SCH$_2$), 94.15 (d, =CH), 113.45 (s, CN), 134.55 (s, C-9a), 145.23 (s, C-3a), 154.90 (=CSProp). – **IR (CCl$_4$)**: $\tilde{\nu}$ = 942 cm^{-1} (m), 1382 (m), 1444 (m), 1453 (m), 1592 (m), 2221 (m, CN), 2857 (m), 2934 (s), 2966 (m). – **HR-MS (ESI)**: *m/z*: 277.1515 [M+H$^+$, ber.: 277.1481]. R_f **(Et$_2$O/*n*-Hexan = 3:1)**: 0.43.

4.2.2.2 Charakterisierungsdaten zur Untersuchung der Synthese von Dicyanstilbenen nach HASSNER[14a] und BOYER[14b]

Die Spektrendaten von **5**[52a], (*E*)-**14**[100a], (*Z*)-**14**[14,100b] und **40**[53] wurden mit den entsprechenden Literaturwerten abgeglichen und sind an dieser Stelle nicht mit aufgeführt.

(*E*)-(1-Azido-2-brom-2-iodvinyl)benzol (3): In der Literatur[14] von 1969 finden sich keine NMR-Daten. Deshalb sollen diese hier mit aufgeführt werden. – Orange-gelbes Öl. Bereits nach kurzem Stehen Farbänderung zu Rotorangefarben. – **^{1}H-NMR (CDCl$_3$)**: δ = 7.34–7.36 (m, 2 H, *o*-Ph), 7.47–7.52 (m, 3 H, *m*-Ph, *p*-Ph). – **^{13}C-NMR (CDCl$_3$)**: δ = 41.23 (s, =C(I)Br), 128.65 (d,

o-Ph), 129.14 (d, m-Ph), 130.16 (d, p-Ph), 134.96 (s, i-Ph), 143.19 (s, =CN$_3$). – **IR (CCl$_4$)**: $\tilde{\nu}$ = 704 cm^{-1} (m), 1214 (w), 1292 (m), 2120 (vs, N$_3$). – R_f (***n*-Pentan**): 0.29.

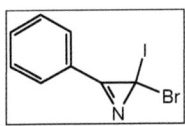

2-Brom-2-iod-3-phenyl-2*H*-azirin (35): Die Verbindung wies deutlich stärkere Verunreinigungen im ^{1}H-NMR-Spektrum auf, wenn die Messung nach der Photolyse bei Raumtemperatur erfolgte, verglichen mit der Messung bei –55°C.[9] Folglich ist davon auszugehen, dass sich die Verbindung bereits nach wenigen Minuten bei Raumtemperatur merklich zersetzt. – **^{1}H-NMR (CD$_2$Cl$_2$, –55°C)**: δ = 7.67 (*pseudo* t mit Feinaufspaltung, J = 7.6 Hz, 2 H, m-Ph), 7.80 (*pseudo* t mit Feinaufspaltung, J = 7.6 Hz, 1 H, p-Ph), 8.01 (*pseudo* d mit Feinaufspaltung, J = 7.2 Hz, 2 H, o-Ph). – **^{13}C-NMR (CD$_2$Cl$_2$, –55°C)**: δ = –24.18 (s, C(I)Br), 119.08 (s, i-Ph), 129.58 (d, o-Ph oder m-Ph), 130.30 (d, o-Ph oder m-Ph), 135.81 (d, p-Ph), 178.67 (s, Ph*C*=N).

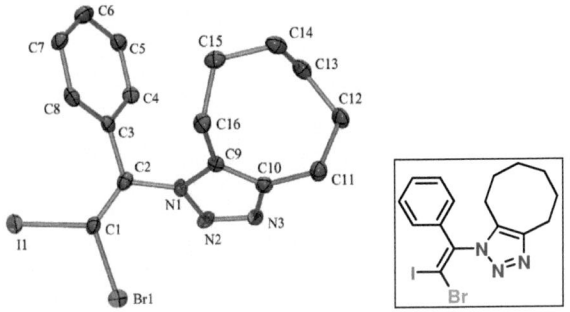

ORTEP plot von **37**, H-Atome sind aus Gründen der Übersichtlichkeit nicht mit abgebildet.

(*E*)-1-(2-Brom-2-iod-1-phenylvinyl)-4,5,6,7,8,9-hexahydro-1*H*-cycloocta[*d*][1,2,3]triazol (37): Hellgelber Feststoff. – **Smp.**: 129–133°C. – **^{1}H-NMR (CDCl$_3$)**: δ = 1.39 (m, 4 H, H-6, H-7), 1.52 (m, 2 H, H-8), 1.72 (*pseudo* quint, J = 6.0 Hz, 2 H, H-5), 2.59 (*pseudo* t, J = 6.4 Hz, 2 H, H-9), 2.88 (*pseudo* t, J = 6.4 Hz, 2 H, H-4), 7.32–7.39 (m, 3 H, m-Ph, p-Ph), 7.45–7.51 (m, 2 H, o-Ph). – **^{13}C-NMR (CDCl$_3$)**: δ = 21.68 (t, C-9), 24.20 (t, C-4), 24.73 (t, C-6 oder C-7), 25.68 (t, C-6 oder C-7 oder C-8), 25.83 (t, C-6 oder C-7 oder C-8), 27.72 (t, C-5), 61.99 (s, =C(I)Br), 128.59 (d, m-Ph), 128.95 (d, o-Ph), 129.96 (d, p-Ph), 133.46 (s, C-9a), 135.96 (s, i-Ph), 142.22 (s, =C(Ph)Cot), 144.31 (s, C-3a). – **IR (CCl$_4$)**: $\tilde{\nu}$ = 602 cm^{-1} (w), 696 (s), 1053 (w), 1243 (w), 1444 (s), 1456 (m), 2856 (s), 2933 (vs). – **C$_{16}$H$_{17}$BrIN$_3$ (458.14 g/mol)**: ber. (%):

---

[9] In beiden Fällen erfolgte die Photolyse über 2 Stunden bei –70°C und der Transport zum NMR-Gerät unter Kühlung (–65°C).

C 41.95, H 3.74, N 9.17; gef. (%): C 42.21, H 3.68, N 9.24. – R_f (**Et$_2$O/n-Hexan=2:1**): 0.52. – **Einkristallstrukturanalyse:** $C_{16}H_{17}BrIN_3$, MW = 458.14, T = 105 K, λ = 0.71073 Å, orthorhombisch, Raumgruppe: P2(1)2(1)2(1), a = 7.4385(3) Å, b = 11.2805(4) Å, c = 19.1852(8) Å, α = 90 °, β = 90 °, γ = 90 °, V = 1609.83(11) Å^3, Z = 4, D = 1.890 Mg/m^3, μ = 4.468 mm^{-1}, F(000) = 888. Die kristallographischen Daten für die Molekülstruktur von **37** wurden hinterlegt im „Cambridge Crystallographic Data Center (CCDC)" unter der CCDC-Nummer 766228.

2-Phenyl-2-(phenylimino)acetonitril (40)[54]: In der Literatur[54] finden sich nur die Spektrendaten der Mischung der beiden möglichen Konfigurationsisomere, allerdings wurde nur ein Isomer, vermutlich **(Z)-40** isoliert, so dass die Daten dieses Isomers an dieser Stelle mit aufgeführt sind. – Gelber Feststoff. – **Smp.:** 57–59°C. – **^{1}H-NMR (CDCl$_3$):** δ = 7.20 (*pseudo* d, *J* = 8.0 Hz, 2 H, *o*-Ph-N), 7.33 (*pseudo* t, *J* = 7.6 Hz, 1 H, *p*- Ph-N), 7.49 (*pseudo* t, *J* = 7.6 Hz, 2 H, *m*- Ph-N), 7.55 (*pseudo* t, *J* = 7.6 Hz, 2 H, *m*- Ph-C), 7.61 (*pseudo* t mit erkennbarer Feinaufspaltung, *J* = 7.6 Hz, 1 H, *p*- Ph-C), 8.17 (*pseudo* d mit erkennbarer Feinaufspaltung, *J* = 7.6 Hz, 2 H, *o*-Ph-C). – **^{13}C-NMR (CDCl$_3$):** δ = 110.83 (s, CN), 120.30 (d, *o*-Ph-N), 127.30 (d, *p*-Ph-N), 128.21 (d, *o*-Ph-C), 129.03 (d, *m*-Ph-C), 129.27 (d, *m*-Ph-N), 132.86 (d, *p*-Ph-C), 133.57 (s, *i*-Ph-C), 139.79 (s, *C*(CN)Ph), 149.08 (s, *i*-Ph-N). Es konnten keine signifikanten nOe-Effekte zwischen den beiden Ringen bei Einstrahlung auf die Frequenz der jeweiligen *ortho*-Protonen gefunden werden, so dass das (Z)-Isomer (= *trans*-ständige Phenylringe) vermutet wird. – **IR (CCl$_4$):** $\tilde{\nu}$ = 689 cm^{-1} (vs), 720 (w), 1007 (m), 1201 (m), 1273 (m), 1451 (m), 1485 (m), 1576 (m), 1589 (m), 1606 (m), 2220 (vw, CN), 3069 (vw, arom. CH). – **C$_{14}$H$_{10}$N$_2$ (206.25 g/mol):** ber. (%): C 81.53, H 4.89, N 13.58; gef. (%): C 81.41, H 4.88, N 13.32. – **MS (EI):** *m/z* (%) = 206 [M$^+$] (85), 180 (47), 77 (Basispeak, 100), 51 (85). – R_f (**CHCl$_3$**): 0.73.

4.2.2.3 Charakterisierungsdaten zur Untersuchung der Umsetzung von (Chlorethinyl)benzol (4a) mit NaN$_3$ nach TANAKA und YAMABE[30]

Zur besseren Übersicht sind die Daten der Verbindungen **22a**, **(Z)-25a** sowie **33a** in Kapitel 4.3.1 bei strukturanalogen Verbindungen mit aufgeführt. Die Spektrendaten von **53**[60c] wurden mit den entsprechenden Literaturwerten abgeglichen und sind an dieser Stelle nicht mit aufgeführt.

2-Chlor-3-phenyl-2*H***-azirin (43a):** ^{1}H-NMR (CD$_2$Cl$_2$, –90 °C): δ = 4.79 (s, 1 H, C(Cl)H), 7.60 (*pseudo* t mit erkennbarer Feinaufspaltung, J = 7.2 Hz, AA'BB'C-System, 2 H, *m*-Ph), 7.69 (*pseudo* tt, J = 7.2 Hz, J = 1.6 Hz, AA'BB'C-System, 1 H, *p*-Ph), 7.94 (*pseudo* d mit erkennbarer Feinaufspaltung, J = 7.2 Hz, AA'BB'C-System, 2 H, *o*-Ph).

2-Dimethylsulfinyl-1,2-diphenylethanon (51):[38] Grüner Feststoff (schwach verunreinigt lt. NMR). – **Smp.:** 123 °C (Lit.[29]: 182 °C). – ^{1}**H-NMR (CDCl$_3$):** δ = 3.66 (s, 6 H, Me), 7.15–7.24 (m, AA'BB'C-System, 8 H, Ph), 7.39 (m, AA'BB'C-System, 2 H, *o*-PhCO). – ^{13}**C-NMR (CDCl$_3$):** δ = 43.04 (q, Me), 86.92 (s, verbreitert, C=S), 127.25 (d), 127.45 (d), 128.21 (d), 128.60 (d), 129.33 (d), 132.03 (s), 134.80 (d), 140.17 (s), 183.09 (s, C=O). Infolge der schlechten Löslichkeit von **51** in CDCl$_3$ (sowie auch in DMSO-d$_6$) war zur Auffindung des quartären Schwefel-gebundenen Kohlenstoffs eine relativ lange Messzeit erforderlich. Die Verbindung wurde einzig als Referenzsubstanz bezüglich der chemischen Verschiebung des Ylid-Kohlenstoffs hergestellt. Infolgedessen erfolgte keine weiterführende Aufreinigung und Charakterisierung der literaturbekannten[38] Substanz.

4.3 Synthesen zu Kapitel 2.3
(1-Azido-1-alkine via Substitutionsreaktionen)
4.3.1 Synthesevorschriften zu Kapitel 2.3.1.1
4.3.1.1 Synthese der Ethinylchloride 4a,b,f,g,i,l,m,n,p

Das terminale Alkin **58** wurde in abs. THF in einer inerten Stickstoffatmosphäre vorgelegt, die über die gesamte Reaktionszeit (vgl. Tab. 12) aufrechterhalten wurde. Die Mischung wurde abgekühlt und *n*-Butyllithium (2.5 M in *n*-Hexan), entweder verdünnt mit abs. THF oder pur (ohne zusätzliches Lösungsmittel), über 15–30 Minuten unter Aufrechterhaltung der Temperatur zugetropft. Nach 15–30 Minuten intensivem Rühren wurde Benzolsulfonylchlorid, gelöst in abs. THF oder pur (ohne zusätzliches Lösungsmittel), bei selbiger Temperatur über 15–30 Minuten zugegeben. Die Reaktionsmischung wurde unter kräftigem Rühren auf Raumtemperatur erwärmt, wobei die inerte Atmosphäre aufrechterhalten wurde. Anschließend wurde Wasser (in etwa dasselbe Volumen wie THF) zugetropft und die Mischung mit einem organischen Lösungsmittel extrahiert. Die vereinigten organischen Phasen wurden über Magnesiumsulfat getrocknet und das Lösungsmittel am Rotationsverdampfer bei Raumtemperatur entfernt. Die Aufreinigung des Rohproduktes erfolgte mittels Vakuumdestillation, respektive über Säulenchromatographie.

Isolierte Ausbeuten und exakte Reaktionsparameter finden sich in Tabelle 12.

Tabelle 12: Reaktionsbedingungen für die Umsetzung **58→4**.

Edukt	Temperatur[1] / V(THF)[2]	n-BuLi / V(THF)[3]	PhSO$_2$Cl / V(THF)[3]	Zeit[4] / Aufarbeitung[5]	Produkt
58a	245 mmol	−40°C / 200 mL	1.02 eq / pur	1.02 eq / 60 mL	26 h / n-Pentan, a	58% **4a**
58b	3.7 mmol	−70°C / 12 mL	1.50 eq / 6 mL	1.50 eq / pur	44 h / Et$_2$O, b	89% **4b**
58f	3.7 mmol	−60°C / 5 mL	1.02 eq / 3 mL	1.02 eq / pur	47 h / Et$_2$O, b	63% **4f**
58g	20 mmol	−60°C / 35 mL	1.02 eq / 20 mL	1.02 eq / pur	45 h / Et$_2$O, b	26% **4g** +37% **58g**
58i	19 mmol	−60°C / 35 mL	1.02 eq / 20 mL	1.02 eq / pur	45 h / Et$_2$O, b	62% **4i**
58l	10 mmol	−30°C / 15 mL	1.05 eq / pur	1.20 eq / pur	über Nacht / n-Pentan, a	89% **4l**
58m	12 mmol	−85°C / 20 mL	1.50 eq / 6 mL	1.50 eq / pur	45 h / Et$_2$O, b	61% **4m**
58n[6]	7.1 mmol	−60°C / 10 mL	1.70 eq / 5 mL	1.20 eq / 10 mL	22 h / Et$_2$O, b	45% **4n** +31% **59n**
58p	3.2 mmol	−50°C / 10 mL	1.50 eq / pur	1.20 eq / 5 mL	über Nacht / Et$_2$O, b	45% **4p**

[1] Die Temperatur ±10°C wurde über die gesamte Zugabezeit von ^{n}BuLi und PhSO$_2$Cl gehalten.
[2] entspricht dem Volumen an THF, in welchem das Acetylen **58** vorgelegt wurde
[3] entspricht dem Volumen an THF, in welchem ^{n}BuLi, respektive PhSO$_2$Cl, vorgelegt wurden
[4] Reaktionszeit, über welche die Mischung auf Raumtemperatur erwärmt und gerührt wurde
[5] Die Aufarbeitung beinhaltet das verwendete Extraktionsmittel sowie die Aufreinigungsmethode: a) Vakuumdestillation, b) Flash-Chromatographie an Kieselgel. Die Eluenten sowie die R_f-Werte sind bei den jeweiligen Substanzcharakterisierungen aufgeführt.
[6] Die Synthesevorschrift der Alkinvorstufe **58n** findet sich in Kapitel 4.3.1.2.4.

4.3.1.2 Synthese der Ethinylchloride 4o,q,s sowie der Alkinvorstufe 58n

4.3.1.2.1 Synthese von 2-(Chlorethinyl)benzylalkohol (4o)

Der Alkohol **58o** ist kommerziell erhältlich (ALDRICH), jedoch relativ kostenintensiv. Diesbezüglich wurde er zuweilen über eine zweistufige Literaturvorschrift[101] ausgehend von 2-(Hydroxymethyl)iodbenzol in 61% Ausbeute (über beide Stufen) hergestellt. Eine direkte baseninduzierte Deprotonierung des aciden Acetylenprotons mit anschließender Umsetzung mit Benzensulfonylchlorid (vgl. Kapitel 4.3.1.2) unter Verwendung von 2 Äquivalenten ^{n}BuLi und anschließender Rückbildung des Alkohols aus dem entsprechenden Salz war infolge der zu erwartenden Veresterung des Alkoholats mit Benzensulfonylchlorid nicht möglich. Resultierend musste unter Verwendung einer Schutzgruppe über ein basenstabiles Vollacetal wie folgt vorgegangen werden:[analog 102]

2*H*-3,4-Dihydropyran (1.73 mL, 1.6 g, 19 mmol, 2.5 eq) wurde auf 60°C erwärmt, einige Kristalle *p*-Toluolsulfonsäure zugegeben und 2-Ethinylbenzylalkohol (**58o**) (1.00 g, 7.6 mmol, 1 eq) in dest. Methylenchlorid (10 mL) langsam (über ca. 15 min) zugetropft. Nach 45 Minuten Rühren wurde über weitere 45 Minuten abgekühlt, 0.5 g Natriumhydrogencarbonat (6 mmol) zugegeben und abermals eine Stunde gerührt. Der Feststoff wurde *via* Filtration über Kieselgur abgetrennt, mit Methylenchlorid nachgewaschen und das Filtrat über Magnesiumsulfat getrocknet. Nach Entfernung des Lösungsmittels am Rotationsverdampfer verblieb ein orange-braunes öliges Rohprodukt (max. 7.6 mmol **58p**), welches ohne weitere Aufarbeitung in der nächsten Stufe weiter umgesetzt wurde [Aufbewahrung ggf. im Tiefkühlschrank, Isolierung über Flashchromatographie zu 74% (Ansatz: 2.00 g **58o**, 4x 30 cm, Eluent: $CHCl_3$, R_f = 0.21) möglich].

Das Rohprodukt von **58p** aus der vorangegangenen Stufe wurde unter Argonatmosphäre in abs. THF (10 mL) gelöst, auf ca. –80 bis –90°C abgekühlt und *n*-Butyllithium (2.5 M Lösung in *n*-Hexan, 6.0 mL, 961 mg ^{n}BuLi, 15 mmol) langsam (exotherme Reaktion!) zugetropft, wobei die Temperatur konstant gehalten wurde. Es wurde 30 Minuten bei selbiger Temperatur nachgerührt und anschließend Benzensulfonylchlorid (1.15 mL, 1.59 g, 9 mmol) in abs. THF (5 mL) zugetropft. Nach Erwärmung auf Raumtemperatur über Nacht wurden 10 mL Eiswasser zugegeben, 10 Minuten gerührt und die Phasen getrennt. Die wässrige Phase wurde mit Diethylether (5x 15 mL) extrahiert und die Etherextrakte mit der organischen Phase aus der Reaktionsmischung vereinigt. Nach Trocknen über Magnesiumsulfat wurde das Lösungsmittel am Rotationsverdampfer (RT) entfernt. Das orangebraune ölige Rohprodukt (max. 7.6 mmol **4p**) wurde ohne weitere Aufarbeitung in der nächsten Stufe weiter umgesetzt [Aufbewahrung ggf. im Tiefkühlschrank, Isolierung über Flashchromatographie zu 70% (Ansatz: 1.30 g **58p**, Eluent: $CHCl_3$, R_f = 0.50–0.57) möglich].

Unter kräftigem Rühren wurde vorsichtig konzentrierte Schwefelsäure (1.44 mL, 96%-ig) in 25 mL Methanol gelöst (Erwärmung!). Dazu wurde tropfenweise das Rohprodukt von **4p** aus der vorherigen Stufe zugegeben und anschließend mit 5 mL Methanol nachgespült. Nach Rühren über Nacht bei Raumtemperatur wurde die Reaktionsmischung unter Eiskühlung mit Natriumhydroxid in Wasser (ca. 10–15 mL) vorsichtig neutralisiert (***Beachten:*** nicht ins Basische), anschließend wurde Wasser (200 mL) zugegeben und mit Diethylether (5x 50 mL) extrahiert. Die vereinigten organischen Phasen wurden mit Wasser (2x 50 mL), dann mit wässriger gesättigter Kochsalzlösung (2x 50 mL) gewaschen, über Magnesiumsulfat getrocknet und das Lösungsmittel am Rotationsverdampfer (RT) entfernt. Das verbliebene Rohprodukt wurde säulenchromatographisch an Kieselgel (Eluent: Methylenchlorid) aufgearbeitet, wobei **4o** (R_f = 0.32) in 47–62% Ausbeute isoliert werden konnte.

4.3.1.2.2 Synthese des Benzylacrylats 4q

Es wurden der Alkohol **4o** (250 mg, 1.5 mmol, 1 eq) und Triethylamin (304 mg, 3.0 mmol, 2 eq) in dest. Methylenchlorid (5 mL) vorgelegt. Nach Abkühlen auf 0°C wurden 2 Stoffmengenäquivalente Acrylsäurechlorid (2 eq) innerhalb von ca. 1 Minute zugetropft und die Reaktionsmischung unter Rühren langsam auf Raumtemperatur erwärmt. Nach 17½ Stunden wurde das Lösungsmittel am Rotationsverdampfer (RT) entfernt und der verbliebene Rückstand mittels Flashchromatographie an Kieselgel (Eluent: Et_2O/n-Hexan = 1:10) aufgereinigt, wobei 298 mg des Acrylats **4q** (90%) isoliert werden konnten. Weitere analog durchgeführte Umsetzungen ausgehend von 0.50 g (bzw. 1.00 g) des Alkohols **4o** lieferten **4q** in 58–60% Ausbeute.

4.3.1.2.3 Synthese von 2-(4-Nitrophenyl)chloracetylen (4s)

Die Umsetzung von 2-(4-Nitrophenyl)bromacetylen[64] zu **4s** erfolgte gemäß der Literatur[64] durch Reaktion mit Kochsalz.

2-(4-Nitrophenyl)bromacetylen (850 mg, 3.8 mmol, 1 eq) wurde in DMSO (10 mL) vorgelegt und Natriumchlorid (1.10 g, 19 mmol, 5 eq) in einer einzelnen Portion zugegeben. Im Anschluss wurde 3 Stunden bei 80°C gerührt und nach Abkühlen auf Raumtemperatur und Zugabe von 50 mL Wasser mit Dichlormethan (3x 50 mL) extrahiert. Die vereinigten organischen Phasen wurden zur Entfernung von DMSO mit Wasser gewaschen (10x 50 mL), getrocknet ($MgSO_4$) und das Lösungsmittel im Vakuum entfernt. Gemäß NMR-Spektrum des erhaltenen Feststoffs (682 mg) bestand dieser aus einer Mischung von Edukt und Produkt. Da eine chromatographische Trennung nach TLC Laufmitteltests wenig Erfolg versprechend erschien, wurde die Mischung nochmals in 10 mL DMSO gelöst, 1.10 g Natriumchlorid zugegeben und erneut über 6 Stunden bei 80°C gerührt. Nach Versetzen mit 50 mL Wasser, Extraktion mit Chloroform (3x 50 mL), Waschen der vereinigten organischen Phasen mit Wasser (8x 50 mL) sowie Trocknen ($MgSO_4$) und Entfernung des Lösungsmittels im Vakuum konnten 603 mg **4s** (88%) erhalten werden.

4.3.1.2.4 Synthese von 2,6-(Dichlor)phenylacetylen (58n)

Infolgedessen, dass die Synthese des terminalen Alkins **58n** mit einigen Schwierigkeiten verknüpft ist, soll sie an dieser Stelle ergänzend mit aufgeführt werden. Dabei gelingt die Umsetzung ausgehend vom Styrolderivat **158** unter Addition von Brom und anschließender Eliminierung (Schema 65). Es wird ersichtlich, dass zu kurze Reaktionszeiten bei der Eliminierung zum einfachen HBr-Eliminierungsprodukt **160** führen, während drastischere Bedingungen bzw. längere Zeiten die Weiterumsetzung von **58n** mit dem Lösungsmittel Methanol zu **161** begünstigen. Resultierend liegen die Ausbeuten von **58n** nur im moderaten Bereich.

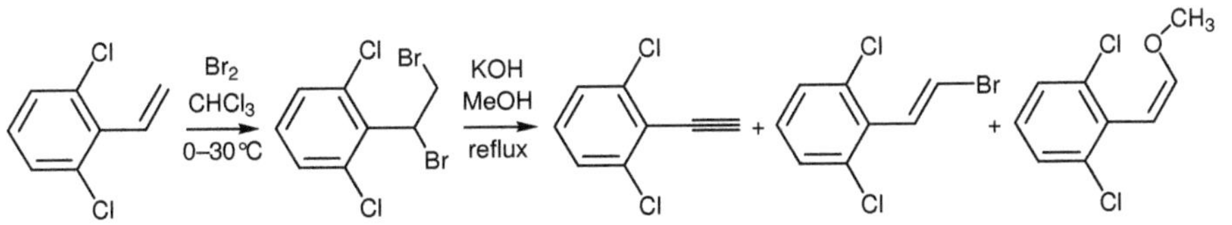

158	159	58n	160	161
Ansatz 1:	94%	33%	37%	22%
Ansatz 2:	100%	25%	42%	(15%)^x

Schema 65: Synthese des Ethinylchlorid-Vorläufers **58n** unter Angabe der isolierten Nebenprodukte.

^{x} Die Ausbeute des Nebenproduktes **161** wurde rechnerisch aus dem ^{1}H-NMR-Spektrum des Rohproduktes aus der Umsetzung des Styrolderivats **158→58n** bestimmt; eine Isolierung erfolgte nicht.

Synthesevorschrift gemäß Schema 65, Ansatz 1:

Es wurden 1.00 g Styrolderivat **158** (5.78 mmol, 1 eq) in 2 mL Chloroform vorgelegt, auf 0°C abgekühlt und 0.29 mL Brom (0.92 g, 5.78 mmol, 1 eq) portionsweise über eine Stunde zugegeben. Nach Nachspülen mit 1.5 mL Chloroform wurde die Mischung über 30 Minuten bei 30°C gerührt, abgekühlt und mit einer Lösung von 1.00 g Natriumthiosulfat in 20 mL Wasser versetzt. Extraktion mit Chloroform (3x 20 mL), Trocknen der vereinigten organischen Phasen über MgSO$_4$ und Entfernung des Lösungsmittels im Vakuum (RT) lieferten 1.91 g eines gelben Öls, welches durch Flash-Chromatographie an Kieselgel (*n*-Hexan) aufgereinigt wurde. Es konnten 1.80 g sauberes Dibromid **159** (94%) isoliert werden.

Es wurden 1.04 g KOH (18.5 mmol, 4.7 eq) in 5 mL dest. MeOH zum Sieden erhitzt und 1.3 g Dibromid **159** (3.9 mmol, 1 eq) portionsweise über eine Stunde zugegeben. Nach Nachspülen mit 5 mL dest. MeOH (V_{ges} = 10 mL, 7.91 g, 247 mmol, 63 eq) wurde weitere 45 Minuten unter Rückfluss gerührt, über 30 Minuten abgekühlt und nach Zugabe von 100 mL Wasser mit Chloroform (3x 50 mL) extrahiert. Die vereinigten organischen Phasen wurden über Magnesiumsulfat getrocknet, das Lösungsmittel im Vakuum (bei RT) entfernt und der verbliebene Rückstand (795 mg, orangegelber Feststoff/Flüssigkeit) *via* Flash-Chromatographie an Kieselgel (*n*-Hexan) aufgearbeitet. Es konnten 362 mg Vinylbromid **160** (37%), 220 mg des Acetylens **58n** (33%) sowie 178 mg des Alkens **161** (22%) isoliert werden.

Synthesevorschrift gemäß Schema 65, Ansatz 2:

Ausgehend von 5.00 g 1,3-Dichlor-2-vinylbenzol (**158**) (28.9 mmol, 1 eq), 1.1 eq Brom (Zugabe über 45 Minuten bei 0°C) und 2 Stunden Reaktionszeit bei 30°C konnten nach analoger wässriger Aufarbeitung zu obiger Vorschrift 9.82 g des rohen Bromadduktes **159** (9.62 g = 100%) erhalten werden, welches <u>ohne</u> säulenchromatographische Aufarbeitung nach Filtration des Rohproduktes über eine Schicht aus Kieselgel unter Verwendung einer Mischung Et$_2$O/*n*-Hexan = 1:10 und anschließender Entfernung des Lösungsmittels in der folgenden Eliminierung weiter umgesetzt wurde. Dazu wurde das Rohprodukt über 45 Minuten zu 5 eq KOH in 50 mL Methanol portionsweise zugegeben, 135 Minuten unter Rückfluss gerührt und ebenfalls analog der obigen Vorschrift wässrig aufgearbeitet. Anschließende säulenchromatographische Reinigung an Kieselgel (6x 28 cm, *n*-Hexan) lieferte 42% (= 3.05 g) **160** (R_f = 0.56) und 25% (1.22 g) des Acetylens **58n** (R_f = 0.41). Eine Isolierung des Vinylethers **161** (R_f = 0.11) erfolgte nicht.

4.3.1.3 Umsetzung der Ethinylchloride 4 mit Aziden in DMSO

Das Ethinylchlorid **4** wurde in DMSO vorgelegt und unter kräftigem Rühren das jeweilige Azid portionsweise über 3–5 Minuten zugegeben. Die Reaktionsmischung wurde etwa 3 Tage bei Raumtemperatur gerührt und anschließend wurde mit einem organischen Lösungsmittel extrahiert, respektive das DMSO sowie alle flüchtigen Komponenten im Pumpenstandvakuum (10^{-3} Torr) bei Raumtemperatur abkondensiert (vgl. Tab. 13). Im ersten Fall wurden die vereinigten organischen Phasen gründlich mit Wasser gewaschen, über Magnesiumsulfat getrocknet und das Lösungsmittel am Rotationsverdampfer (RT) entfernt. In beiden Fällen wurde der Rückstand chromatographisch an Kieselgel aufgearbeitet. Dabei wurden zunächst unumgesetztes Edukt **4** sowie die Vinylazide **(Z)-25** mit *n*-Hexan eluiert, bevor nach Laufmittelwechsel zu Ethanol, respektive Ethylacetat, die Sulfoxonium-Ylide **22** gewonnen werden konnten. Für die Umsetzung von **4o** wurde die Flash-Chromatographie unter Verwendung der Eluenten Methylenchlorid, Et$_2$O/*n*-Hexan = 1:3 und Ethylacetat, in der genannten Reihenfolge, verwirklicht. Die Retentionsfaktoren sowie die jeweils verwendeten Chromatographielösungsmittel sind bei den entsprechenden Substanzcharakterisierungen aufgeführt.

Isolierte Ausbeuten und exakte Reaktionsparameter finden sich in Tabelle 13.

Tabelle 13: Reaktionsparameter für die Reaktion von (Chlorethinyl)aromaten **4** mit Aziden in DMSO.

Ethinylchlorid 4		Azid	Zeit / V(DMSO) / Aufarbeitung	Isolierte Ausbeute an 22	Isolierte Ausbeute an (Z)-25	Rückisoliertes Edukt 4
4a	14.6 mmol	NaN$_3$ (1.5 eq)	3 d / 20 mL / Anmerkung[a]	10% **22a**	13% **(Z)-25a**	<1% **4a**
4a	7.3 mmol	LiN$_3$ (1.0 eq)	73 h / 5 mL / Chloroform	9% **22a**	15% **(Z)-25a**	18% **4a**
4a	7.3 mmol	TMGA (1.0 eq)	72 h / 5 mL / Chloroform	14% **22a**	18% **(Z)-25a**	–
4a	7.3 mmol	QN$_3$ (1.0 eq)	73 h / 5 mL / Chloroform	7.0% **22a**	14% **(Z)-25a**	10% **4a**
4b	2.5 mmol	NaN$_3$ (1.5 eq)	70 h / 15 mL / Chloroform	–	–	96% **4b**
4f	2.9 mmol	NaN$_3$ (1.5 eq)	75 h / 15 mL / Vakuum	17% **22f**	6.4% **(Z)-25f**	–

Ethinylchlorid 4		Azid	Zeit / V(DMSO) / Aufarbeitung	Isolierte Ausbeute an 22	Isolierte Ausbeute an (Z)-25	Rückisoliertes Edukt 4
4g	2.4 mmol	NaN₃ (1.05 eq)	69 h / 15 mL / Vakuum	12% 22g	11% (Z)-25g	19% 4g
4i	3.5 mmol	NaN₃ (1.5 eq)	69 h / 15 mL / Vakuum	–	12% (Z)-25i	29% 4i +4.7% 60i
4l	8.0 mmol	NaN₃ (1.05 eq)	3 d / 35 mL / Anmerkung[a]	4.2% 22l	16% (Z)-25l	–
4m	3.6 mmol	NaN₃ (1.5 eq)	69 h / 15 mL / Chloroform	19% 22m	–	–
4n	3.0 mmol	LiN₃ (2.0 eq)	71 h / 5 mL / Chloroform	14% 22n	–	–
4o	2.4 mmol	NaN₃ (1.5 eq)	66 h / 15 mL / Vakuum	3.9% 22o	1.8% (Z)-25o	22% 4o +0.9% 6l
4p	1.8 mmol	NaN₃ (1.5 eq)	71 h / 15 mL / Vakuum	25% 22p	–	20% 4p
4q	0.54 mmol	NaN₃ (1.5 eq)	4 d / 5 mL / Chloroform	18% 22q	–	–
4q	3.5 mmol	LiN₃ (1.5 eq)	69 h / 5 mL / Chloroform	8.1% 22q + 11% 22r	–	–
4s	2.5 mmol	NaN₃ (1.0 eq)	10 d / 18 mL / Et₂O	0.64% 22r	–	–

[a] Die Reaktionsmischung wurde mit n-Pentan, Diethylether und Benzol in der angegebenen Reihenfolge extrahiert und jedes Extrakt separat aufgearbeitet und chromatographiert.

4.3.1.4 Photolyse des Vinylazids (Z)-25l zum Azirin 43l

20 mg Vinylazid (Z)-25l (0.10 mmol) wurden in ca. 0.7 mL CDCl₃ im NMR-Röhrchen vorgelegt, 1,4-Dioxan als interner Standard zugesetzt und bei –50°C photolysiert. In regelmäßigen Abständen wurde der Reaktionsfortschritt mittels NMR-Spektroskopie (Messung bei Raumtemperatur) untersucht. Dabei wurden die Signale des vinylständigen Protons (5.73 ppm), respektive die des Protons am Dreiring (4.73 ppm), verwendet.

Eine Zusammenfassung der Reaktionsverfolgung findet sich in Tabelle 14.

Tabelle 14: Reaktionsverfolgung der Umsetzung (Z)-25l→43l mittels NMR-Spektroskopie. Die Ausbeuten wurden ausgehend von 1,4-Dioxan als zugesetztem Standard ermittelt.

Messung	Umsatz an (Z)-25l	Ausbeute an 43l
1	0 min	100%	0%
2	70 min	51%	18%
3	140 min	26%	26%
4	280 min	9%	37%

4.3.1.5 Vergleichssynthese des Dihydroisobenzofurans 61 aus Aldehyd 64

Der literaturbekannte Aldehyd **64** konnte nach einer Literaturvorschrift[66] (allerdings im doppelten Ansatz) in 49% Ausbeute aus 2-Methylbenzylchlorid gewonnen werden. Dabei musste der Aldehyd **64** zunächst als Diacetat abgefangen werden, um eine Weiteroxidation zur Säure zu verhindern. Anschließend wurde das Oxidationsmittel (CrO_3) entfernt und die Maskierung des Aldehyds im Sauren wieder aufgehoben. Der Versuch, die Demaskierung und die Umsetzung zur Zielverbindung **61** in einem Schritt zu verwirklichen, misslang und lieferte einzig 52% an **64** ausgehend von 2-(Chlormethyl)benzaldiacetat[66].

Es wurden 634 mg Natriumcyanid (12.9 mmol, 10 eq) in 90 mL DMSO vorgelegt, 200 mg des Aldehyds **64** (1.3 mmol, 1 eq) zugegeben und mit 10 mL DMSO nachgespült. Anschließend wurde auf 60°C erwärmt und mittels Spritze über ein Septum 634 mg konzentrierte Schwefelsäure (96%, 608 mg H_2SO_4, 6.2 mmol, 4.8 eq) langsam zugetropft, wobei dem Reaktionskolben ein Kühlfinger (Ethanol/flüssiger Stickstoff, bis max. −100°C) aufgesetzt wurde. Nach beendeter Zugabe wurde 30 Minuten bei 60°C nachgerührt und anschließend über Nacht langsam auf Raumtemperatur abgekühlt, wobei der Kühlfinger entfernt wurde. Der Reaktionsmischung wurden 150 mL Chloroform zugesetzt, im Anschluss wurde 5x mit jeweils 250 mL Wasser gewaschen und nach Trocknen der organischen Phase über Magnesiumsulfat das Lösungsmittel im Vakuum bei Raumtemperatur entfernt. Der verbliebene Rückstand (197 mg grün-schwarze, zähe Masse) wurde mittels Flashchromatographie an Kieselgel (Laufmittel: Methylenchlorid) aufgearbeitet. Es konnten 97 mg **61** (52%, R_f = 0.55) isoliert werden.

4.3.1.6 Umsetzung des Alkohols 4o mit NaN₃ in Sulfolan

Es wurden 3.00 g Natriumazid (46 mmol, 29 eq) in 150 mL Sulfolan gerührt und zur resultierenden Suspension 265 mg **4o** (1.6 mmol, 1 eq) zugegeben und mit 50 mL Sulfolan nachgespült. Um ein Festwerden der Reaktionsmischung [Smp.(Sulfolan) = 20–26°C] zu vermeiden, wurde der Reaktionskolben in einer Metallhülle untergebracht, welche die Abwärme des Rührmotors gut halten konnte. Es wurde über 68 Stunden bei 25–30°C gerührt, anschließend 200 mL Chloroform zugegeben und gründlich mit Wasser (20x 100 mL) gewaschen. Die organische Phase wurde über Magnesiumsulfat getrocknet und das Lösungsmittel im Vakuum bei Raumtemperatur entfernt. Der Rückstand (enthielt noch ca. 25 mL Sulfolan) wurde in 50 mL Chloroform aufgenommen, nochmals mit Wasser (10x 350 mL) gewaschen und das Lösungsmittel aus der organischen Phase nach Trocknung über $MgSO_4$ erneut am Rotationsverdampfer (RT) abgezogen. Der verbliebene Rückstand (272 mg) wurde mittels Flashchromatographie an Kieselgel (Et_2O/n-Hexan = 1:1) aufgearbeitet. Es konnten 11 mg **61** (4.8%, R_f = 0.44) sowie 96 mg unumgesetzter Alkohol **4o** (36%, R_f = 0.36) isoliert werden.

4.3.2 Synthesevorschriften zu Kapitel 2.3.1.2

4.3.2.1 Umsetzung von 4a mit NaN$_3$ in Gegenwart von Tolan

In einer inerten Argonatmosphäre wurden 1.90 g Natriumazid (29.2 mmol, 2 eq) in 20 mL abs. DMF vorgelegt und 30 Minuten bei Raumtemperatur gerührt. Anschließend wurden in einer Portion 5.21 g Tolan (29.2 mmol, 2 eq) und direkt darauf folgend 2.00 g (Chlorethinyl)benzol (**4a**) (14.6 mmol, 1 eq) zugegeben. Nach 122 Stunden (ca. 5 Tage) Rühren bei Raumtemperatur unter Schutzgas wurde die Reaktionsmischung in 50 mL Eiswasser gegeben und mit Methylenchlorid (5x 50 mL) extrahiert. Die vereinigten organischen Phasen wurden mit Wasser (5x 50 mL) gewaschen, über MgSO$_4$ getrocknet und das Lösungsmittel am Rotationsverdampfer (RT) entfernt. Aus der wässrigen Phase konnten nach Entfernung des Lösungsmittels sowie der Chloroform-unlöslichen Bestandteile des verbliebenen Rückstands 182 mg α-Oxocarbonsäureamid **65a** (7.0%) erhalten werden. Aus der Fraktion, welche sich nach Entfernung des Lösungsmittels aus der organischen Phase am Rotationsverdampfer (RT) ergab, wurde noch enthaltenes DMF sowie potentiell unumgesetztes Eduktalkin **4a** im Pumpenstandvakuum (10^{-3} mbar) bei Raumtemperatur abkondensiert. Im Anschluss wurde der Rückstand säulenchromatographisch an Kieselgel (6x12 cm) aufgearbeitet. Nachdem unter Verwendung von *n*-Hexan als Eluent 5.05 g unumgesetztes Tolan (schwach verunreinigt, ca. 97% der eingesetzten Menge, R_f = 0.21) rückisoliert wurde, konnten nach Laufmittelwechsel zu Diethylether neben 362 mg α-Oxocarbonsäureamid **65a** (14%, R_f = 0.45) zusätzlich 266 mg einer Mischfraktion (R_f = 0.75–0.91, bräunliches Öl, mandelartiger Geruch) gewonnen werden, welche einer nochmaligen säulenchromatographischen Aufarbeitung an Kieselgel (Et$_2$O/*n*-Hexan = 1:3) unterworfen wurde. Es konnten 50 mg des Cyclopropens **36** (1.2%, R_f = 0.41) isoliert werden.

4.3.2.2 Umsetzung des Diazirins 53 mit TBACN in Gegenwart von Tolan

Es wurden 80 mg Diazirin **53** (406 mmol, 1 eq) vorgelegt und direkt aufeinander folgend 218 mg TBACN (812 mmol, 2 eq), 362 mg Tolan (2.03 mmol, 5 eq) und 2 mL DMF zugegeben, woraufhin sich die Mischung ins Orangefarbene verfärbte, jedoch keine Gasentwicklung zu beobachten war. Anschließend wurde 49 Stunden bei Raumtemperatur gerührt, 10 mL Wasser zugegeben und mit Benzol (4x 10 mL) extrahiert. Die vereinigten organischen Phasen wurden mit Wasser (2x 10 mL) und im Anschluss mit gesättigter wässriger Kochsalzlösung (2x 10 mL) gewaschen, über Magnesiumsulfat getrocknet und das Lösungsmittel am Rotationsverdampfer entfernt. Der verbliebene Rückstand wurde säulenchromatographisch an Kieselgel mit Diethylether als mobiler Phase aufgearbeitet. Es konnten 334 mg unumgesetztes Diphenylacetylen (92% bezogen auf eingesetztes Tolan, R_f = 0.83) und 3 mg **65a** (3.6%, R_f = 0.41) isoliert werden.

4.3.2.3 Umsetzung von 4a mit LiN$_3$ in Gegenwart von Cyclohexen

Unter einer inerten Argonatmosphäre wurden 0.49 g Lithiumazid (10 mmol, 1.5 eq) in 10 mL Cyclohexen (8.1 g, 99 mmol, 15 eq) vorgelegt. Da sich auch nach 15 Minuten Rühren bei Raumtemperatur keine signifikante Löslichkeit zeigte, wurden 5 mL abs. DMF zugegeben. Zur resultierenden klaren Lösung gab man portionsweise 0.9 g (Chlorethinyl)benzol (**4a**) (6.6 mmol, 1 eq), gelöst in 5 mL abs. DMF, und rührte anschließend bei Raumtemperatur unter Schutzgas über 5 Tage. Die orangefarbene trübe Reaktionsmischung wurde auf 50 mL Eiswasser gegossen und mit Diethylether (7x 50 mL) extrahiert. Nach Waschen der vereinigten organischen Phasen mit Wasser (5x 50 mL), Trocknen über Magnesiumsulfat und Entfernung des Lösungsmittels im Vakuum verblieben 0.8 g einer gelben Flüssigkeit. Säulenchromatographische Aufarbeitung des Rohproduktes an Kieselgel lieferte zunächst mit Dichlormethan als Laufmittel eine Mischfraktion ($R_f \cong 0.98$, 417 mg, schwach gelbliche Flüssigkeit) und nach Laufmittelwechsel zu Ethylacetat 7.3 mg **65a** (0.62%, R_f = 0.75). Die Mischfraktion konnte unter Verwendung von n-Hexan als Eluent in 231 mg **4a** (26%, R_f = 0.74) sowie 77 mg **(Z)-25a** (6.5%, R_f = 0.37) aufgetrennt werden.

4.3.2.4 Umsetzung des Diazirins 53 mit TBACN in Gegenwart von Cyclohexen

Es wurden 80 mg Diazirin **53** (406 mmol, 1 eq) vorgelegt, unter Rühren eine Suspension von 218 mg TBACN (812 mmol, 2 eq) in 5 mL Cyclohexen zugegeben und mit 2 mL Cyclohexen nachgespült (V_{ges} = 7 mL, 5.67 g, 69 mmol, 170 eq). Nachdem sich das Cyanid relativ schnell vollständig gelöst hatte, wurde die resultierende gelbe klare Lösung bei Raumtemperatur über 42 Stunden gerührt und anschließend das Lösungsmittel am Rotationsverdampfer (RT) entfernt. Säulenchromatographische Aufarbeitung des verbliebenen Rückstandes an Kieselgel mit einer Mischung Diethylether/n-Hexan = 1:1 lieferte als einziges sauber isolierbares Produkt 166 mg Cyclohex-2-enol[103] (R_f = 0.34, 2.5% bezogen auf eingesetztes Cyclohexen).

4.3.3 Synthesevorschriften zu Kapitel 2.3.1.3

4.3.3.1 Synthese des Nitrils 69a (modifizierte Literaturvorschrift)

Die Synthese erfolgte entsprechend der angegebenen Literaturvorschrift,[71] allerdings unter Verwendung von Ethanol anstelle von Toluol als Lösungsmittel. Außerdem fanden in Ermangelung genauer Reaktionsparameter (Ansatzgröße, Reaktionszeit) selbst gewählte Bedingungen Anwendung, und eine säulenchromatographische Aufarbeitung war notwendig.

Es wurden 2.90 g 2-Cyan-2-phenylethylacetat (**75**) (15.3 mmol, 1 eq) und 20 mL 33%-ige Dimethylamin-Lösung (146 mmol, 9.5 eq) in abs. EtOH im Autoklaven vorgelegt und unter Rühren auf 85–95°C erhitzt. Nach 1½ Stunden wurden nochmals 20 mL Aminlösung (146 mmol, 9.5 eq) zugegeben und weitere 3 Stunden bei selbiger Temperatur gerührt. Nach Abkühlen wurde die Reaktionsmischung in 300 mL dest. Diethylether aufgenommen und mit 1 M wässriger HCl-Lösung (3x 100 mL) zur Entfernung des überschüssigen Amins gewaschen. Die organische Phase wurde über MgSO$_4$ getrocknet und das Lösungsmittel am Rotationsverdampfer (RT) entfernt. Der verbliebene Rückstand wurde säulenchromatographisch an Kieselgel (3x30 cm, Et$_2$O) aufgereinigt. Neben 440 mg (15%) unumgesetztem Ester **75** (R_f = 0.83) konnten 131 mg (4.8%) des α-Oxocarbonsäureamids **65a** (R_f = 0.43) und 1.61 g (56%) des gewünschten Nitrils **69a** (R_f = 0.27) erhalten werden.

4.3.3.2 Exemplarische Vorschrift zur Umsetzung von 69a mit NaN$_3$ in DMF

4.3.3.2.1 Umsetzung mit wässriger Aufarbeitung (Tabelle 5, Ansatz 3)

Es wurden 208 mg Nitril **69a** (1.11 mmol, 1 eq) und 106 mg NaN$_3$ (1.63 mmol, 1.5 eq) in 5 mL DMF über 95 Stunden (ca. 4 Tage) bei Raumtemperatur gerührt. Anschließend wurde die Reaktionsmischung in 100 mL dest. Diethylether aufgenommen, mit Wasser (4x 50 mL) gewaschen und die Phasen getrennt. Die organische Phase wurde getrocknet (MgSO$_4$) und das Lösungsmittel im Vakuum entfernt. Der verbliebene Rückstand (56 mg schwach gelbliches Öl) wurde säulenchromatographisch an Kieselgel (2x17.5 cm, Et$_2$O/*n*-Hexan = 5:1) aufgearbeitet. Es konnten 8 mg des α-Oxocarbonsäureamids **65a** (4.1%, R_f = 0.27) und 42 mg unumgesetztes Nitril **69a** (20%, R_f = 0.13) isoliert werden. Zusätzlich wurde die wässrige Phase aufgearbeitet. Das Lösungsmittel wurde am Rotationsverdampfer (40°C) entfernt, der chloroformunlösliche Teil des verbliebenen Rückstands *via* Filtration über Kieselgur abgetrennt und der aus dem Filtrat nach Entfernung des Lösungsmittels gewonnene Rückstand (125 mg) ebenfalls säulenchromatographisch an Kieselgel (2x15 cm, Et$_2$O/*n*-Hexan = 5:1) aufgereinigt. Es konnten weitere 7 mg **65a** (3.6%, R_f = 0.24) sowie 91 mg unumgesetztes Nitril **69a** (44%, R_f = 0.11) isoliert werden.

4.3.3.2.2 Umsetzung mit nicht-wässriger Aufarbeitung (Tabelle 5, Ansatz 2)

Es wurden 202 mg Nitril **69a** (1.07 mmol, 1 eq) und 104 mg NaN$_3$ (1.60 mmol, 1.5 eq) in 5 mL DMF über 96 Stunden (4 Tage) bei Raumtemperatur gerührt. Anschließend wurde das Lösungsmittel am Rotationsverdampfer (40°C) entfernt und der Rückstand mit Chloroform über Kieselgur filtriert, um anorganische Salze zu entfernen. Das Chloroform wurde ebenfalls am Rotationsverdampfer abgezogen und der verbliebene Rückstand (177 mg farbloses Öl) säulenchromatographisch an Kieselgel (2x14.5 cm, Et$_2$O/*n*-Hexan = 5:1) aufgearbeitet. Es konnten 14 mg des α-Oxocarbonsäureamids **65a** (7.4%, R_f = 0.29) und 134 mg unumgesetztes Nitril **69a** (66%, R_f = 0.13) isoliert werden.

4.3.3.3 NMR-Verfolgungen der Umsetzung 69a→65a

4.3.3.3.1 Reaktion in Gegenwart von Natriumazid in DMSO-d_6

Es wurden 25 mg **69a** (0.13 mmol, 1 eq) in 0.5 mL DMSO-d_6 (99.8%) im NMR-Röhrchen vorgelegt, 8 mg 1,4-Dioxan als interner Standard zugesetzt und 13 mg Natriumazid (0.2 mmol, 1.5 eq) zugegeben. Das Röhrchen wurde dicht verschlossen und nach Messung eines Anfangsspektrums im vorgeheizten Thermoblock (75°C) platziert, wobei die Reaktionsmischung in regelmäßigen Abständen NMR-spektroskopisch (RT) vermessen wurde. Eine Zusammenfassung der Reaktionsverfolgung findet sich in Tabelle 15.

Tabelle 15: Reaktionsverfolgung der Umsetzung **69a→65a** mittels NMR-Spektroskopie. Die Ausbeuten wurden ausgehend von 1,4-Dioxan als zugesetztem Standard ermittelt.

	Messung	Umsatz an 69a	Ausbeute an 65a
1	nach 90 min	100%	–
2	nach 4 h	100%	–
3	nach 22 h	97%	2.4%
4	nach 45 h	90%	3.1%
5	nach 74 h	78%	5.1%
6	nach 15 d	51%	12%

4.3.3.3.2 Reaktion ohne Azidzusatz in DMSO-d_6

Es wurden 15 mg **69a** (0.08 mmol, 1 eq) in 0.5 mL DMSO-d_6 (99.8%) im NMR-Röhrchen vorgelegt, 5 mg 1,4-Dioxan als interner Standard zugesetzt und das Röhrchen dicht verschlossen. Nach Messung eines Anfangsspektrums wurde die Reaktionsmischung im vorgeheizten Thermoblock (75°C) platziert, wobei die Reaktionsmischung in regelmäßigen Abständen NMR-spektroskopisch (RT) vermessen wurde. Eine Zusammenfassung der Reaktionsverfolgung findet sich in Tabelle 16.

Tabelle 16: Reaktionsverfolgung der Umsetzung **69a→65a** mittels NMR-Spektroskopie. Die Ausbeuten wurden ausgehend von 1,4-Dioxan als zugesetztem Standard ermittelt.

	Messung	Umsatz an 69a	Ausbeute an 65a
1	nach 90 min	100%	–
2	nach 4 h	100%	–
3	nach 22 h	99.5%	Spuren
4	nach 45 h	95%	4.2%
5	nach 74 h	93%	6.6%
6	nach 15 d	80%	19%

4.3.3.4 Umsetzung des Diazirins 53 mit TBACN in DMF

Es wurden 128 mg Diazirin **53** (0.65 mmol, 1 eq) in 2 mL DMF vorgelegt und unter Rühren 350 mg TBACN (1.3 mmol, 2 eq) zugegeben. Es wurde mit 3 mL DMF nachgespült und über 6 Tage bei Raumtemperatur gerührt, wobei sich die anfangs gelbe Lösung ins Braune verfärbte. Das Lösungsmittel wurde am Rotationsverdampfer (bei 35°C) entfernt und der verbliebene Rückstand (465 mg) *via* Flash-Chromatographie an Kieselgel (Et$_2$O) aufgereinigt. Es konnten 15 mg α-Oxocarbonsäureamid **65a** (13%, R_f = 0.44) isoliert werden.

4.3.3.5 Umsetzungen der Ethinylchloride 4 mit Aziden in DMF

4.3.3.5.1 Umsetzung des Ethinylchlorids 4a (Tabelle 6, Ansatz 1)

Es wurden 10 g (Chlorethinyl)benzol (**4a**) (73 mmol, 1 eq) in 55 mL DMF (732 mmol, 10 eq) vorgelegt und unter kräftigem Rühren 10.04 g NaN$_3$ (154 mmol, 2.1 eq) portionsweise zugegeben. Nach 49 Stunden wurden 25 mL Wasser zugesetzt und weitere 21 Stunden bei Raumtemperatur gerührt. Das Lösungsmittel wurde am Rotationsverdampfer (45°C) weitestgehend entfernt und der Rückstand in Chloroform aufgenommen und über Kieselgur filtriert. Nach abermaliger Entfernung des Lösungsmittels verblieben 7.88 g Rohprodukt (rotes Öl), welches säulenchromatographisch an Kieselgel (16x40 cm, Eluent: Et$_2$O/*n*-Hexan = 5:1) aufgearbeitet wurde. Es konnten 1.13 g **65a** (8.8%, R_f = 0.25) isoliert werden.

4.3.3.5.2 Umsetzung des Ethinylchlorids 4a (Tabelle 6, Ansatz 2)

Die Umsetzung wurde bereits in Kapitel 4.3.2.1 beschrieben.

4.3.3.5.3 Umsetzung des Ethinylchlorids 4f (Tabelle 6, Ansatz 3)

Es wurden 145 mg **4f** (0.85 mmol, 1 eq) in 2.5 mL DMF vorgelegt und unter kräftigem Rühren 83 mg Lithiumazid (1.7 mmol, 2 eq) in einer Einzelportion zugegeben und mit 2.5 mL DMF nachgespült. Nach 3 Tagen Reaktion bei Raumtemperatur wurden das Lösungsmittel am Rotationsverdampfer (45°C) entfernt und chloroformunlösliche Salze mittels Filtration über eine Schicht aus Kieselgur (2–3 cm) sowie Nachspülen mit ca. 500 mL CHCl$_3$ abgetrennt. Der nach Entfernung des Chloroforms im Vakuum verbliebene Rückstand (353 mg) wurde säulenchromatographisch an Kieselgel (4x 30 cm, Eluent: Et$_2$O) aufgearbeitet. Es konnten 67 mg an α-Oxocarbonsäureamid **65f** (37%, R_f = 0.38) erhalten werden.

4.3.3.5.4 Umsetzung des Ethinylchlorids 4g (Tabelle 6, Ansatz 4)

Aus Gründen der Übersichtlichkeit wird die Umsetzung erst in Kapitel 4.3.4.1.5 beschrieben.

4.3.3.5.5 Umsetzung des Ethinylchlorids 4o (Tabelle 6, Ansatz 5)

In einer inerten Argonatmosphäre wurden unter kräftigem Rühren portionsweise 2.00 g Natriumazid (31 mmol, 26 eq) zu 100 mL abs. DMF gegeben und 10 Minuten nachgerührt. Zur resultierenden Suspension wurden über 50 Minuten 200 mg Chloralkin **4o** (1.2 mmol, 1 eq), gelöst in 100 mL abs. DMF, zugetropft (Verdünnung: 1 mg **4o**/mL DMF). Es wurde für 69 Stunden unter Aufrechterhaltung der inerten Atmosphäre (bei Raumtemperatur) gerührt und anschließend das Lösungsmittel am Rotationsverdampfer bei 25°C abgezogen. Zum verbliebenen Rückstand wurden 50 mL Wasser zugegeben und die Mischung im Anschluss mit Chloroform extrahiert (3x 50 mL). Die vereinigten organischen Phasen wurden mit gesättigter wässriger Kochsalzlösung (2x 50 mL) gewaschen, über Magnesiumsulfat getrocknet und das Lösungsmittel im Vakuum bei Raumtemperatur entfernt. Es verblieben 186 mg orangefarbenes zähes Öl. Bei der säulenchromatographischen Aufarbeitung an Kieselgel konnten unter Verwendung einer Laufmittelmischung Diethylether/*n*-Hexan = 3:1 zunächst 44 mg unumgesetztes Edukt **4o** (22%, R_f = 0.55) und anschließend 78 mg **76** (34%, R_f = 0.30) isoliert werden.

4.3.3.5.6 Umsetzung des Ethinylchlorids 4p (Tabelle 6, Ansatz 6)

Zu 100 mL DMF wurden unter kräftigem Rühren 3.00 g Natriumazid (46 mmol, 58 eq) portionsweise zugesetzt und 10 Minuten nachgerührt. Anschließend wurden bei Raumtemperatur 200 mg Chloralkin **4p** (0.8 mmol, 1 eq), gelöst in 70 mL DMF, über 20 Minuten zugetropft und mit 30 mL DMF nachgespült (Verdünnung: 1 mg **4p**/mL DMF). Es wurde für 71 Stunden bei Raumtemperatur gerührt und danach das Lösungsmittel am Rotationsverdampfer bei 30°C abgezogen. Das verbliebene dunkelrote hochviskose Öl (271 mg) wurde säulenchromatographisch an Kieselgel aufgearbeitet, wobei mit Diethylether als Laufmittel 122 mg **65p** (53%, R_f = 0.43) isoliert werden konnten.

4.3.4 Synthesevorschriften zu Kapitel 2.3.2

4.3.4.1 Umsetzungen der Ethinylchloride 4 mit Aziden in Gegenwart von Cyclooctin

4.3.4.1.1 Umsetzung von 4a *mit LiN₃ in DMF (Tabelle 7, Ansatz 1)*

Unter einer Argonatmosphäre wurden 0.49 g Lithiumazid (10 mmol, 1.5 eq) in 15 mL abs. DMF vorgelegt. Nachdem sich das Azid unter kräftigem Rühren bei Raumtemperatur vollständig gelöst hatte, wurden der farblosen klaren Lösung direkt aufeinander folgend 3.56 g Cyclooctin (33 mmol, 5 eq) und 0.9 g (Chlorethinyl)benzol (**4a**) (6.6 mmol, 1 eq), gelöst in 5 mL abs. DMF, in Einzelportionen zugegeben. Nach drei Tagen Rühren unter Aufrechterhaltung der inerten Atmosphäre wurde die resultierende rotorange Reaktionsmischung auf 50 mL Eiswasser gegossen und aufeinander folgend mit *n*-Pentan, Diethylether sowie Dichlormethan extrahiert. Die Extrakte wurden jeweils mit Wasser mehrfach gewaschen, über MgSO$_4$ getrocknet, das Solvent im Vakuum entfernt und der verbliebene Rückstand säulenchromatographisch an Kieselgel aufgearbeitet.

Aus dem Pentanextrakt (3.27 g) wurde zunächst mittels Pumpenstandvakuum (10^{-3} Torr) bei Raumtemperatur 2.2 g einer Mischung aus nicht umgesetztem Edukt (aus ^{1}H-NMR ermittelt: 19% **4a**) und überschüssigem Cyclooctin abkondensiert. Anschließend wurde mittels einer Kieselgelsäule (7x 24 cm) und EtOAc/*n*-Hexan = 3:1 als Laufmittel eine Vortrennung in zwei große Mischfraktionen realisiert. Aus ersterer Fraktion [988 mg, R_f(Et$_2$O) = 0.87–0.58] wurden säulenchromatographisch (7x 15 cm) mit einer EtOAc/*n*-Hexan = 2:1 Mischung 129 mg rohes Cyclooctatriazol **31a** (R_f = 0.67) erhalten, welches nach nochmaliger säulenchromatographischer Reinigung (2x 14 cm) mit EtOAc/*n*-Hexan = 1:3 als Eluent und Waschen mit wenig kaltem Diethylether zu 6.4% (106 mg, R_f = 0.39) sauber erhalten werden konnte. Zusätzlich konnten 228 mg **33a** (12%, R_f = 0.50), 123 mg einer Mischung aus **31a** und **33a** sowie 370 mg einer Mischfraktion (R_f = 0.50–0.33) erhalten werden, aus welcher mit einer Et$_2$O/*n*-Hexan = 5:1 Mischung (4x 36 cm) 36 mg **33a** (1.9%, R_f = 0.57) sowie 308 mg **77a** (15%, R_f = 0.45) isoliert wurden. Die Mischung aus **31a** und **33a** wurde mit einer Et$_2$O/*n*-Hexan = 5:1 Mischung (2x 35 cm) in 5.7 mg **31a** (0.34%, R_f = 0.62) und 100 mg **33a** (5.3%, R_f = 0.44) aufgetrennt. Bei der zweiten Mischfraktion aus der Vortrennung [R_f(Et$_2$O) = 0.27] handelte es sich um 83 mg an verunreinigtem Alken **78a**.

Aus dem Etherextrakt (0.25 g) konnten mit einem Et$_2$O/*n*-Hexan = 3:1 Laufmittelgemisch (Säule 4x 25 cm) weitere 8.8 mg **31a** [0.53%, R_f(Et$_2$O) = 0.88], 46 mg **33a** [2.4%, R_f(Et$_2$O) = 0.74], 5.4 mg **65a** [0.46%, R_f(Et$_2$O) = 0.52] sowie 64 mg einer verunreinigten Fraktion [R_f(Et$_2$O) = 0.64] erhalten werden, welche trotz zweier weiterer chromatographischer Aufreinigungsversuche stets nur mit der Verunreinigung isoliert werden konnte. Erst nach Aufnahme der Mischung in *n*-Hexan und Behandlung im Ultraschallbad fiel ein weißer Feststoff aus, welcher über Glaswolle abfiltriert, mit *n*-Hexan und Ether gewaschen und letztlich mit Chloroform aufgenommen werden konnte. Daraus wurden 26 mg **77a** (1.3%) gewonnen. Außerdem wurden aus obiger Säule des Etherextrakts durch Spülen mit Diethylether 47 mg an verunreinigtem **78a** isoliert. Dieses wurde mit der zweiten Fraktion aus der Vortrennung des Pentanextrakts vereinigt und säulenchromatographisch an Kieselgel unter Verwendung von Diethylether als Laufmittel zu 106 mg (5.3%) sauber erhalten.

Letztlich wurde der Dichlormethanextrakt (27 mg) aufgearbeitet. Dabei konnte als einzige saubere Fraktion aus der säulenchromatographischen Trennung (2x 29 cm) mit einem EtOAc/*n*-Hexan = 3:1 Laufmittelgemisch **33a** zu 6 mg (0.32%, R_f = 0.61) isoliert werden. Folglich kann bei einer etwaigen Versuchswiederholung auf die Dichlormethan-Extraktion verzichtet werden.

4.3.4.1.2 Umsetzung von 4a mit LiN₃ in DMSO (Tabelle 7, Ansatz 2)

Es wurden 1.50 g **4a** (1 eq) zu einer Mischung aus 810 mg LiN_3 (1.5 eq) in 2.4 mL DMSO (3 eq) und 3.57 g Cyclooctin (3 eq) gegeben, 72 Stunden bei Raumtemperatur gerührt und nach Zugabe von 15 mL Wasser mit $CHCl_3$ (3x 50 mL) extrahiert. Nach Waschen mit Wasser (3x 200 mL), Trocknen ($MgSO_4$) und Entfernung leichtflüchtiger Bestandteile im Vakuum bei Raumtemperatur (erst Rotationsverdampfer, dann Pumpenstand, wobei lt. ^{1}H-NMR Spektrum 52% **4a** zusammen mit Cyclooctin abkondensiert wurden) wurde säulenchromatographisch an Kieselgel (EtOAc/n-Hexan=1:3) aufgearbeitet, wobei **31a** (R_f = 0.52, 55 mg, 2.0%) und **33a** (R_f = 0.26, 92 mg, 2.9%) erhalten werden konnten.

4.3.4.1.3 Umsetzung von 4a mit NaN₃ in HMPTA (Tabelle 7, Ansatz 3)

Es wurden 1.00 g (Chlorethinyl)benzol (**4a**) (7.32 mmol, 1 eq) in 5 mL HMPTA vorgelegt, mittels Eisbad auf 0°C gekühlt und unter Rühren portionsweise 714 mg Natriumazid (11 mmol, 1.5 eq) zugegeben. Die resultierende Suspension wurde über 30 Minuten bei 0°C gerührt, dann mit 0.5 mL dest. H_2O versetzt und abermals 90 Minuten bei 0°C reagieren gelassen. Nach Zugabe von 1.60 g Cyclooctin (14.6 mmol, 2 eq) wurde über 20 Stunden langsam auf Raumtemperatur erwärmt. Die Reaktionsmischung wurde mit 100 mL Chloroform versetzt und anschließend mit gesättigter wässriger Kochsalzlösung (5x 50 mL, Entfernung NaN_3), danach mit wässriger 3.7%-iger Salzsäurelösung (2x 50 mL) sowie mit dest. H_2O (1x 50 mL) gewaschen, über Magnesiumsulfat getrocknet und das Lösungsmittel bei Raumtemperatur am Rotationsverdampfer entfernt. Unumgesetztes Edukt sowie Cyclooctin wurden im Pumpenstandvakuum bei Raumtemperatur abkondensiert (lt. ^{1}H-NMR: 70% **4a**) und der verbliebene Rückstand (889 mg, braunes zähes Öl) säulenchromatographisch an Kieselgel (4x36 cm, Et_2O/n-Hexan = 3:1) aufgearbeitet. Es konnten 212 mg **31a** (11.5%, R_f = 0.64), 215 mg **33a** (10.2%, R_f = 0.52) sowie 165 mg **77a** (5.6%, R_f = 0.32) isoliert werden.

4.3.4.1.4 Umsetzung von 4d mit NaN₃ in DMF (Tabelle 7, Ansatz 4)

Die Umsetzung wurde bereits in Kapitel 4.2.1.1.2 beschrieben.

4.3.4.1.5 Umsetzung von 4g mit NaN₃ in DMF (Tabelle 7, Ansatz 5)

Zu 160 mg NaN_3 (2.47 mmol, 1.05 eq) in 10 mL abs. DMF wurden über 25 Minuten 508 mg Cyclooctin (4.7 mmol, 2 eq) und 0.5 g **4g** (2.35 mmol, 1 eq) in 10 mL abs. DMF zugetropft und mit weiteren 5 mL abs. DMF nachgespült. Nach 69 Stunden Rühren bei Raumtemperatur wurde das Lösungsmittel am Rotationsverdampfer (40°C) entfernt und der verbliebene Rückstand (orange-brauner Feststoff) auf eine Kieselgelsäule (4x 21 cm) aufgebracht. Es wurden mit Diethylether/n-Hexan = 1:6, Diethylether/n-Hexan = 1:1 und Ethylacetat als Laufmittel (in der angegebenen Reihenfolge) verschiedene Fraktionen isoliert.

Mit dem Gemisch Diethylether/*n*-Hexan = 1:6 wurden 102 mg sauberes **4g** (20%, R_f = 0.83) sowie eine Mischfraktion (R_f = 0.35/0.40, 15 mg) isoliert, aus welcher *via* Flashchromatographie an Kieselgel (CHCl$_3$/*n*-Hexan = 1:2) 2 mg **32g** (0.28%, R_f = 0.08) abgetrennt werden konnte. Mit der Mischung Diethylether/*n*-Hexan = 1:1 wurden zunächst 34 mg verunreinigtes **31g** (R_f = 0.53), im Anschluss 190 mg **33g** (22%, R_f = 0.33), dann eine Mischfraktion (R_f = 0.23, 22 mg) und zuletzt 194 mg einer ansonsten nahezu sauberen Mischung (R_f = 0.10) aus **65g** und **77g** eluiert. **31g** wurde flashchromatographisch an Kieselgel (2x 16 cm, DCM/Et$_2$O = 10:1) aufgereinigt und zu 20 mg (2.6%, R_f = 0.83) erhalten. Aus der Mischfraktion wurden mittels Säulenchromatographie (2x 16 cm, Et$_2$O/*n*-Hexan=2:1) 8.3 mg **(Z)-79g** (0.97%, R_f = 0.31) sowie nach Laufmittelwechsel zu Diethylether 3.2 mg **82** (0.86%) isoliert, und die Mischung konnte mit CHCl$_3$/Et$_2$O = 1:1 (2x 60 cm) in 85 mg **77g** (14%, R_f = 0.79) und 65 mg **65g** (11%, R_f = 0.66) aufgetrennt werden. Mit Ethylacetat wurde letztlich eine weitere Mischfraktion isoliert (R_f = 0.73, 51 mg), aus welcher *via* Kieselgel-Säule (Et$_2$O/*n*-Hexan = 5:1) ein Öl (R_f = 0.17, 28 mg) erhalten wurde, aus welchem 24 mg eines Feststoffs kristallisiert (*n*-Hexan) werden konnten, welcher sich als **78g** (0.71%) erwies.

4.3.4.1.6 Umsetzung von 4g mit NaN$_3$ in HMPTA (Tabelle 7, Ansatz 6)

Es wurden 1.00 g (Chlorethinyl)biphenyl (**4g**) (4.7 mmol, 1 eq) in einer Mischung aus 9 mL HMPTA und 0.9 mL Wasser vorgelegt, im Eisbad auf 0°C abgekühlt und anschließend 365 mg Natriumazid (7.1 mmol, 1.5 eq) sowie 1.27 g Cyclooctin (11.8 mmol, 2.5 eq) zugegeben. Die resultierende Mischung wurde langsam über 72 Stunden auf Raumtemperatur erwärmt und das Lösungsmittel im Pumpenstandvakuum (10^{-3} Torr) bei 60°C (über ca. 5 h) weitestgehend abkondensiert. Der verbliebene Rückstand (3.6 g rotschwarze hochviskose Masse) wurde säulenchromatographisch an Kieselgel (4x 51 cm) aufgearbeitet, wobei zunächst mit einer Mischung Et$_2$O/*n*-Hexan = 1:1 233 mg Cyclooctatriazol **33g** (13.6%, R_f = 0.17) sowie zwei Mischfraktionen (Fraktion **A**: 226 mg, orangebraunes Öl, R_f = 0.34–0.83; Fraktion **B**: 148 mg, orangefarbener Feststoff, R_f = 0.39–0.48) isoliert wurden, bevor nach Laufmittelwechsel zu Diethylether 722 mg **77g** (32.1%, R_f = 0.13) gewonnen werden konnten. Fraktion **B** lieferte nach erneuter Säulenchromatographie (2x 32 cm, Et$_2$O/*n*-Hexan = 1:2) 86 mg einer Mischung (R_f = 0.26), aus welcher wiederum mittels Flashsäule (2x 66 cm, CHCl$_3$/Et$_2$O/*n*-Hexan = 2:1:2) 44 mg **(E)-77g** (2.6%, R_f = 0.47) erhalten wurden. Aus Fraktion **A** konnten nach chromatographischer Trennung (4x 32 cm) mit *n*-Hexan als Laufmittel 64 mg unumgesetztes Chloracetylen **4g** (6.4%, R_f = 0.47) sowie nach Spülen der Säule mit Et$_2$O abermals eine Mischfraktion (110 mg, orangefarbenes Öl) eluiert werden. Diese lieferte ebenfalls *via* Säulenchromatographie (2x 67 cm, Et$_2$O/*n*-Hexan = 1:10) eine Mischung (40 mg, R_f = 0.14–0.24) aus **29g**, **32g** und **82** (Zusammensetzung lt. ^{1}H-NMR: 30.85% **29g**, 62.77% **32g**, 6.38% **82**). Versuche zur weiteren Auftrennung dieser Mischung erfolgten nicht.

4.3.4.1.7 Umsetzung von 4g mit LiN$_3$ in HMPTA-d$_{18}$ (Tabelle 7, Ansatz 7)

In einem NMR-Röhrchen wurden 54 mg 4-(Chlorethinyl)biphenyl (**4g**) (0.25 mmol, 1 eq) in 0.75 mL HMPTA-d$_{18}$ (frisch geöffnete Glasampulle) bei Raumtemperatur im Ultraschallbad gelöst. Nach Aufnahme eines Eduktspektrums bei Raumtemperatur wurden 20 mg vakuumgetrocknetes LiN$_3$ (0.41 mmol, 1.6 eq) in einer Portion zugegeben und kräftig geschüttelt. Infolge des auftretenden Farbumschlags (farblos → gelblich → orange → orangebraun) sowie der deutlichen Gasentwicklung im Röhrchen wurde die NMR-Kappe zum Druckausgleich mit einem Loch versehen und das Röhrchen schnell (max. 5 min) auf 5°C heruntergekühlt. Anschließend wurde die Mischung über 17 Stunden NMR-spektroskopisch verfolgt, wobei in regelmäßigen Abständen Spektren aufgenommen wurden. Danach wurde dem Röhrchen bei 0°C Cyclooctin (30 µL) zugesetzt und nach kräftiger Durchmischung über ca. 7 Stunden auf Raumtemperatur erwärmt. Nach Aufnahme der Reaktionsmischung in 50 mL Chloroform wurde überschüssiges LiN$_3$ mit Wasser (2x 50 mL) herausgewaschen. Eine Überführung des Lösungsmittels ins entsprechende Hydrochlorid (Waschen mit 2x 50 mL 3.7%-iger HCl) misslang, so dass dieses im Pumpenstandvakuum (10^{-3} Torr) bei 50°C über 3 Stunden abkondensiert werden musste. Der verbliebene Rückstand (105 mg, rotbraunes zähes Öl) wurde säulenchromatographisch an Kieselgel (2x 39 cm) aufgearbeitet, wobei zunächst mit *n*-Hexan als Laufmittel 11 mg **4g** (20%, R_f = 0.49), anschließend nach Laufmittelwechsel zu Chloroform 21 mg des Nitrils **29g** (46%, R_f = 0.58) und letztlich nach nochmaligem Wechsel zu Diethylether 14 mg des Cyclooctatriazols **33g** (15%, R_f = 0.61) eluiert werden konnten. Zahlreiche weitere erhaltene Mischfraktionen wurden verworfen.

4.3.4.1.8 Umsetzung von 4g mit LiN$_3$ in HMPTA (Tabelle 7, Ansatz 8)

Es wurden 1.00 g 4-(Chlorethinyl)biphenyl (**4g**) (4.7 mmol, 1 eq) in 5 mL HMPTA gelöst und 1.27 g Cyclooctin (11.8 mmol, 2.5 eq) bei Raumtemperatur eingerührt. Anschließend wurde auf 0°C abgekühlt, 345 mg Lithiumazid (7.1 mmol, 1.5 eq) in einer Einzelportion zugegeben und die resultierende Suspension über 65½ Stunden bei Raumtemperatur gerührt. Die Reaktionsmischung wurde in 500 mL Chloroform aufgenommen und mit Wasser (2x 400 mL, Entfernung LiN$_3$), danach mit 10%-iger wässriger Salzsäurelösung (1x 200 mL, Versuch Entfernung HMPTA) und letztlich nochmals mit Wasser (1x 300 mL) gewaschen. Nach Trocknung der org. Phase über MgSO$_4$ wurden zunächst das Chloroform am Rotationsverdampfer (40°C) und anschließend ein Großteil des HMPTA im Vakuum (65°C, ca. 0.2 mbar) abgezogen. Der verbliebene Rückstand wurde auf eine 3 cm hohe Schicht aus Kieselgel aufgebracht und anschließend mit 1.) *n*-Hexan (300 mL), 2.) Chloroform (400 mL) und 3.) Diethylether (400 mL) filtriert. Das Hexan-Filtrat umfasste nach Entfernung des Lösungsmittels nur 7 mg Substanz (orangefarbenes Öl) und wurde verworfen. Das Chloroform-Filtrat (1.31 g, schwarzbraunes Öl) sowie das

Ether-Filtrat (821 mg, brauner, schaumartiger Feststoff) wurden nach NMR-spektroskopischer Vermessung vereinigt, vom Lösungsmittel befreit und einer säulenchromatographischen Aufarbeitung an Kieselgel unterworfen. Dabei (4x57 cm Säule) konnten zunächst mit einem Laufmittelgemisch Et_2O/n-Hexan = 1:6 als Eluent 79 mg (R_f = 0.26) einer ansonsten sauberen Mischung aus **32g** und **29g** [lt. ^{1}H-NMR: 32 mg **32g** (2.3%) und 47 mg **29g** (5.6%)] erhalten werden, bevor nach Laufmittelwechsel zu Et_2O/n-Hexan = 1:1 zusätzlich 219 mg **33g** (13%, R_f = 0.27) isoliert werden konnten. Zahlreiche weitere Mischfraktionen zwischen 6–52 mg wurden nach NMR-Messung verworfen. Letztendlich wurde das Laufmittel zu reinem Diethylether geändert, woraufhin 167 mg **77g** (7.4%, R_f = 0.64) sowie 190 mg **78g** (8.4%, R_f = 0.38) gewonnen wurden. Wiederum wurden zahlreiche Mischfraktionen zwischen 28–68 mg nach NMR-spektroskopischer Messung verworfen.

4.3.4.2 Katalytische Hydrierung der Alkene 77a und 78a

1 eq Alken [15 mg **77a** (0,037 mmol) bzw. 26 mg **78a** (0.065 mmol)] wurde in 5 mL (für **78a**) – 10 mL (für **77a**) Diethylether vorgelegt, 0.6 eq 10% Pd/C (23 mg für **77a** bzw. 41 mg für **78a**) zugegeben und bei Raumtemperatur über 18½ Stunden (für **77a**) – 22½ Stunden (für **78a**) in einer Schüttelapparatur hydriert. Anschließend wurde der Katalysator durch Filtration über eine Schicht aus Kieselgur abgetrennt, mit ca. 50 mL Diethylether nachgespült und das Lösungsmittel aus dem Filtrat entfernt. Es wurden 14 mg **80** (93%) beziehungsweise 27 mg **81** (100%) erhalten.

4.3.4.3 Umsetzung von 4a *via* STAUDINGER-Reaktion

Es wurden 21 mL einer DMF/H_2O = 20:1 Mischung vorgelegt, 1.00 g (Chlorethinyl)benzol (**4a**) (7.32 mmol, 1 eq) eingerührt und auf 0°C abgekühlt. Anschließend wurden 950 mg Natriumazid (14.6 mmol, 2 eq) und 2.88 g Triphenylphosphin (11 mmol, 1.5 eq) zugegeben und die resultierende Suspension über Nacht auf Raumtemperatur erwärmt. Nach 26½ Stunden wurde das Lösungsmittel am Rotationsverdampfer bei 35°C über ca. eine Stunde entfernt und der verbliebene Rückstand in 50 mL Chloroform aufgenommen und kurz im Ultraschallbad behandelt. Es wurde über eine Schicht aus Kieselgur filtriert, mit Chloroform (3x 40 mL) nachgewaschen und das Lösungsmittel abermals am Rotationsverdampfer (35°C) entfernt. Der verbliebene Rückstand (3.86 g, orangefarbenes viskoses Öl) wurde säulenchromatographisch an Kieselgel (4x 34 cm, $CHCl_3$) aufgearbeitet. Es konnten neben 1.07 g Triphenylphosphin (37% der eingesetzten Menge, R_f = 0.79) zusätzlich 3 mg Benzylnitril (**12**) (0.4%, R_f = 0.48) isoliert werden.[10]

---

[10] Unumgesetztes Edukt **4a** wurde nicht zurückisoliert, allerdings verblieb ein Großteil der aufgegebenen Substanz auf der Säule. Ein Lösungsmittelwechsel wurde nicht vollzogen, da gezielt nach **12** gesucht wurde.

4.3.5 Synthesevorschriften zu Kapitel 2.3.3

4.3.5.1 Synthese von Fluoracetylen (89)

4.3.5.1.1 Exemplarische Vorschrift zur Umsetzung 95→89

Die Versuchsdurchführung erfolgte mittels der in Abbildung 1 dargestellten Apparatur.

Im Reaktionskolben wurden 820 mg Magnesiumspäne (33.7 mmol, 6.9 eq) in 5 mL abs. THF vorgelegt und über 15 Minuten unter Rückfluss ($T_{Ölbad}$ = 80°C) zur Einstellung des Druckgleichgewichts gerührt. Anschließend wurde die Gasdurchflussapparatur mit 0.8 mL Methanol-d$_4$ (Deuterierungsgrad 99.8%) befüllt und auf –50 bis –60°C abgekühlt, wobei der Dreiwegehahn zum CaCl$_2$-Trockenrohr geschaltet wurde.

Im Anschluss wurde der Hahn zum Wassergasometer[11] umgestellt und portionsweise über 45 Minuten 1.00 g 1,2-Dibrom-1-fluorethen (**95**) (4.91 mmol, 1 eq) zur siedenden Reaktionsmischung gegeben. Nach weiteren 40 Minuten Rühren unter Rückfluss wurden der NMR-Lösung 10 µL abs. Dichlormethan als interner Standard zugesetzt und die Probe NMR-spektroskopisch vermessen. Ausgehend vom Standard konnten in der NMR-Lösung 57% Fluoracetylen (**89**) sowie 23% Ethin (bezogen auf **95**) erhalten werden.

4.3.5.1.2 Exemplarische Vorschrift zur Umsetzung 94→89

Die Versuchsdurchführung erfolgte mittels der in Abbildung 1 dargestellten Apparatur.

Im Reaktionskolben wurden 1.19 g Magnesiumpulver (49.1 mmol, 10 eq) in 10 mL abs. THF vorgelegt und über 20 Minuten unter Rückfluss ($T_{Ölbad}$ = 80°C) zur Einstellung des Druckgleichgewichts gerührt. Anschließend wurde die Gasdurchflussapparatur mit 1.0 mL CDCl$_3$ befüllt und auf –50 bis –60°C abgekühlt, wobei der Dreiwegehahn zum CaCl$_2$-Trockenrohr geschaltet wurde. Im Anschluss wurde der Hahn zum Wassergasometer umgestellt und in einer Einzelportion 1.78 g 1,1,2,2-Tetrabrom-1-fluorethan (**94**) (4.91 mmol, 1 eq) zur siedenden Reaktionsmischung gegeben, wobei nach ca. 5 Minuten ein kontinuierlicher Gasaustritt im Gasometer zu verzeichnen war. Nach weiteren 40 Minuten Rühren unter Rückfluss wurden der NMR-Lösung 10 µL abs. Dichlormethan als interner Standard zugesetzt und die Probe NMR-spektroskopisch vermessen. Ausgehend vom Standard konnten in der NMR-Lösung 1.8% Fluoracetylen (**89**) sowie 1.2% Ethin (bezogen auf **94**) erhalten werden. Zusätzlich dazu wurden 56 mL Gas aufgefangen.

---

[11] Infolge einer Undichtigkeit im Bereich des Dreiwegehahns konnte für diesen Ansatz leider kein Gasvolumen gemessen werden, da der Flüssigkeitsmeniskus zwar unter die Wasseroberfläche absank, der Gasdruck jedoch nicht so stark wurde, dass Blasen aus dem Auslass ins skalierte Auffanggefäß gedrückt wurden.

4.3.5.2 Umsetzung von Fluoracetylen (89) mit LiN$_3$ und Cyclooctin

Die Versuchsdurchführung erfolgte mittels der in Abbildung 1 dargestellten Apparatur, allerdings wurde die Vorlage der Gasdurchflussapparatur durch einen 50 mL Kolben ersetzt.

Im Reaktionskolben wurden 820 mg Magnesiumspäne (33.7 mmol, 6.9 eq) in 5 mL abs. THF vorgelegt und über 15 Minuten unter Rückfluss ($T_{Ölbad}$ = 80°C) zur Einstellung des Druckgleichgewichts gerührt. Anschließend wurde die Gasdurchflussapparatur mit 480 mg LiN$_3$ (9.81 mmol, 2 eq), 530 mg Cyclooctin (4.9 mmol, 1 eq) und 40 mL DMF befüllt und kräftig gerührt, bis eine klare Lösung entstand, wobei der Dreiwegehahn zum CaCl$_2$-Trockenrohr geschaltet wurde. Im Anschluss wurde der Hahn zum Wassergasometer umgestellt und in einer Einzelportion 1.00 g 1,2-Dibrom-1-fluorethen (**95**) (4.91 mmol, 1 eq) zur siedenden Reaktionsmischung gegeben, wobei direkt nach Zugabe eine heftige Gasentwicklung einsetzte. Im Gasometer wurden während der gesamten Reaktionszeit 31 mL Gas aufgefangen. Nach insgesamt 100 Minuten Rühren unter Rückfluss wurde die Vorlage der Gasdurchflussapparatur entfernt und daraus das DMF am Rotationsverdampfer (50°C) weitestgehend abgezogen. Da das verbliebene viskose Öl (2.64 g, orangefarben) noch relativ viel DMF enthielt, wurde es in 50 mL Chloroform aufgenommen und gründlich mit Wasser (3x 75 mL) gewaschen. Nach Trocknen der organischen Phase über MgSO$_4$ wurde abermals das Lösungsmittel am Rotationsverdampfer (RT) entfernt. Der erhaltene Rückstand (417 mg, gelbe Flüssigkeit) wurde säulenchromatographisch an Kieselgel (2x 30 cm, Et$_2$O/*n*-Hexan = 1:1) aufgearbeitet, wobei 370 mg des Vinylfluorids **97** (R_f = 0.42, 39%) erhalten werden konnten.

4.3.5.3 Synthese von Dicyanacetylen (90)

Die Synthese folgte einer Literaturvorschrift,[77a] war jedoch mit einigen experimentellen Kunstgriffen verbunden, weshalb sie an dieser Stelle mit aufgeführt werden soll.

4.3.5.3.1 Synthese des Diamid-Vorläufers **101**

Die Synthese erfolgte weitestgehend entsprechend einer Literaturvorschrift,[77a] allerdings unter leichten Modifikationen in Bezug auf Ansatzgröße, Reaktionszeit und Rohproduktaufreinigung.

Es wurden 100 mL einer 25%-igen wässrigen Ammoniaklösung (25 g NH$_3$, 1.47 mol, 8.3 eq) auf −10°C bis −15°C heruntergekühlt und die Temperatur während der gesamten Reaktionszeit konstant gehalten. *Diese Temperaturkontrolle ist unumgänglich, da festgestellt wurde, dass das Produkt bei „höheren" Temperaturen, explizit bei Raumtemperatur, mit Ammoniak zum entsprechenden, literaturbekannten Ammoniakaddukt (2-Aminobut-2-endiamid)*[104] *weiterreagiert.* Unter kräftigem Rühren wurden über 40 Minuten 25.00 g Acetylendicarbonsäuredimethyldicarboxylat (**100**) (176 mmol, 1 eq) zugetropft und anschließend weitere 100 Minuten nachgerührt. Um ein kontinuierliches Rühren auch bei der erniedrigten Temperatur und infolge des ausfallenden Feststoffes durchgehend zu gewährleisten, wurden bereits während der Zutropfzeit zweimal je 25 mL Ethanol zur Reaktionsmischung zugegeben. Im Anschluss wurde die noch kalte Reaktionsmischung über eine Fritte (Pore 3) abgezogen und der Filterrückstand zunächst mit Wasser (200 mL), dann mit 3.7%-iger wässriger Salzsäure (500 mL), gefolgt von Ethanol (400 mL) und letztlich mit Diethylether (400 mL) gewaschen. Lösungsmittelreste wurden aus dem Filterrückstand am Rotationsverdampfer (RT) entfernt. Es verblieben 13.35 g Acetylendicarbonsäurediamid (**101**) (68%).

4.3.5.3.2 *Exemplarische Vorschrift zur Umsetzung* **101→90**

In einem 100-mL-Einhalskolben wurden 2.00 g Diamid **101** (17.84 mmol, 1 eq), 20 g calzinierter Seesand sowie 16.67 g Phosphorpentoxid (117 mmol, 6.5 eq) gründlichst durchmischt, bis ein weitestgehend homogenes Feststoffgemisch vorlag. Anschließend wurde der Kolben über ein Verbindungsrohr mit einem Innendurchmesser von mindestens 4 mm, welches eine "Filterschicht" aus Glaswolle und Seesand enthielt, an einem U-Rohr befestigt und die komplette Apparatur mehrfach evakuiert und mit Schutzgas (Stickstoff) belüftet. Das relativ breite Rohr, welches in den Reaktionskolben, jedoch nicht in die Reaktionsmischung eintauchte, war infolge von Sublimationserscheinungen bei der Reaktion erforderlich, um einem Zusetzen und resultierend einer Explosionsgefährdung vorzubeugen. Die Filterschicht wiederum musste eingeführt werden, um Verunreinigungen (braun-gelbe Dämpfe am Anfang der Reaktion) vom Übergang ins U-Rohr zurückzuhalten. *Generell ist bei der Umsetzung Vorsicht walten zu lassen.* **Die Bildung von gefährlichen Gasen (Dicyan, HCN) ist nicht auszuschließen!** Danach wurde das U-Rohr mit flüssigem Stickstoff gekühlt, die Apparatur unter Vakuum (1 mbar) gesetzt und dem Reaktionskolben ein vorgeheiztes Ölbad (200°C, anschließend weiteres Heizen auf 220°C) untergestellt. Nach ca. 5 Minuten kam es im Kolben zu einer Dunkelfärbung sowie zur Sublimation farbloser Kristalle (vermutlich **101**). Nach 30 Minuten wurden der im U-Rohr auskondensierte weiße Feststoff vorsichtig in die stickstoffgekühlte Vorlage „geföhnt" (50°C) und im Anschluss weitere 20 Minuten unter Vakuum geheizt. Nachdem dabei kein weiterer Übergang von Produkt ins U-Rohr beobachtet werden konnte, wurde der Versuch beendet, die Apparatur mit Argon belüftet und das aufgefangene Produkt im Vorlagekolben schnellstmöglich bei Raumtemperatur ausgewogen und NMR-spektroskopisch vermessen. Es konnten 327 mg Dicyanacetylen (**90**) (24%) erhalten werden.

4.3.5.4 Umsetzung von Dicyanacetylen (90) mit TMGA und Cyclooctin

Ausgehend von der in Kapitel 4.3.5.3.2 angegebenen Synthesevorschrift wurden aus 2.00 g Diamid **101** (17.84 mmol) 283 mg (3.72 mmol, 1 eq) Dicyanacetylen (**90**) (21%) frisch hergestellt. Dieses wurde in 5 mL dest. Chloroform aufgenommen und unter Rühren auf −40°C bis −45°C abgekühlt. Nach Zugabe von 523 mg Cyclooctin (ca. 0.5 mL, 4.84 mmol, 1.3 eq) wurde unter kräftigem Rühren TMGA (695 mg, 4.39 mmol, 1.2 eq), gelöst in 5 mL CHCl$_3$, über 20 Minuten unter Aufrechterhaltung der Temperatur (exotherme Reaktion!) zugetropft. Es wurde mit 5 mL Chloroform nachgespült (V$_{CHCl3}$ = 15 mL) und über 22 Stunden langsam auf Raumtemperatur erwärmt. Das Lösungsmittel wurde am Rotationsverdampfer (RT) entfernt und der verbliebene Rückstand (1.66 g, schwarzes zähes Öl, deutlicher Cyclooctin-Geruch) säulenchromatographisch an Kieselgel (4x24 cm) aufgearbeitet. Dabei konnten unter Verwendung von Diethylether als Laufmittel zunächst 116 mg 4,5,6,7,8,9-Hexahydro-1H-cycloocta[d][1,2,3]triazol (**82**) (18%, R_f = 0.43) isoliert werden, bevor nach Laufmittelwechsel zu Ethanol 55 mg des Tetramethylguanidin-Adduktes **102** (7.7%, R_f = 0.67) gewonnen wurden.

4.3.6 Charakterisierungsdaten zu Kapitel 2.3

Die literaturbekannten Verbindungen **12**[108], **29g**[105], **53**[60c], **58n**[106], **64**[66], **82**[107], **92**[92c,109], **93**[92d], **159**[110] und **160**[111] wurden durch Abgleich ihrer spektroskopischen Daten mit der jeweiligen Literatur eindeutig bestätigt.

4.3.6.1 Charakterisierung der Ethinylchloride 4

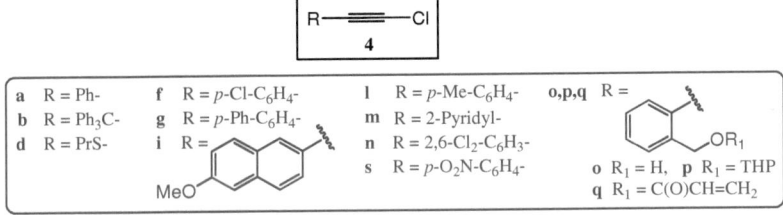

(Chlorethinyl)benzol (4a):[112] Farblose Flüssigkeit. Wird bei längerer Aufbewahrung (selbst bei –30°C im Tiefkühlschrank) gelb. – **^{1}H-NMR (CDCl$_3$):** δ = 7.29–7.36 (m, AA'BB'C-System, 3 H, Ph), 7.44–7.47 (m, AA'BB'C-System 2 H, Ph). – **^{13}C-NMR (CDCl$_3$):** δ = 67.99 (s, ≡C), 69.34 (s, ≡C), 122.12 (s, i-Ph), 128.35 (d), 128.57 (d), 131.95 (d). – **IR (CCl$_4$):** $\tilde{v}$ = 689 cm^{-1} (s), 1489 (m), 2225 (m, C≡C), 3084 (w). – **MS (ESI):** m/z: 137.08 [M+H$^+$], 207.09 [Basispeak], 272.06 [2M$^+$]. – **C$_8$H$_5$Cl (136.58 g/mol):** ber. (%): C 70.35, H 3.69; gef. (%): C 69.12, H 3.66. – **R_f (n-Hexan):** 0.62.

(Chlor)tritylacetylen (4b):[31] Weißer Feststoff. – **Smp.:** 129–132°C. – **^{1}H-NMR (CDCl$_3$):** δ = 7.22–7.26 (m, 6 H, o-Ph), 7.28–7.34 (m, 9 H, m-Ph, p-Ph). – **^{13}C-NMR (CDCl$_3$):** δ = 55.87 (s, CPh$_3$), 62.97 (s, ≡CCl), 75.03 (s, ≡CCPh$_3$), 126.98 (d, p-Ph), 128.04 (d, o-Ph oder m-Ph), 129.02 (d, o-Ph oder m-Ph), 144.63 (s, i-Ph). – **IR (CCl$_4$):** $\tilde{v}$ = 638 cm^{-1} (m), 698 (s), 1034 (w), 1193 (w), 1390 (w), 1447 (m), 1491 (m), 2227 (w, C≡C), 3033 (w), 3063 (w). – **MS (ESI):** *m/z* (%): 303.2 [M+H$^+$].

(Chlorethinyl)propylthioether (4d):[50] Farblose Flüssigkeit. Die Verbindung färbt sich selbst im Lösungsmittel nach kürzester Zeit (Minuten bis Stunden) bei Raumtemperatur orangefarben bis bräunlich. Allerdings zeigte ein NMR-Ansatz in DMSO-d$_6$ selbst nach 72 h nur minimale Zersetzungsspuren. – **^{1}H-NMR (CDCl$_3$):** δ = 1.02 (*pseudo* t, *J* = 7.2 Hz, A$_3$MM'XX'-System, 3 H, Me), 1.76 (*pseudo* qt, *J*$_{Me,CH2}$ = 7.2 Hz, *J* = 7.2 Hz, A$_3$MM'XX'-System, 2 H, CH$_3$C*H*$_2$), 2.69 (*pseudo* t, *J* = 7.2 Hz, A$_3$MM'XX'-System, 2 H, SCH$_2$). – **^{13}C-NMR (CDCl$_3$):** δ = 12.82 (q, Me), 22.70 (t, Me*C*H2), 37.01 (t, SCH$_2$), 59.83 (s, ≡C), 68.94 (s, ≡C). – **IR (CCl$_4$):** $\tilde{\nu}$ = 897 cm^{-1} (m), 911 (m), 952 (m), 1236 (s), 1292 (s), 1333 (s), 1379 (s), 1461 (s), 2147 (s, C≡C), 2875 (s), 2933 (s), 2963 (s). – **C$_5$H$_7$ClS (134.63 g/mol):** ber. (%): C 44.61, H 5.24, S 23.82; gef. (%): C 43.79, H 5.18, S 24.66. – **R$_f$ (*n*-Pentan):** Weder unter UV-Licht, noch nach oxidativer Signalfixierung mittels KMnO$_4$ war die Verbindung auf den TLC-Platten (trotz Aufkonzentration) erkennbar.

1-Chlor-4-(chlorethinyl)benzol (4f):[113] Weißer Feststoff, markanter medizinartiger Geruch. – **Smp.:** 70–71°C. – **^{1}H-NMR (CDCl$_3$):** δ = 7.29 (*pseudo* d mit Feinaufspaltung, *J* = 8.8 Hz, AA'XX'-System, 2 H, ClCC*H*), 7.36 (*pseudo* d mit Feinaufspaltung, *J* = 8.8 Hz, AA'XX'-System, 2 H, ClCCHC*H*). – **^{13}C-NMR (CDCl$_3$):** δ = 68.31 (s, ≡*C*Cl), 69.12 (s, ≡*C*Ar), 120.58 (s, ≡*CC*), 128.71 (d, ClC*C*H), 133.17 (d, ClCCH*C*H), 134.67 (s, *C*Cl). – **IR (CCl$_4$):** $\tilde{\nu}$ = 494 cm^{-1} (m), 829 (m), 887 (m), 1093 (m), 1488 (s), 2224 (m, C≡C). – **MS (ESI):** *m/z* (%): 148.9 (47), 169.9 [Basispeak] (100), 171.9 [M$^+$] (76), 354.9 (40). – **C$_8$H$_4$Cl$_2$ (171.03 g/mol):** ber. (%): C 56.18, H 2.36; gef. (%): C 56.22, H 2.40. – **R$_f$ (*n*-Hexan):** 0.71.

4-(Chlorethinyl)biphenyl (4g):[114] Weißer Feststoff. – **Smp.:** 85–87°C. – **^{1}H-NMR (CDCl$_3$):** δ = 7.37 (*pseudo* t mit Feinaufspaltung, *J* = 7.2 Hz, AA'BB'C-System, 1 H, H-4'), 7.46 (*pseudo* t mit Feinaufspaltung, *J* = 7.2 Hz, AA'BB'C-System, 2 H, H-3'), 7.52 (*pseudo* d mit Feinaufspaltung, *J* = 8.4 Hz, AA'BB'-System, 2 H, H-3), 7.56 (*pseudo* d mit Feinaufspaltung, *J* = 8.4 Hz, AA'BB'-System, 2 H, H-2), 7.59 (*pseudo* d mit Feinaufspaltung, *J* = 7.2 Hz, AA'BB'C-System, 2 H, H-2'). – **^{13}C-NMR (CDCl$_3$):** δ = 68.57 (s, ≡*C*Cl), 69.26 (s, ≡*C*Ar), 120.98 (s, C-4), 127.00 (d, C-2'), 127.01 (d, C-2), 127.70 (d, C-4'), 128.85 (d, C-3'), 132.36 (d, C-3), 140.17 (s, C-1'), 141.32 (s, C-1). – **IR (CCl$_4$):** $\tilde{\nu}$ = 555 cm^{-1} (m), 696 (s), 840 (s), 890 (m), 1487 (s), 2222 (m, C≡C), 3033 (m) und 3062 (w, CH$_{Ar}$). – **MS (ESI):** *m/z* (%): 148.9 [Basispeak] (100), 212.9 [M$^+$] (93), 370.9 (42). – **C$_{14}$H$_9$Cl (212.68 g/mol):** ber. (%): C 79.07, H 4.27; gef. (%): C 78.95, H 4.25. – **R$_f$ (*n*-Hexan):** 0.50.

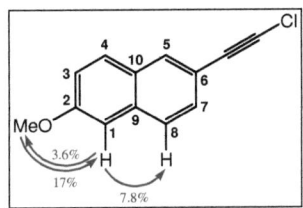

2-Methoxy-6-(chlorethinyl)naphthalin (4i): Weißer Feststoff. – **Smp.:** 82–83°C. – **^{1}H-NMR (CDCl$_3$):** $\delta = 3.92$ (s, 3 H, OMe), 7.10 (*pseudo* d, $J = 2.4$ Hz, 1 H, H-1), 7.16 (*pseudo* dd, $J = 8.8$ Hz, $J = 2.4$ Hz, 1 H, H-3), 7.44 (*pseudo* dd, $J = 8.4$ Hz, $J = 1.6$ Hz, 1 H, H-7), 7.67 (*pseudo* t, $J = 8.8$ Hz, 2 H, H-4 und H-8), 7.90 (m, 1 H, H-5). – **^{13}C-NMR (CDCl$_3$):** $\delta = 55.31$ (q, OMe), 67.39 (s, ≡CCl), 69.86 (s, ≡CAr), 105.71 (d, C-1), 116.92 (s, C-6), 119.50 (d, C-3), 126.85 (d, C-8), 128.30 (s, C-10), 128.98 (d, C-7), 129.23 (d, C-4), 131.83 (d, C-5), 134.21 (s, C-9), 158.38 (s, C-2). – **IR (CCl$_4$):** $\tilde{v} = 473$ cm^{-1} (m), 853 (s), 874 (s), 892 (s), 1035 (s), 1163 (w), 1180 (s), 1197 (s), 1245 (s), 1270 (s), 1391 (s), 1462 (m), 1483 (s), 1500 (m), 1603 (m), 1633 (s), 2222 (w, C≡C), 2841 (w), 2908 (w), 2937 (w), 2959 (w), 3004 (w), 3063 (w). – **C$_{13}$H$_9$ClO (216.67 g/mol):** ber. (%): C 72.07, H 4.19; gef. (%): C 72.10, H 4.16. – **R_f (Et$_2$O/n-Hexan=1:10):** 0.50. – **R_f (Et$_2$O/n-Hexan=1:20):** 0.40. – **R_f (n-Hexan):** 0.19.

2-(4-Methylphenyl)chloracetylen (4l):[113] Farblose Flüssigkeit. – **^{1}H-NMR (CDCl$_3$):** $\delta = 2.35$ (s, 3 H, Me), 7.12 (*pseudo* d mit Feinaufspaltung, $J = 8.0$ Hz, AA'XX'-System, 2 H, Ar), 7.33 (*pseudo* d mit Feinaufspaltung, $J = 8.0$ Hz, AA'XX'-System, 2 H, Ar). – **^{13}C-NMR (CDCl$_3$):** $\delta = 21.40$ (q, Me), 67.11 (s, ≡C), 69.47 (s, ≡C), 118.99 (s, ≡CC), 129.06 (d, CH), 131.79 (d, CH), 138.69 (s, CMe). – **IR (CCl$_4$):** $\tilde{v} = 889$ cm^{-1} (s), 1040 (m), 1451 (m), 1508 (s), 1903 (m), 2222 (s, C≡C), 2868 (m), 2923 (s), 3031 (m). – **C$_9$H$_7$Cl (150.61 g/mol):** ber. (%): C 71.78, H 4.68; gef. (%): C 70.61, H 4.87. – **R_f(n-Hexan):** 0.51.

(Chlor)-2-pyridylacetylen (4m):[115] Braunes Öl. – **^{1}H-NMR (CDCl$_3$):** $\delta = 7.44$ (ddd, $^3J = 7.6$ Hz, 5.2 Hz, $^4J = 1.2$ Hz, 1 H, H-5), 7.62 (*pseudo* dt, $J = 8.0$ Hz, 1.2 Hz, 1 H, H-3), 7.84 (*pseudo* dd, $J = 8.0$ Hz, 1.6 Hz, 1 H, H-4), 8.76 (*pseudo* dq, $J = 4.8$ Hz, 0.8 Hz, 1 H, H-6). – **^{13}C-NMR (CDCl$_3$):** $\delta = 68.84$ (s, ≡C–), 69.01 (s, ≡C–), 123.19 (d, C-5), 127.30 (d, C-3), 136.20 (d, C-4), 142.24 (s, C-2), 150.02 (d, C-6). – **IR (CCl$_4$):** $\tilde{v} = 679$ cm^{-1} (m), 905 (m), 991 (m), 1428 (s), 1464 (vs), 1566 (m), 1583 (s), 2231 (vs, C≡C), 3010 (w), 3056 (w). – **MS (ESI):** m/z: 138.0 [M+H$^+$]. – **R_f (EtOAc/n-Hexan = 1:4):** 0.31.

1,3-Dichlor-2-(chlorethinyl)benzol (4n): Weißer Feststoff. – **Smp.:** 41–44°C (noch schwach verunreinigt). – **^{1}H-NMR (CDCl$_3$):** $\delta = 7.16$ (t, $^3J = 7.6$ Hz, 1 H, CHCHCCl), 7.30 (d, $^3J = 7.6$ Hz, 2 H, CHCCl). – **^{13}C-NMR (CDCl$_3$):** $\delta = 63.83$ (s, ≡CAr), 78.56 (s, ≡CCl), 122.15 (s,

≡C*C*), 127.46 (d, *C*HCCl), 129.26 (d, *C*HCHCCl), 137.82 (s, C$_{Ar}$Cl). Die Unterscheidung der Acetylenkohlenstoffe basiert auf der gefundenen ^4J(*CH*CCl, ≡*C*Ar)-Kopplung (gHMBCAD). – **IR (CCl$_4$)**: $\tilde{v}$ = 718 cm^{-1} (m), 896 (m), 1108 (m), 1195 (m), 1432 (s), 1446 (m), 2226 (s, C≡C). – **C$_8$H$_3$Cl$_3$ (205.47 g/mol)**: ber. (%): C 46.76, H 1.47; gef. (%): C 45.07, H 2.01. Die Elementaranalyse wurde trotz der Abweichung des Kohlenstoffgehalts von 1.69% mit aufgeführt. Die Verbindung enthielt noch geringe Verunreinigungen (lt. ^{1}H-NMR-Spektrum); auf eine nochmalige Aufreinigung wurde jedoch infolge der geringen Substanzmenge verzichtet. – **MS (EI)**: *m/z* (%): 206.1 (11) [M+H$^+$], 49.0 (50), 47.0 (61), 37.0 (85), 35.0 (100, Basispeak), 26.1 (50). – **R$_f$ (*n*-Hexan)**: 0.63.

2-(Chlorethinyl)benzylalkohol (4o): Weißer Feststoff. – **Smp.**: 76–82°C. – **^{1}H-NMR (CDCl$_3$)**: δ = 1.92 (s, 1 H, OH), 4.82 (s, 2 H, C*H*$_2$OH), 7.25 (*pseudo* t mit Feinaufspaltung, *J* = 7.6 Hz, 1 H, H-4), 7.36 (*pseudo* t mit Feinaufspaltung, *J* = 7.6 Hz, 1 H, H-5), 7.45–7.47 (m, 2 H, H-3, H-6). – **^{13}C-NMR (CDCl$_3$)**: δ = 63.60 (t, *C*H$_2$OH), 67.04 (s, ≡*C*Ar), 72.37 (s, ≡*C*Cl), 120.17 (s, C-2), 127.20 (d, C-6), 127.45 (d, C-4), 129.00 (d, C-5), 132.73 (d, C-3), 143.09 (s, C-1). – **IR (CCl$_4$)**: $\tilde{v}$ = 655 cm^{-1} (m), 947 (m), 1015 (s), 1040 (vs), 1191 (m), 1378 (m), 1450 (m), 1484 (m), 2218 (s, C≡C), 2878 (w), 2929 (w), 3071 (w), 3458 (br.), 3616 (m). – **MS (ESI)**: *m/z*: 167.0 [M+H$^+$]. – **C$_9$H$_7$ClO (166.61 g/mol)**: ber. (%): C 64.89, H 4.23; gef. (%): C 64.53, H 4.33. – **R$_f$ (CHCl$_3$)**: 0.19.

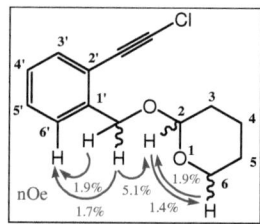

2-[2-(Chlorethinyl)benzyloxy]tetrahydro-2*H*-pyran (4p): Viskoses gelbes Öl. – **^{1}H-NMR (CDCl$_3$)**: δ = 1.52–1.65 (m, 3 H, H-4, H-5), 1.67–1.73 (m, 1 H, H-3, diastereotope Protonen), 1.74–1.82 (m, 1 H, H-3, diastereotope Protonen), 1.85–1.95 (m, 1 H, H-5, diastereotope Protonen), 3.59 (m, 1 H, H-6, diastereotope Protonen), 3.95 (m, 1 H, H-6, diastereotope Protonen), 4.65 (d, ^2J = 12.8 Hz, 1 H, ArC*H*$_2$, diastereotope Protonen), 4.78 (*pseudo* t, *J* = 3.2 Hz, 1 H, H-2), 4.90 (d, ^2J = 12.8 Hz, 1 H, ArC*H*$_2$, diastereotope Protonen), 7.23 (*pseudo* t mit Feinaufspaltung, *J* = 7.6 Hz, ABCD-System, 1 H, H-4'), 7.35 (*pseudo* td, *J* = 7.6 Hz, *J* = 1.2 Hz, ABCD-System, 1 H, H-5'), 7.45 (*pseudo* dd, *J* = 7.6 Hz, *J* = 1.2 Hz, ABCD-System, 1 H, H-3'), 7.49 (*pseudo* d mit Feinaufspaltung, *J* = 7.6 Hz, ABCD-System, 1 H, H-6'). – **^{13}C-NMR (CDCl$_3$)**: δ = 19.30 (t, C-5), 25.46 (t, C-4), 30.52 (t, C-3), 62.06 (t, C-6), 67.28 (t, Ar*C*H$_2$), 67.30 (s, ≡*C*Ar), 72.04 (s, ≡*C*Cl), 98.48 (d, C-2), 120.66 (s, C-2'), 127.20 (d, C-4'), 127.58 (d,

C-6'), 128.73 (d, C-5'), 132.57 (d, C-3'), 140.96 (s, C-1'). – **IR (CCl$_4$):** $\tilde{\nu}$ = 871 cm^{-1} (w), 908 (m), 976 (w), 1035 (s), 1060 (m), 1201 (w), 1350 (w), 1453 (w), 2219 (w, C≡C), 2851 (w), 2873 (m), 2944 (s). – **C$_{14}$H$_{15}$ClO$_2$ (250.72 g/mol):** ber. (%): C 67.07, H 6.03; gef. (%): C 66.68, H 6.00. – **R$_f$ (CHCl$_3$):** 0.50–0.57.

2-(2-Chlorethinyl)benzylacrylat (4q): Schwach gelbliche Flüssigkeit. – **^{1}H-NMR (CDCl$_3$):** δ = 5.35 (s, 2 H, OCH$_2$), 5.88 (dd, $^3J_{cis}$ = 10.4 Hz, ^2J = 1.6 Hz, 1 H, H^B), 6.20 (dd, $^3J_{trans}$ = 17.6 Hz, $^3J_{cis}$ = 10.4 Hz, 1 H, H^C), 6.48 (dd, $^3J_{trans}$ = 17.6 Hz, ^2J = 1.6 Hz, 1 H, H^A), 7.28 (*pseudo* td, J = 7.6 Hz, 1.6 Hz, 1 H, H-4), 7.35 (*pseudo* td, J = 7.6 Hz, 1.6 Hz, 1 H, H-5), 7.41 (*pseudo* d mit Feinaufspaltung, J = 7.6 Hz, 1 H, H-6), 7.48 (*pseudo* dd, J = 7.6 Hz, 0.8 Hz, 1 H, H-3). – **^{13}C-NMR (CDCl$_3$):** δ = 64.46 (t, OCH$_2$), 66.75 (s, ≡*C*Ar), 72.78 (s, ≡*C*Cl), 121.42 (s, C-2), 128.07 (d, C-4 oder C(O)*C*H), 128.12 (d, C-4 oder C(O)*C*H), 128.23 (d, C-6), 128.78 (d, C-5), 131.28 (t, =CH$_2$), 132.79 (d, C-3), 138.08 (s, C-1), 165.88 (s, C=O). – **IR (CCl$_4$):** $\tilde{\nu}$ = 654 cm^{-1} (m), 896 (m), 949 (m), 967 (s), 985 (s), 1023 (m), 1050 (s), 1185 (s), 1269 (s), 1295 (s), 1371 (m), 1407 (m), 1452 (m), 1487 (m), 1635 (m), 1739 (vs, C=O), 1926 (w), 1956 (w), 2220 (s, C≡C), 2893 (w), 2961 (w), 3033 (w, =CH), 3070 (w, =CH). – **C$_{12}$H$_9$ClO$_2$ (220.66 g/mol):** ber. (%): C 65.32, H 4.11; gef. (%): C 64.90, H 4.12. – **R$_f$ (Et$_2$O/n-Hexan=1:10):** 0.41.

2-(4-Nitrophenyl)chloracetylen (4s):[64,113] Orangegelber Feststoff. – **Smp.:** 122–130°C. – **^{1}H-NMR (CDCl$_3$):** δ = 7.59 (*pseudo* d mit Feinaufspaltung, J = 8.8 Hz, AA'XX'-System, 2 H, O$_2$NCCHC*H*), 8.19 (*pseudo* d mit Feinaufspaltung, J = 8.8 Hz, AA'XX'-System, 2 H, O$_2$NCC*H*). – **^{13}C-NMR (CDCl$_3$):** δ = 67.74 (s, ≡*C*Ar), 73.90 (s, ≡*C*Cl), 123.61 (d, O$_2$NCC*H*), 128.98 (≡*C*C$_{Ar}$), 132.78 (d, O$_2$NCCHC*H*), 147.26 (s, O$_2$N*C*). – **IR (CDCl$_3$):** $\tilde{\nu}$ = 847 cm^{-1} (m), 854 (m), 1347 (s), 1520 (s), 1597 (m), 2223 (m, C≡C).

4.3.6.2 Charakterisierung der Sulfoxonium-Ylide 22

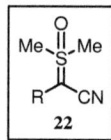

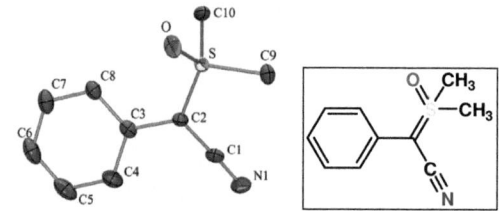

a	R = Ph-	l	R = p-Me-C$_6$H$_4$-	o,p,q,r R =
d	R = PrS-	m	R = 2-Pyridyl-	
f	R = p-Cl-C$_6$H$_4$-	n	R = 2,6-Cl$_2$-C$_6$H$_3$-	o R^1 = H, p R^1 = THP
g	R = p-Ph-C$_6$H$_4$-	s	R = p-O$_2$N-C$_6$H$_4$-	q R^1 = C(O)CH=CH$_2$
				r R^1 = C(O)CH$_2$CH$_2$CN

ORTEP plot von **22a**, H-Atome sind aus Gründen der Übersichtlichkeit nicht mit abgebildet.

Dimethylsulfoxonium-α-cyanbenzylid (22a): Orangefarbener kristalliner Feststoff. – **Smp.:** 97–99°C. – **^{1}H-NMR (CDCl$_3$)**: δ = 3.51 (s, 6 H, Me), 7.09 (m, AA'BB'C-System, 1 H, p-Ph), 7.27–7.32 (m, AA'BB'C-System, 4 H, o-Ph, m-Ph). – **^{13}C-NMR (CDCl$_3$)**: δ = 41.73 (q, Me), 51.24 (s, C=S), 119.96 (s, CN), 124.08 (d, m-Ph), 124.22 (d, p-Ph), 129.09 (d, o-Ph), 132.06 (s, i-Ph). – **IR (CCl$_4$)**: $\tilde{\nu}$ = 1026 cm^{-1} (m), 1200 (s, C=S), 1494 (m), 2163 (s, CN), 2915 (w), 2994 (w), 3009 (w). – **HR-MS (ESI)**: m/z: 194.0658 [M+H$^+$, ber.: 194.0634]. – **C$_{10}$H$_{11}$NOS (193.27 g/mol)**: ber. (%): C 62.15, H 5.74, N 7.24, S 16.59, O 8.28; gef. (%): C 62.24, H 5.53, N 7.27, S 16.36. – **R$_f$ (EtOH)**: 0.64. – **R$_f$ (EtOAc)**: 0.50. – **Einkristallstrukturanalyse:** C$_{10}$H$_{12}$NOS, MW = 193.27, T = 100(2) K, λ = 0.71073 Å, orthorhombisch, Raumgruppe: Pbca, a = 10.1145(7) Å, b = 8.6150(7) Å, c = 22.2122(16) Å, α = 90°, β = 90°, γ = 90°, V = 1935.5(2) Å^3, Z = 8, D = 1.333 Mg/m^3, μ = 0.292 mm^{-1}, F(000) = 824. Die kristallographischen Daten für die Molekülstruktur von **22a** wurden hinterlegt im „Cambridge Crystallographic Data Center (CCDC)" unter der CCDC-Nummer 766236.

Dimethylsulfoxonium-α-cyan(propylthio)methylid (22d): Die Verbindung konnte einzig aus den NMR-Daten einer Substanzmischung identifiziert werden; eine saubere Isolierung gelang nicht. – **^{1}H-NMR (CDCl$_3$)**: δ = 0.99 (pseudo t, J = 7.6 Hz, A$_3$MM'XX'-System, 3 H, CH$_3$CH$_2$), 1.70 (pseudo qt, J$_{Me,CH2}$ = 7.6 Hz, J$_{CH2,CH2}$ = 7.2 Hz, A$_3$MM'XX'-System, 2 H, MeCH$_2$), 2.57

(*pseudo* t, *J* = 7.2 Hz, A₃MM'XX'-System, 2 H, SCH₂), 3.45 [s, 6 H, =S(O)Me₂]. – ¹³C-NMR (CDCl₃): δ = 13.15 (q, CH_3CH₂), 22.02 (t, CH₃CH_2), 36.87 (s, C=S), 40.98 [q, =S(O)Me₂], 41.40 (t, SCH₂), 120.60 (s, CN). – **HR-MS (ESI)**: *m/z*: 192.0530 [M+H⁺, ber.: 192.0511].

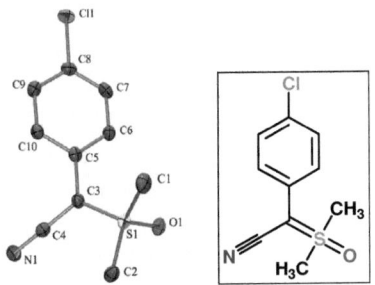

ORTEP plot von **22f**, H-Atome sind aus Gründen der Übersichtlichkeit nicht mit abgebildet.

Dimethylsulfoxonium-α-cyan(4-chlorphenyl)methylid (22f): Gelblicher Feststoff. – **Smp.**: 129–133 °C. – ¹H-NMR (CDCl₃): δ = 3.51 (s, 6 H, Me), 7.23–7.28 (m, 4 H, Ph). – ¹³C-NMR (CDCl₃): δ = 41.77 (q, Me), 50.83 (s, C=S), 119.54 (s, CN), 125.19 (d, ClCCHCH), 129.17 (s, ClCCH), 129.73 (s, CCl oder C_{Ar}C=S), 130.68 (s, CCl oder C_{Ar}C=S). – **IR (CHCl₃)**: $\tilde{\nu}$ = 546 cm⁻¹ (w), 826 (m), 1020 (s), 1184 (w), 1295 (m), 1313 (m), 1326 (m), 1492 (s), 1711 (w), 2167 (vs, CN), 2343 (w), 2934 (w), 3006 (w). Infolge der Unlöslichkeit der Verbindung in CCl₄ wurde das IR-Spektrum in Chloroform aufgenommen. – **HR-MS (ESI)**: *m/z*: 228.0222 [M+H⁺, ber.: 228.0244]. – **C₁₀H₁₀ClNSO (227.71 g/mol)**: ber. (%): C 52.74, H 4.43, N 6.15, S 14.08; gef. (%): C 52.61, H 4.48, N 6.20, S 14.02. – R_f **(EtOAc)**: 0.57. – **Einkristallstrukturanalyse** (langsames Abdampfen von CHCl₃/CCl₄): C₁₀H₁₀ClNOS, *MW* = 227.70, *T* = 100 K, λ = 1.54184 Å, monoklin, Raumgruppe: P 1 21/c 1, *a* = 12.6494(2) Å, *b* = 8.25640(10) Å, *c* = 10.09780(10) Å, α = 90°, β = 98.4520(10)°, γ = 90°, *V* = 1043.15(2) Å³, *Z* = 4, *D* = 1.450 Mg/m³, μ = 4.829 mm⁻¹, *F*(000) = 472. Die kristallographischen Daten für die Molekülstruktur von **22f** wurden hinterlegt im „Cambridge Crystallographic Data Center (CCDC)" unter der CCDC-Nummer 766231.

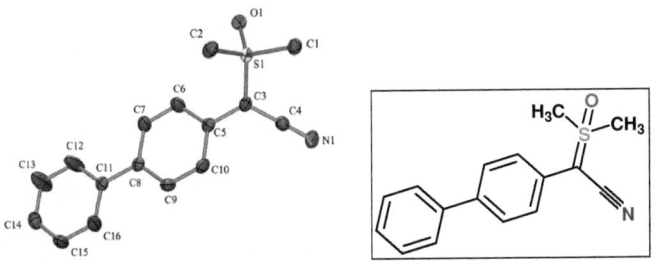

ORTEP plot von **22g**, H-Atome sind aus Gründen der Übersichtlichkeit nicht mit abgebildet.

Dimethylsulfoxonium-α-cyan(4-biphenylyl)methylid (22g): Hellgelber Feststoff, markanter süßlicher Geruch. – **Smp.**: 164–167°C. – **^{1}H-NMR (CDCl$_3$)**: δ = 3.55 (s, 6 H, Me), 7.33 (*pseudo* t, mit Feinaufspaltung, J = 7.6 Hz, AA'BB'C-System, 1 H, H-4'), 7.39 (*pseudo* d mit Feinaufspaltung, J = 8.4 Hz, AA'BB'-System, 2 H, H-3), 7.43 (*pseudo* t mit Feinaufspaltung, J = 7.6 Hz, AA'BB'C-System, 2 H, H-3'), 7.55 (*pseudo* d mit Feinaufspaltung, J = 8.4 Hz, AA'BB'-System, 2 H, H-2), 7.57 (*pseudo* d mit Feinaufspaltung, J = 7.6 Hz, AA'BB'C-System, 2 H, H-2'). – **^{13}C-NMR (CDCl$_3$)**: δ = 41.88 (q, Me), 51.28 (s, C=S), 119.84 (s, CN), 124.35 (d, C-3), 126.68 (d, C-2'), 127.09 (d, C-4'), 127.72 (d, C-2), 128.79 (d, C-3'), 131.21 (s, C-4), 137.00 (s, C-1), 140.45 (s, C-1'). – **IR (CDCl$_3$)**: $\tilde{\nu}$ = 791 cm^{-1} (s), 1018 (w), 1192 (m), 1311 (w), 1487 (m), 1605 (w), 2166 (s, CN), 2360 (w), 2930 (w), 3031 (w). Infolge der Unlöslichkeit der Verbindung in CCl$_4$ wurde das IR-Spektrum in Deuterochloroform aufgenommen. – **HR-MS (ESI)**: *m/z*: 270.0954 [M+H$^+$, ber.: 270.0947]. – **C$_{16}$H$_{15}$NSO (269.36 g/mol)**: ber. (%): C 71.35, H 5.61, N 5.20, S 11.90, O 5.94; gef. (%): C 71.17, H 5.70, N 5.44, S 11.23. – **R_f (EtOAc)**: 0.48. – **Einkristallstrukturanalyse** (Diffusionsmethode: THF/*n*-Hexan): C$_{16}$H$_{15}$NOS, MW = 269.35, T = 100 K, λ = 1.54184 Å, monoklin, Raumgruppe: P 1 21/c 1, a = 8.2481(5) Å, b = 5.3260(2) Å, c = 30.6598(13) Å, α = 90°, β = 94.469(5)°, γ = 90°, V = 1342.77(11) Å^3, Z = 4, D = 1.332 Mg/m³, μ = 2.054 mm^{-1}, $F(000)$ = 568. Die kristallographischen Daten für die Molekülstruktur von **22g** wurden hinterlegt im „Cambridge Crystallographic Data Center (CCDC)" unter der CCDC-Nummer 766223.

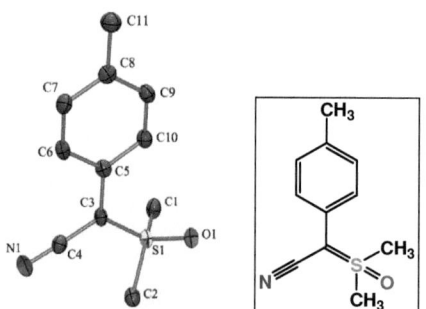

ORTEP plot von **22l**, H-Atome sind aus Gründen der Übersichtlichkeit nicht mit abgebildet.

Dimethylsulfoxonium-α-cyan(4-methylphenyl)methylid (22l): Gelber kristalliner Feststoff. – **Smp.**: 125–128°C. – **^{1}H-NMR (CDCl$_3$)**: δ = 2.31 (s, 3 H, C$_6$H$_4$CH_3), 3.48 (s, 6 H, SMe), 7.12 (*pseudo* d, J = 8.2 Hz, AA'BB'-System, 2 H, MeCCH), 7.22 (*pseudo* d mit erkennbarer Feinaufspaltung, J = 8.2 Hz, AA'BB'-System, 2 H, MeCCHCH). – **^{13}C-NMR (CDCl$_3$)**: δ = 20.91 (q, C$_6$H$_4$CH_3), 41.67 (q, SCH_3), 50.50 (s, C=S), 120.22 (s, CN), 124.88 (d, MeCCHC), 128.62 (s, MeCCHCHC), 129.80 (d, MeCCH), 134.35 (MeC). – **IR (CCl$_4$)**: $\tilde{\nu}$ = 689 cm^{-1} (m),

1024 (m), 1202 (s), 1296 (w), 1325 (w), 1356 (w), 1510 (m), 1613 (w), 1689 (s), 2168 (s, CN), 2927 (w), 3024 (w). – **HR-MS (ESI)**: *m/z*: 208.0807 [M+H$^+$, ber.: 208.0791]. – **C$_{11}$H$_{13}$NSO (207.29 g/mol)**: ber. (%): C 63.74, H 6.32, N 6.75, S 15.47, O 7.72; gef. (%): C 63.47, H 6.67, N 6.77, S 15.41. – R_f **(EtOAc)**: 0.34. – **Einkristallstrukturanalyse** (Diffusionsmethode: THF/*n*-Hexan): C$_{11}$H$_{13}$NOS, MW = 207.28, T = 100 K, λ = 1.54184 Å, monoklin, Raumgruppe: P 1 21/c 1, a = 10.1586(10) Å, b = 10.9459(8) Å, c = 10.0846(10) Å, α = 90 °, β = 108.164(11) °, γ = 90 °, V = 1065.48(17) Å^3, Z = 4, D = 1.292 Mg/m³, μ = 2.419 mm^{-1}, $F(000)$ = 440. Die kristallographischen Daten für die Molekülstruktur von **22l** wurden hinterlegt im „Cambridge Crystallographic Data Center (CCDC)" unter der CCDC-Nummer 766224.

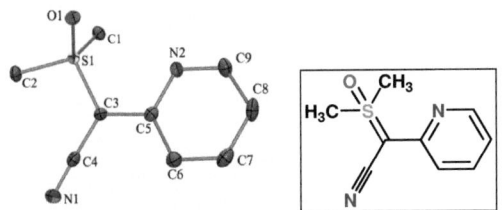

ORTEP plot von **22m**, H-Atome sind aus Gründen der Übersichtlichkeit nicht mit abgebildet.

Dimethylsulfoxonium-α-cyan(2-pyridyl)methylid (22m): Rotorangefarbener Feststoff. – **Smp.**: 122–125°C. – **^{1}H-NMR (CDCl$_3$)**: δ = 3.70 (s, 6 H, Me), 6.78 (*pseudo* t mit Feinaufspaltung, J = 6.4 Hz, 1 H, H-5), 7.04 (*pseudo* dd, J = 8.0 Hz, 1.2 Hz, 1 H, H-3), 7.50 (*pseudo* td, J = 7.2 Hz, 1.2 Hz, 1 H, H-4), 8.26 (*pseudo* dt, J = 4.8 Hz, 0.8 Hz, 1 H, H-6). – **^{13}C-NMR (CDCl$_3$)**: δ = 42.80 (q, Me), 56.61 (s, C=S), 116.18 (d, C-3), 116.47 (d, C-5), 118.60 (s, CN), 136.77 (d, C-4), 147.77 (d, C-6), 154.61 (s, C-2). – **IR (CHCl$_3$)**: $\tilde{\nu}$ = 533 cm^{-1} (m), 1024 (s), 1052 (m), 1291 (s), 1335 (s), 1428 (m), 1471 (s), 1560 (m), 1591 (s), 2172 (vs, CN), 2931 (w, CH$_3$), 3004 (w, arom. CH). Die Verbindung erwies sich als schlecht löslich in CCl$_4$, weshalb das IR-Spektrum in CHCl$_3$ aufgenommen wurde. – **HR-MS (ESI)**: *m/z*: 195.0681 [M+H$^+$, ber.: 195.0587]. – **C$_9$H$_{10}$N$_2$OS (194.25 g/mol)**: ber. (%): C 55.65, H 5.19, N 14.42, S 16.50; gef. (%): C 55.62, H 5.21, N 14.17, S 16.18. – R_f **(EtOAc)**: 0.46. – **Einkristallstrukturanalyse** (Diffusionsmethode: THF/*n*-Hexan): C$_9$H$_{10}$N$_2$OS, MW = 194.25, T = 100 K, λ = 0.71073 Å, monoklin, Raumgruppe: P 1 21 1, a = 6.9633(2) Å, b = 5.10970(10) Å, c = 13.5723(4) Å, α = 90 °, β = 104.691(3) °, γ = 90 °, V = 467.12(2) Å^3, Z = 2, D = 1.381 Mg/m³, μ = 0.305 mm^{-1}, $F(000)$ = 204. Die kristallographischen Daten für die Molekülstruktur von **22m** wurden hinterlegt im „Cambridge Crystallographic Data Center (CCDC)" unter der CCDC-Nummer 766225.

ORTEP plot von **22n**, H-Atome sind aus Gründen der Übersichtlichkeit nicht mit abgebildet.

Dimethylsulfoxonium-α-cyan(2,6-dichlorphenyl)methylid (22n): Weißer Feststoff. − **Smp.**: 183–185°C. − **^{1}H-NMR (CDCl$_3$)**: δ = 3.40 (s, 6 H, CH$_3$), 7.25 (t, ^3J = 8.0 Hz, 1 H, *p*-Ph), 7.41 (d, ^3J = 8.0 Hz, 2 H, *m*-Ph). − **^{13}C-NMR (CDCl$_3$)**: δ = 41.65 (q, CH$_3$), 43.81 (s, C=S), 119.07 (br. s, CN), 126.82 (s, *i*-Ph), 128.62 (d, *m*-Ph), 131.01 (d, *p*-Ph), 141.43 (s, CCl). Sowohl der quartäre Kohlenstoff der Dimethylsulfinyl-Einheit als auch der Nitrilkohlenstoff erwiesen sich als extrem intensitätsschwach, wobei letzterer zusätzlich eine starke Signalverbreiterung aufwies. Resultierend daraus sowie aus der begrenzten Löslichkeit der Verbindung in CDCl$_3$ war selbst mit einer gesättigten Lösung eine extrem lange Messzeit zur sicheren Auffindung aller Kohlenstoffsignale erforderlich. − **IR (CHCl$_3$)**: $\tilde{\nu}$ = 554 cm^{-1} (m), 1022 (s), 1190 (m), 1428 (s), 1440 (m), 1556 (m), 2166 (vs, CN), 2930 (w, CH$_3$), 3005 (m, arom. CH). Infolge der extrem schlechten Löslichkeit der Verbindung in Tetrachlorkohlenstoff erfolgte die Messung in CHCl$_3$. − **HR-MS (ESI)**: *m/z*: 261.9841 [M$^+$, ber.: 261.9855]. − **C$_{10}$H$_9$Cl$_2$NSO (262.16 g/mol)**: ber. (%): C 45.82, H 3.46, N 5.34, S 12.23; gef. (%): C 45.70, H 3.50, N 5.43, S 11.57. − ***R*$_f$ (EtOAc)**: 0.48. − **Einkristallstrukturanalyse** (Diffusionsmethode: THF/*n*-Hexan): C$_{10}$H$_9$Cl$_2$NOS, *MW* = 262.14, *T* = 110(2) K, λ = 0.71073 Å, orthorhombisch, Raumgruppe: Pbca, *a* = 10.0743(2) Å, *b* = 10.8754(2) Å, *c* = 20.7109(3) Å, α = 90 °, β = 90 °, γ = 90 °, *V* = 2269.13(7) Å^3, *Z* = 8, *D* = 1.535 Mg/m³, μ = 0.727 mm^{-1}, *F*(000) = 1072. Die kristallographischen Daten für die Molekülstruktur von **22n** wurden hinterlegt im „Cambridge Crystallographic Data Center (CCDC)" unter der CCDC-Nummer 766230.

Dimethylsulfoxonium-α-cyan(2-hydroxymethyl)benzylid (22o): Gelbliches hochviskoses Öl. − **^{1}H-NMR (CDCl$_3$)**: δ = 3.00–6.00 (sehr br. s, 1 H, OH), 3.38 (s, 6 H, CH$_3$), 4.75 (s, 2 H,

CH$_2$OH), 7.28 (*pseudo* td, J = 7.6 Hz, J = 1.6 Hz, ABCD-System, 1 H, H-5), 7.34 (*pseudo* td, J = 7.6 Hz, J = 1.6 Hz, ABCD-System, 1 H, H-4), 7.41 (*pseudo* dd, J = 7.6 Hz, J = 1.6 Hz, ABCD-System, 1 H, H-6), 7.49 (*pseudo* d mit Feinaufspaltung, J = 7.6 Hz, ABCD-System, 1 H, H-3). – ^{13}**C-NMR (CDCl$_3$):** δ = 41.16 (q, CH$_3$), 46.37 (s, C=S), 62.87 (t, CH$_2$OH), 120.63 (s, CN), 127.04 (s, C-1), 128.35 (d, C-5), 128.88 (d, C-4), 129.59 (d, C-3), 132.99 (d, C-6), 142.55 (s, C-2). – **IR (CHCl$_3$):** $\tilde{\nu}$ = 552 cm^{-1} (m), 806 (m), 1005 (s), 1022 (s), 1181 (m), 1312 (w), 1382 (w), 1452 (w), 1485 (w), 1565 (w), 2162 (vs, CN), 2930 (w), 3004 (w). Infolge der Unlöslichkeit der Verbindung in CCl$_4$ wurde das IR-Spektrum in Chloroform aufgenommen. – **HR-MS (ESI):** *m/z*: 224.0725 [M+H$^+$, ber.: 224.0740]. – **R_f (EtOH):** 0.60.

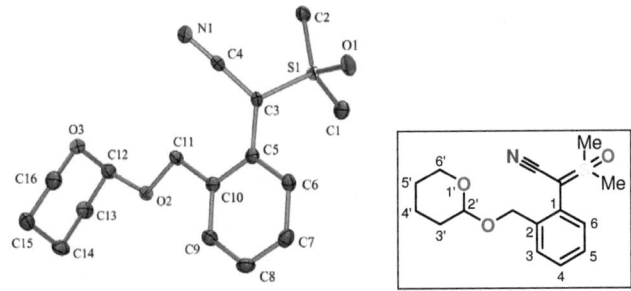

ORTEP plot von **22p**, H-Atome sind aus Gründen der Übersichtlichkeit nicht mit abgebildet.

Dimethylsulfoxonium-α-cyan[2-(tetrahydro-2*H*-pyran-2-yl)oxymethyl]benzylid (22p): Gelber Feststoff. – **Smp.:** 90–94°C. – **^{1}H-NMR (CDCl$_3$):** δ = 1.48–1.60 (m, 4 H, H-3', H-4', H-4' H-5'), 1.69–1.77 (m, 1 H, H-3', diastereotope Protonen), 1.80–1.86 (m, 1 H, H-5', diastereotope Protonen), 3.33 (s, 3 H, Me), 3.38 (s, 3 H, Me), 3.49–3.55 (m, 1 H, H-6'), 3.89 (m, 1 H, H-6'), 4.59 (d, ^2J = 12 Hz, 1 H, ArCH$_2$, diastereotope Protonen), 4.69 (m, 1 H, H-2'), 4.85 (d, ^2J = 12 Hz, 1 H, ArCH$_2$, diastereotope Protonen), 7.26 (*pseudo* td, J = 7.6 Hz, J = 1.2 Hz, ABCD-System, 1 H, H-5), 7.32 (*pseudo* td, J = 7.6 Hz, J = 1.2 Hz, ABCD-System, 1 H, H-4), 7.43 (*pseudo* dd, J = 7.6 Hz, J = 1.2 Hz, ABCD-System, 1 H, H-6), 7.50 (*pseudo* dd, J = 7.6 Hz, J = 1.2 Hz, ABCD-System, 1 H, H-3). – **^{13}C-NMR (CDCl$_3$):** δ = 19.73 (t, C-5'), 25.29 (t, C-4'),

30.68 (t, C-3'), 40.89 (q, Me), 41.09 (q, Me), 46.73 (s, C=S), 62.74 (t, C-6'), 66.89 (t, ArCH$_2$), 98.58 (d, C-2'), 120.07 (s, CN), 127.83 (s, C-1), 128.13 (d, C-5), 128.41 (d, C-4), 129.41 (d, C-3), 132.67 (d, C-6), 139.66 (s, C-2). – **IR (CCl$_4$):** $\tilde{\nu}$ = 552 cm^{-1} (m), 870 (m), 907 (m), 976 (m), 1028 (s), 1059 (m), 1077 (m), 1129 (m), 1191 (s), 1312 (m), 1350 (m), 1453 (m), 1485 (m), 2158 (s, CN), 2871 (m), 2944 (s). – **HR-MS (ESI):** m/z: 308.1305 [M+H$^+$, ber.: 308.1315]. – **C$_{16}$H$_{21}$NO$_3$S (307.41 g/mol):** ber. (%): C 62.51, H 6.89, N 4.56, S 10.43; gef. (%): C 62.46, H 6.69, N 5.02, S 10.23. – **R$_f$ (EtOAc):** 0.20. – **Einkristallstrukturanalyse** (Diffusionsmethode: CH$_2$Cl$_2$/n-Pentan): C$_{16}$H$_{21}$NO$_3$S, MW = 307.40, T = 100 K, λ = 1.54184 Å, monoklin, Raumgruppe: P1 21/c 1, a = 16.2018(4) Å, b = 8.2340(2) Å, c = 12.3791(3) Å, α = 90 °, β = 108.596(3) °, γ = 90 °, V = 1565.22(7) Å^3, Z = 4, D = 1.304 Mg/m³, μ = 1.918 mm^{-1}, F(000) = 656. Die kristallographischen Daten für die Molekülstruktur von **22p** wurden hinterlegt im „Cambridge Crystallographic Data Center (CCDC)" unter der CCDC-Nummer 766226.

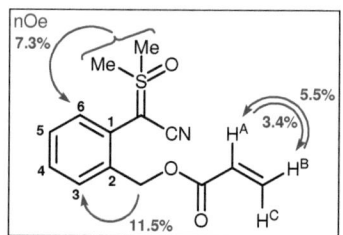

Dimethylsulfoxonium-α-cyan[2-(ethenyloxo)oxymethyl]benzylid (**22q**): Gelbes Öl. – **^{1}H-NMR (CDCl$_3$):** δ = 3.40 (s, 6 H, Me), 5.29 (s, 2 H, OCH$_2$), 5.84 (dd, $^3J_{cis}$ = 10.4 Hz, ^2J = 1.6 Hz, 1 H, H^B), 6.14 (dd, $^3J_{trans}$ = 17.2 Hz, $^3J_{cis}$ = 10.4 Hz, 1 H, H^A), 6.41 (dd, $^3J_{trans}$ = 17.2 Hz, ^2J = 1.6 Hz, 1 H, H^C), 7.30 (symm. m, 2 H, H-4, H-5), 7.43 (dd, ^3J = 7.2 Hz, ^4J = 2.0 Hz, 1 H, H-3), 7.47 (dd, ^3J = 6.8 Hz, ^4J = 2.4 Hz, 1 H, H-6). – **^{13}C-NMR (CDCl$_3$):** δ = 41.14 (q, Me), 46.70 (s, C=S), 63.70 (t, OCH$_2$), 119.98 (s, CN), 128.07 (d, =C(H)CO), 128.17 (s, C-1), 128.33 (d, C-4 oder C-5), 128.57 (d, C-4 oder C-5), 128.84 (d, C-3), 131.26 (t, =CH$_2$), 132.19 (d, C-6), 137.41 (s, C-2), 165.79 (s, C=O). – **IR (CHCl$_3$):** $\tilde{\nu}$ = 553 cm^{-1} (m), 877 (m), 984 (m), 1024 (s), 1047 (s), 1178 (m), 1267 (s), 1297 (s), 1372 (m), 1408 (m), 1450 (m), 1487 (m), 1724 (vs, C=O), 2162 (vs, CN), 2895 (m), 2931 (m), 2975 (m, CH$_2$), 3621 (m). – **HR-MS (ESI):** m/z: 278.0863 [M+H$^+$, ber.: 278.0845]. – **R$_f$ (EtOAc):** 0.30.

Dimethylsulfoxonium-α-cyan[2-(2-cyanethyloxo)oxymethyl]benzylid (**22r**): Orangegelbe Flüssigkeit. – **^{1}H-NMR (CDCl$_3$):** δ = 2.64 (symm. m, 2 H, diastereotope Protonen, CH$_2$CN), 2.73 (symm. m, 2 H, diastereotope Protonen, C(O)CH$_2$), 3.40 (s, 6 H, CH$_3$), 5.24 (s, 2 H, OCH$_2$), 7.33 (symm. m, 2 H, H-4, H-5), 7.42 (dd, ^3J = 6.0 Hz, ^4J = 3.6 Hz, 1 H, H-3), 7.49 (dd,

^3J = 5.2 Hz, ^4J = 3.6 Hz, 1 H, H-6). – ^{13}**C-NMR (CDCl$_3$):** δ = 12.85 (t, CH$_2$CN), 29.75 (t, C(O)CH$_2$), 41.22 (q, CH$_3$), 46.67 (s, C=S), 64.95 (t, OCH$_2$), 118.65 (s, C(S)CN), 120.14 (s, CH$_2$CN), 128.43 (d, C-4 oder C-5), 128.86 (s, C-1), 129.15 (d, C-4 oder C-5), 129.89 (d, C-3), 132.35 (d, C-6), 136.54 (s, C-2), 170.05 (s, C=O). Signalzuordnung erfolgte analog zu **22q**. Die Alkyl-gebundene Nitrileinheit erwies sich im ^{13}C-NMR-Spektrum als relativ intensitätsschwach. – **IR (CHCl$_3$):** $\tilde{\nu}$ = 551 cm^{-1} (m), 878 (m), 980 (m), 1024 (s), 1047 (s), 1175 (m), 1294 (m), 1312 (m), 1326 (m), 1357 (m), 1387 (m), 1450 (m), 1487 (m), 1738 (vs, C=O), 2162 (vs, CN), 2258 (w, CH$_2$C≡N), 2893 (m), 2931 (m), 2975 (m, CH$_2$), 3033 (vw, arom. CH), 3620 (m). – **HR-MS (ESI):** *m/z*: 305.0957 [M+H$^+$, ber.: 305.0954].

Dimethylsulfoxonium-α-cyan(4-nitrophenyl)methylid (22s): Gelber Feststoff. – **Smp.:** 185–189°C. – ^{1}**H-NMR (CDCl$_3$):** δ = 3.88 (s, 6 H, Me), 7.37 (m, AA'XX'-System, 2 H, O$_2$NCCHCH), 8.13 (m, AA'XX'-System, 2 H, O$_2$NCCH). – ^{13}**C-NMR (CDCl$_3$):** δ = 40.95 (q, Me), 55.98 (s, C=S), 117.20 (s, CN), 120.31 (d, O$_2$NCHCH), 124.25 (d, O$_2$NCCH), 141.63 [s, C$_{Ph}$(CS) oder CNO$_2$], 142.88 [s, C$_{Ph}$(CS) oder CNO$_2$]. – **IR (KBr-Pressling):** $\tilde{\nu}$ = 1185 cm^{-1} (s), 1313 (s), 1490 (s), 1589 (s), 2169 (s, CN), 2365 (w), 2921 (m, CH$_3$). Infolge der sehr schlechten Löslichkeit in CCl$_4$/CDCl$_3$ wurde das IR Spektrum nicht in Lösung aufgenommen.

4.3.6.3 Charakterisierung der Vinylazide (Z)-25

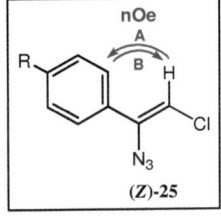

Verbindung	A	B
a R= H	1.6 %	n.m.*
f R= Cl	2.1 %	6.7 %
g R= Ph	1.9 %	3.8 %
l R= Me	0.96 %	3.5 %

* n.m. = nicht messbar infolge Signal-
überlagerung; resultierend kein
Einstrahlen auf betreffende
Frequenz möglich

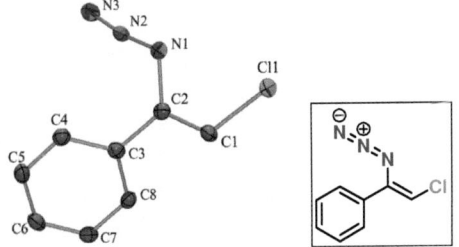

ORTEP plot von **(Z)-25a**, H-Atome sind aus Gründen der Übersichtlichkeit nicht mit abgebildet.

(Z)-(1-Azido-2-chlorethenyl)benzen [(Z)-25a]:[30] Gelblicher Feststoff. – **Smp.:** 23–26°C. – **^{1}H-NMR (CDCl$_3$):** δ = 5.82 (s, 1 H, =C(Cl)H), 7.38–7.45 (m, AA'BB'C-System, 5 H, Ph). – **^{13}C-NMR (CDCl$_3$):** δ = 105.94 (d, =C(Cl)H), 127.01 (d), 128.92 (d), 129.72 (d, *p*-Ph), 132.57 (s, *i*-Ph), 139.11 (s, *C*Ph). – **IR (CCl$_4$):** $\tilde{\nu}$ = 698 cm^{-1} (s), 838 (s), 1322 (s), 1614 (w), 2119 (vs, N$_3$), 3093 (w). – **MS (ESI):** *m/z* (%): 152.05 [M–N$_2$+H$^+$] (100). – **C$_8$H$_6$ClN$_3$ (179.61 g/mol):** ber. (%): C 53.50, H 3.37, N 23.40; gef. (%): C 53.38, H 3.32, N 23.08. – R_f **(CHCl$_3$/*n*-Hexan = 1:1):** 0.82. – **Einkristallstrukturanalyse:** C$_8$H$_6$ClN$_3$, *MW* = 179.61, *T* = 100 K, λ = 1.54184 Å, orthorhombisch, Raumgruppe: Pbca, *a* = 9.13600(10) Å, *b* = 7.63310(10) Å, *c* = 23.2493(3) Å, α = 90 °, β = 90 °, γ = 90 °, *V* = 1621.31(3) Å^3, *Z* = 8, *D* = 1.472 Mg/m^3, μ = 3.692 mm^{-1}, *F*(000) = 736. Die kristallographischen Daten für die Molekülstruktur von **(Z)-25a** wurden hinterlegt im „Cambridge Crystallographic Data Center" unter der CCDC-Nummer 766233.

(Z)-1-(4-Chlorphenyl)-2-chlorvinylazid [(Z)-25f]: Schwach gelbliche Flüssigkeit. – **^{1}H-NMR (CDCl$_3$):** δ = 5.87 (s, 1 H, Vinyl-H), 7.34 (*pseudo* d mit Feinaufspaltung, *J* = 8.8 Hz, AA'XX'-System, 2 H, ClCCH*CH*), 7.40 (*pseudo* d mit Feinaufspaltung, *J* = 8.8 Hz, AA'XX'-System, 2 H, ClC*CH*). – **^{13}C-NMR (CDCl$_3$):** δ = 106.77 (d, =C(Cl)H), 128.22 (d, ClCCH*C*H), 129.23 (d, ClC*C*H), 131.14 (s, ClCCHCH*C*), 135.84 (s, Cl*C*), 138.01 (s, *C*N$_3$). – **IR (CCl$_4$):** $\tilde{\nu}$ = 853 cm^{-1} (w), 1321 (m), 1490 (w), 2118 (s, N$_3$), 3089 (w). – R_f (*n*-**Hexan**): 0.48.

(Z)-1-(4-Biphenyl)-2-chlorvinylazid [(Z)-25g]: Weißer Feststoff. – **Smp.:** 97–99°C. – **^{1}H-NMR (CDCl$_3$):** δ = 5.89 (s, 1 H, =C(Cl)H), 7.39 (*pseudo* t mit Feinaufspaltung, *J* = 7.2 Hz, AA'BB'C-System, 1 H, H-4'), 7.47 (*pseudo* d mit Feinaufspaltung, *J* = 8.4 Hz, AA'XX'-System, 2 H, H-3) darunter 7.47 (m, AA'BB'C-System, 2 H, H-3'), 7.61 (*pseudo* d mit Feinaufspaltung, *J* = 7.2 Hz, AA'BB'C-System, 2 H, H-2'), 7.65 (*pseudo* d mit Feinaufspaltung, *J* = 8.4 Hz, AA'XX'-System, 2 H, H-2). – **^{13}C-NMR (CDCl$_3$):** δ = 106.07 (d, =C(Cl)H), 127.05 (d, C-2'), 127.38 (d, C-3 oder C-3'), 127.59 (d, C-2), 127.86 (d, C-4'), 128.90 (d, C-3 oder C-3'), 131.45 (s, C-4), 138.82 (s, =CN$_3$), 139.91 (s, C-1'), 142.58 (s, C-1). – **IR (CCl$_4$):** $\tilde{\nu}$ = 696 cm^{-1} (m), 857 (m), 1225 (w), 1323 (s), 1487 (m), 1606 (w), 2120 (vs, N$_3$), 3033 (w) und 3091 (w, =C–H). – **C$_{14}$H$_{10}$ClN$_3$ (255.71 g/mol):** ber. (%): C 65.76, H 3.94, N 16.43; gef. (%): C 66.14, H 4.08, N 16.10. – R_f (*n*-**Hexan**): 0.17.

(Z)-2-(1-Azido-2-chlorvinyl)-6-methoxynaphthalin [(Z)-25i]: Hellgelber Feststoff (bereits nach wenigen Tagen deutliche Zersetzung bei Aufbewahrung der Substanz bei Raumtemperatur, selbst im Lösungsmittel CDCl$_3$). – **Smp.**: 62–64°C. – **^{1}H-NMR (CDCl$_3$)**: δ = 3.94 (s, 3 H, OCH$_3$), 5.91 (s, 1 H, C(Cl)H), 7.15 (*pseudo* d, J = 2.4 Hz, 1 H, H-5), 7.21 (*pseudo* dd, J = 8.8 Hz, J = 2.4 Hz, 1 H, H-7), 7.43 (*pseudo* dd, J = 8.4 Hz, J = 1.6 Hz, 1 H, H-3), 7.77 (*pseudo* d, J = 8.4 Hz, 2 H, H-4, H-8), 7.81 (*pseudo* d, J = 1.6 Hz, 1 H, H-1). – **^{13}C-NMR (CDCl$_3$)**: δ = 55.37 (q, OMe), 105.64 (d, C-5), 105.72 (d, =C(Cl)H), 119.83 (d, C-7), 124.50 (d, C-3), 126.62 (d, C-1), 127.53 (d, C-4 oder C-8), 127.77 (s, C-8a oder =CN$_3$), 128.41 (s, C-8a oder =CN$_3$), 129.85 (d, C-4 oder C-8), 134.97 (s, C-4a), 139.27 (s, C-2), 158.22 (s, C-6). – **IR (CCl$_4$)**: $\tilde{\nu}$ = 853 cm^{-1} (m), 898 (w), 1036 (m), 1183 (m), 1197 (m), 1233 (m), 1268 (s), 1315 (m), 1392 (w), 1485 (s), 1608 (m), 1633 (m), 2115 (vs, N$_3$), 2841 (w), 2908 (w), 2937 (w), 2959 (w), 3004 (w), 3063 (w), 3092 (w). – **C$_{13}$H$_{10}$ClN$_3$O (259.70 g/mol)**: ber. (%): C 60.13, H 3.88, N 16.18; gef. (%): C 60.62, H 4.12, N 15.56. – **R$_f$ (*n*-Hexan)**: 0.09.

(Z)-1-(1-Azido-2-chlorvinyl)-4-methylbenzen [(Z)-25l]: Gelbe Flüssigkeit. – **^{1}H-NMR (CDCl$_3$)**: δ = 2.39 (s, 3 H, Me), 5.75 (s, 1 H, =C(Cl)H), 7.23 (*pseudo* d mit Feinaufspaltung, J = 8.4 Hz, AA'BB'-System, 2 H, MeCC*H*), 7.28 (*pseudo* d mit Feinspaltung, J = 8.4 Hz, AA'BB'-System, 2 H, MeCCHC*H*). – **^{13}C-NMR (CDCl$_3$)**: δ = 21.22 (q, Me), 105.15 (d, =C(Cl)H), 126.93 (d, MeCCHC*H*), 129.57 (d, MeCC*H*), 129.64 (s, *C*Me), 139.11 (s, =C(N$_3$)*C*$_{Ar}$), 139.37 (s, =*C*(Ar)N$_3$). – **IR (CDCl$_3$)**: $\tilde{\nu}$ = 512 cm^{-1} (w), 797 (m), 813 (s), 847 (m), 1211 (m), 1225 (m), 1241 (m), 1280 (w), 1320 (s), 1510 (m), 1609 (m), 2130 (vs, N$_3$), 2925 (w, CH$_3$), 3032 (vw), 3095 (vw). – **C$_9$H$_8$ClN$_3$ (193.64 g/mol)**: ber. (%): C 55.83, H 4.16, N 21.70; gef. (%): C 56.15, H 4.23, N 21.76. – **MS (EI)**: *m/z* (%): 165 [M$^+$–N$_2$] (87), 130 (69), 103 [Basispeak] (100), 91 (52), 65 (56), 51 (58).

[2-(1-Azido-2-chlorvinyl)phenyl]methanol [(Z)-25o]: Farbloses viskoses Öl. – **^{1}H-NMR (CDCl$_3$)**: δ = 1.77 (s, 1 H, OH), 4.74 (s, 2 H, C*H$_2$*OH), 5.58 (s, 1 H, =C(Cl)H), 7.30 (*pseudo* dd, J = 7.2 Hz, J = 1.6 Hz, ABCD-System, 1 H, H-3), 7.39 (*pseudo* td, J = 7.2 Hz, J = 1.6 Hz, ABCD-System, 1 H, H-4), 7.48 (*pseudo* td, J = 7.6 Hz, J = 1.2 Hz, ABCD-System, 1 H, H-5), 7.58 (*pseudo* dm, J = 7.6 Hz, ABCD-System, 1 H, H-6). – **^{13}C-NMR (CDCl$_3$)**: δ = 62.62 (t, *C*H$_2$OH), 105.67 (d, =*C*(Cl)H), 128.21 (d, C-4), 128.79 (d, C-6), 129.98 (d, C-3), 130.47 (d, C-5), 130.94 (s, C-2), 137.62 (s, =CN$_3$), 139.45 (s, C-1). – **R$_f$ (Et$_2$O/*n*-Hexan=1:3)**: 0.10. Die Verbindung erwies sich als weitaus instabiler verglichen mit analogen Strukturen und zersetzte sich während der Aufnahme der NMR-Experimente (bei RT) über Nacht vollständig.

4.3.6.4 Charakterisierung der direkten Azidoalkin-Abfangprodukte 31

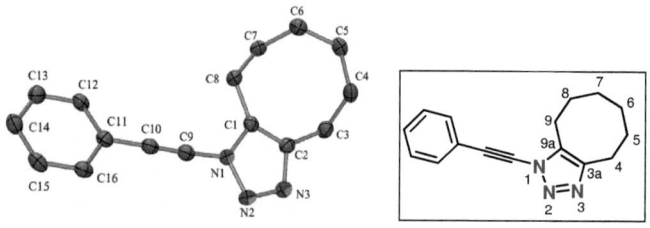

ORTEP plot von **31a**, H-Atome sind aus Gründen der Übersichtlichkeit nicht mit abgebildet.

1-(2-Phenylethinyl)-4,5,6,7,8,9-hexahydro-1H-cycloocta[d][1,2,3]triazol (31a): Weißer Feststoff. − **Smp.**: 54–60°C. − ^{1}**H-NMR (CDCl$_3$)**: δ = 1.47–1.60 (m, 4 H, H-6 und H-7), 1.80 (m, 2 H, H-5), 1.90 (m, 2 H, H-8), 2.96 (m, 4 H, H-4 und H-9), 7.36–7.44 (m, AA'BB'C-System, 3 H, m-Ph, p-Ph), 7.54–7.59 (m, 2 H, AA'BB'C-System, o-Ph). − ^{1}**H-NMR (DMSO-d$_6$)**: δ = 1.40–1.51 (m, 4 H), 1.70 (m, 2 H), 1.83 (m, 2 H), 2.89 (m, 2 H), 2.96 (m, 2 H), 7.47–7.54 (m, AA'BB'C-System, 3 H, m-Ph, p-Ph), 7.65–7.69 (m, 2 H, AA'BB'C-System, o-Ph). − ^{13}**C-NMR (CDCl$_3$)**: δ = 22.10 (t, C-9), 24.28 (t, C-4), 24.72 (t, C-6 oder C-7), 25.69 (t, C-8), 25.93 (t, C-6 oder C-7), 27.57 (t, C-5), 76.11 (s, Ph–C≡$\underline{C}$), 78.54 (s, Ph–$\underline{C}$≡C), 120.55 (s, i-Ph), 128.56 (d, m-Ph), 129.45 (d, p-Ph), 131.81 (d, o-Ph), 137.46 (s, C-9a), 142.82 (s, C-3a). Nummerierung entsprechend der IUPAC Nomenklatur. Zuordnung basierend auf C-3a bei tiefstem Feld.[36] − ^{13}**C-NMR (DMSO-d$_6$)**: δ = 21.35 (t), 23.50 (t), 24.16 (t), 25.11 (t), 25.52 (t), 27.34 (t), 75.94 (s), 78.10 (s), 119.53 (s), 129.00 (d), 130.03 (d, p-Ph), 131.76 (d), 137.95 (s), 142.27 (s). − **IR (CCl$_4$)**: $\tilde{\nu}$ = 689 cm^{-1} (s), 1023 (s), 1264 (s), 1273 (s), 1445 (s), 1456 (m), 2259 (m, –C≡C–), 2857 (m), 2935 (s, CH$_2$), 3063 (w). − **HR-MS (ESI)**: m/z: 252.1490 [M+H$^+$, ber.: 252.1495]. − **C$_{16}$H$_{17}$N$_3$ (251.33 g/mol)**: ber. (%): C 76.46, H 6.82, N 16.72; gef. (%): C 76.30, H 6.52, N 16.63. − **R$_f$ (Et$_2$O)**: 0.88. − **Einkristallstrukturanalyse**: C$_{16}$H$_{17}$N$_3$, MW = 251.33, T = 100 K, λ = 1.54184 Å, orthorhombisch, Raumgruppe: Pbcn, a = 14.44590(10) Å, b = 7.55580(10) Å, c = 24.0084(2) Å, α = 90 °, β = 90 °, γ = 90 °, V = 2620.52(4) Å^3, Z = 8, D = 1.274 Mg/m^3, μ = 0.601 mm^{-1}, $F(000)$ = 1072. Die kristallographischen Daten für die Molekülstruktur von **31a** wurden hinterlegt im „Cambridge Crystallographic Data Center (CCDC)" unter der CCDC-Nummer 766232.

1-[2-(4-Biphenyl)ethinyl]-4,5,6,7,8,9-hexahydro-1H-cycloocta[d][1,2,3]triazol (31g): Farbloses Öl. − ^{1}**H-NMR (CDCl$_3$)**: δ = 1.49–1.60 (m, 4 H, H-6, H-7), 1.81 (m, 2 H, H-5), 1.91 (m, 2 H, H-8), 2.97 (m, 4 H, H-4, H-9), 7.38 (*pseudo* t mit Feinaufspaltung, J = 7.2 Hz, AA'BB'C-System, 1 H, H-4''), 7.47 (*pseudo* t mit Feinaufspaltung, J = 7.2 Hz, AA'BB'C-System, 2 H,

H-3''), 7.61 (*pseudo* d mit Feinaufspaltung, $J = 7.2$ Hz, AA'BB'C-System, 2 H, H-2''), 7.63 (*pseudo* s, 4 H, AA'BB'-System H-2', H-3'). – ^{13}C-NMR (CDCl$_3$): δ = 22.09 (t, C-9), 24.25 (t, C-4), 24.66 (t, C-6 oder C-7), 25.65 (t, C-8), 25.90 (t, C-6 oder C-7), 27.54 (t, C-5), 76.62 (s, ≡C–N), 78.48 (s, ≡C–Ar), 119.28 (s, C-4'), 127.03 (d, C-2' oder C-3' oder C-2''), 127.20 (d, C-2' oder C-3' oder C-2''), 127.90 (d, C-4''), 128.90 (d, C-3''), 132.21 (d, C-2' oder C-3'), 137.47 (s, C-9a), 139.94 (s, C-1''), 142.20 (s, C-1'), 142.80 (s, C-3a). Nummerierung entsprechend der IUPAC Nomenklatur. Zuordnung basierend auf C-3a bei tiefstem Feld.[36] – **HR-MS (ESI)**: *m/z*: 328.1821 [M+H$^+$, ber.: 328.1808]. – R_f (CH$_2$Cl$_2$/Et$_2$O = 10:1): 0.83.

4.3.6.5 Charakterisierung der Cyclopropene 32 und 36

9-(Propylthio)bicyclo[6.1.0]non-1(8)-en-9-carbonitril (32d): Gelbes viskoses Öl. – ^{1}**H-NMR (CDCl$_3$)**: δ = 1.01 (*pseudo* t, $J = 7.2$ Hz, A$_3$MM'XX'-System, 3 H, Me), 1.61 (m, 4 H, CCH$_2$CH$_2$CH$_2$), 1.66 (*pseudo* qt, $J_{Me,CH2} = 7.2$ Hz, $J_{CH2,CH2} = 7.2$ Hz, A$_3$MM'XX'-System, 2 H, CH$_2$CH$_3$), 1.77 (m, 4 H, CCH$_2$CH$_2$CH$_2$), 2.44 (m, 4 H, CCH$_2$CH$_2$CH$_2$), 2.73 (*pseudo* t, $J = 7.2$ Hz, A$_3$MM'XX'-System, 2 H, SCH$_2$). Es wurden keine signifikanten nOe-Effekte zwischen den Propylprotonen und denen des Achtrings gefunden. – ^{13}**C-NMR (CDCl$_3$)**: δ = 13.39 (q, Me), 21.82 (s, PropSC), 23.24 (t, CH$_2$CH$_3$), 23.93 (t, CCH$_2$CH$_2$CH$_2$), 24.56 (t, CCH$_2$CH$_2$CH$_2$), 26.86 (t, CCH$_2$CH$_2$CH$_2$), 34.16 (t, SCH$_2$), 118.37 (s, =C), 121.24 (s, CN). – **IR (CCl$_4$)**: $\tilde{\nu}$ = 1426 cm^{-1} (m), 1460 (m), 1890 (w), 2218 (m, CN), 2873 (m), 2934 (s, CH$_2$), 2964 (m). – **HR-MS (ESI)**: *m/z*: 222.1314 [M+H$^+$, ber.: 222.1311]. – **MS**: *m/z* (%): 222.1 [M+H]$^+$ (≅1), 195.1 [M–CN]$^+$ (≅4), 146.1 [M–PropS]$^+$ (Basispeak, 100%). – **C$_{13}$H$_{19}$NS (221.37 g/mol)**: ber. (%): C 70.54, H 8.65, N 6.33, S 14.48; gef. (%): C 70.05, H 8.20, N 6.07, S 14.54. – R_f **(Et$_2$O/n-Hexan=1:3)**: 0.51.

9-(4-Biphenyl)bicyclo[6.1.0]non-1(8)-en-9-carbonitril (32g): Gelbliches hochviskoses Öl. – ^{1}**H-NMR (CDCl$_3$)**: δ = 1.76 (m, 4 H, H-4, H-5 diastereotope Protonen), 1.88 (m, 4 H, H-3, H-6 diastereotope Protonen), 2.39–2.56 (m, 4 H, H-2, H-7 diastereotope Protonen), 7.32 (*pseudo* d mit Feinaufspaltung, $J = 8.4$ Hz, AA'XX'-System, 2 H, H-3'), 7.35 (*pseudo* t mit Feinaufspaltung, $J = 7.2$ Hz, AA'BB'C-System, 1 H, H-4''), 7.44 (*pseudo* t mit Feinaufspaltung, $J = 7.2$ Hz, AA'BB'C-System, 2 H, H-3''), 7.55–7.58 (m, 4 H, H-2', H-2''). – ^{13}**C-NMR (CDCl$_3$)**: δ = 22.86 (t, C-2, C-7), 23.93 (s, C(CN)), 25.32 (t, C-3, C-6), 27.37 (t, C-4, C-5), 112.88 (s, =CCH$_2$), 122.73 (s, CN), 125.68 (d, C-3'), 127.01 (d, C-2' oder C-2''), 127.27 (d, C-2' oder C-2''), 127.31 (d, C-4''), 128.80 (d, C-3''), 138.20 (s, C-1' oder C-4'), 139.68 (s, C-1' oder C-4'), 140.54 (s, C-1''). Sowohl das Signal der CN-Gruppe als auch das des benachbarten Kohlenstoffs im Dreiring erwiesen sich als sehr intensitätsschwach. Es wurden keine signifikanten nOe-Effekte zwischen den Protonen des Achtrings und den aromatischen Protonen gefunden. – **IR (CCl$_4$):** $\tilde{\nu}$ = 696 cm^{-1} (m), 1487 (m), 1707 (w), 2224 (w), 2341 und 2359 (s, CN), 2934 (s). – **MS (ESI):** *m/z*: 301.1 [M+H$^+$].– *R*$_f$ **(CHCl$_3$/*n*-Hexan = 1:2):** 0.08.

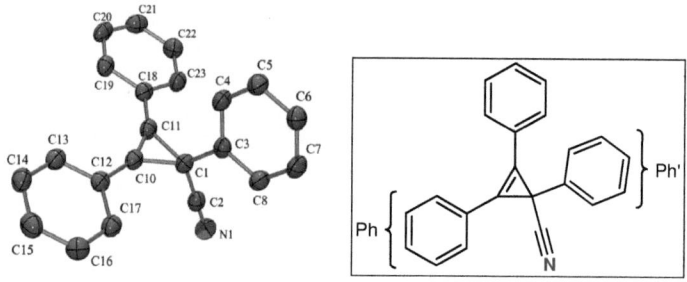

ORTEP plot von **36**, H-Atome sind aus Gründen der Übersichtlichkeit nicht mit abgebildet.

2-Cyan-1,2,3-triphenylcycloprop-2-en (36): Orangegelbe Kristalle. – **Smp.:** 123–126°C (Lit.[37a]: 145–146°C). – **^{1}H-NMR (CDCl$_3$):** δ = 7.26 (*pseudo* t, *J* = 7.2 Hz, 1 H, *p*-Ph'), 7.33 (*pseudo* t, *J* = 7.2 Hz, 2 H, *m*-Ph'), 7.45 (*pseudo* d, *J* = 6.8 Hz, 2 H, *o*-Ph'), 7.47 (*pseudo* t, *J* = 6.8 Hz, 2 H, *p*-Ph), 7.50 (*pseudo* t, *J* = 6.8 Hz, 4 H, *m*-Ph), 7.72 (*pseudo* d, *J* = 6.8 Hz, 4 H, *o*-Ph). Die Aufklärung des Signalmultipletts bei 7.44–7.52 ppm konnte über Doppelresonanz-Einstrahlexperimente (HOMODEC) realisiert werden. – **^{13}C-NMR (CDCl$_3$):** δ = 21.46 (s, *C*CN), 107.79 (s, =*C*Ph), 121.28 (s, CN), 124.39 (s, *i*-Ph), 125.41 (d, *o*-Ph'), 127.15 (d, *p*-Ph'), 128.68 (d, *m*-Ph'), 129.25 (d, *m*-Ph), 129.97 (d, *o*-Ph), 130.38 (d, *p*-Ph), 136.98 (s, *i*-Ph'). – **IR (CCl$_4$):** $\tilde{\nu}$ = 687 cm^{-1} (vs), 698 (s), 935 (w), 1310 (w), 1448 (m), 1495 (m), 2226 (w, C≡N), 3031 (w), 3065 (w) und 3085 (w, 3x aromatische C–H-Valenzschwingung). – **C$_{22}$H$_{15}$N (293.37 g/mol):** ber. (%): C 90.07, H 5.15, N 4.78; gef. (%): C 88.67, H 5.15, N 5.08. – **MS (EI):** *m/z* (%): 293.3 (30.7) [M$^+$], 77.1 (54.8) [Ph$^+$], 51.1 (98.2), 39.1 (56.4), 27.1 (100, Basispeak) [HCN]. – *R*$_f$ **(Et$_2$O/*n*-Hexan = 1:3):** 0.41. – **Einkristallstrukturanalyse** (langsames Abdampfen von CDCl$_3$): C$_{22}$H$_{15}$N, *MW* = 293.35, *T* = 105 K, λ = 1.54184 Å, monoklin, Raumgruppe: C 1 2/c 1, *a* = 15.2276(5) Å, *b* = 11.8186(4) Å, *c* = 19.2336(7) Å, α = 90 °, β = 110.067(4) °, γ = 90 °, *V* = 3251.31(19) Å^3, *Z* = 8, *D* = 1.199 Mg/m³, μ = 0.532 mm^{-1}, *F*(000) = 1232. Die kristallographischen Daten für die Molekülstruktur von **36** wurden hinterlegt im „Cambridge Crystallographic Data Center (CCDC)" unter der CCDC-Nummer 766227.

4.3.6.6 Charakterisierung der Cyclooctatriazole 33 sowie 79

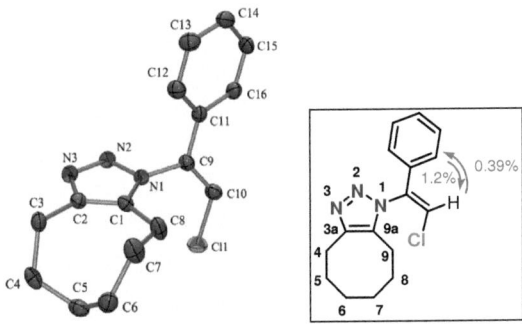

ORTEP plot von **33a**, H-Atome sind aus Gründen der Übersichtlichkeit nicht mit abgebildet.

(Z)-1-(2-Chlor-1-phenylvinyl)-4,5,6,7,8,9-hexahydro-1H-cyclooctа[d][1,2,3]triazol (**33a**): Weißer Feststoff. – **Smp.**: 75–78. – **^{1}H-NMR (CDCl$_3$)**: δ = 1.49 (m, 4 H, H-6, H-7), 1.62 (m, 2 H, H-8), 1.80 (m, 2 H, H-5), 2.58 (m, 2 H, H-9), 3.00 (m, 2 H, H-4), 7.03 (s, 1 H, =C(Cl)H), 7.09–7.13 (m, AA'BB'C-System, 2 H, o-Ph), 7.31–7.36 (m, AA'BB'C-System, 3 H, p-Ph, m-Ph). Signalzuordnung basierend auf H-9 bei höherem Feld als H-4 ausgehend von vergleichbaren Strukturen.[36] – **^{13}C-NMR (CDCl$_3$)**: δ = 21.54 (t, C-9), 24.32 (t, C-4), 24.84 (t, C-6 oder C-7), 25.76 (t, C-6 oder C-7), 26.05 (t, C-8), 27.92 (t, C-5), 119.21 (d, =C(Cl)H), 125.11 (d, o-Ph), 129.04 (d, m-Ph), 129.80 (d, p-Ph), 133.63 (s, i-Ph), 134.70 (s, C-9a), 137.77 (s, C=C(Cl)H), 144.50 (s, C-3a). – **IR (CCl$_4$)**: $\tilde{\nu}$ = 1243 cm^{-1} (m), 1456 (s), 1496 (m), 1619 (m), 2856 (s), 2933 (vs, CH$_2$), 3087. – **HR-MS (ESI)**: m/z: 288.1221 [M+H$^+$, ber.: 288.1262], 575.4 [2M+H]$^+$. – **C$_{16}$H$_{18}$N$_3$Cl (287.79 g/mol)**: ber. (%): C 66.78, H 6.30, N 14.60, Cl 12.32; gef. (%): C 67.16, H 6.34, N 14.48. – R_f **(Et$_2$O)**: 0.74. – **Einkristallstrukturanalyse** (Diffusionsmethode: Et$_2$O/n-Pentan): C$_{16}$H$_{18}$ClN$_3$, MW = 287.78, T = 120 K, λ = 1.54184 Å, monoklin, Raumgruppe: P2(1)/a, a = 11.51210(10) Å, b = 10.10690(10) Å, c = 12.42760(10) Å, α = 90 °, β = 93.6380(10) °, γ = 90 °, V = 1443.06(2) Å^3, Z = 4, D = 1.325 Mg/m^3, μ = 2.275 mm^{-1}, F(000) = 608. Die kristallographischen Daten für die Molekülstruktur von **(Z)-33a** wurden hinterlegt im „Cambridge Crystallographic Data Center (CCDC)" unter der CCDC-Nummer 766234.

(E)-1-[2-Chlor-1-(propylthio)vinyl]-4,5,6,7,8,9-hexahydro-1H-cycloocta[d][1,2,3]triazol
(33d): Übelriechendes, orangegelbes viskoses Öl. – **1H-NMR (CDCl3)**: δ = 0.95 (pseudo t, J = 7.2 Hz, A3MM'XX'-System, 3 H, Me), 1.43–1.55 (m, 4 H, H-6, H-7), 1.64 (pseudo qt, $J_{Me,CH2}$ = 7.2 Hz, $J_{CH2,CH2}$ = 7.2 Hz, A3MM'XX'-System, 2 H, CH3CH2), 1.76 (m, 2 H, H-5), 1.84 (m, 2 H, H-8), 2.68 (pseudo t, J = 7.2 Hz, A3MM'XX'-System, 2 H, SCH2), 2.77 (m, 2 H, H-9), 2.92 (m, 2 H, H-4), 6.74 (s, 1 H, =C(Cl)H). – **13C-NMR (CDCl3)**: δ = 12.85 (q, Me), 21.49 (t, C-9), 23.54 (t, MeCH2), 24.21 (t, C-4), 24.79 (t, C-6), 25.75 (t, C-7), 26.16 (t, C-8), 27.76 (t, C-5), 36.14 (t, SCH2), 114.61 (s, =CSProp), 131.39 (d, =C(Cl)H), 134.32 (s, C-9a), 144.28 (s, C-3a). Die Zuordnung erfolgte unter der Annahme, dass C-3a bei tieferem Feld als C-9a liegt, ausgehend von Lanthanoiden-Shift-Experimenten an ähnlichen vinylständigen Cyclooctatriazolen.[36] – **IR (CCl4)**: $\tilde{\nu}$ = 918 cm^{-1} (s), 1457 (m), 2856 (m), 2934 (s), 2965 (m). – **HR-MS (ESI)**: m/z: 286.1105 [M+H$^+$, ber.: 286.1139]. – R_f (**Et2O/n-Hexan = 6:1**): 0.69.

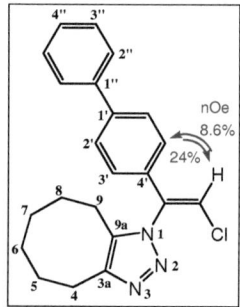

(Z)-1-[1-(4-Biphenyl)-2-chlorvinyl]-4,5,6,7,8,9-hexahydro-1H-cycloocta[d][1,2,3]triazol
(33g): Orangegelber Feststoff. – **Smp.**: 94–95°C. – **1H-NMR (CDCl3)**: δ = 1.50 (m, 4 H, H-6, H-7), 1.67 (m, 2 H, H-8), 1.83 (m, 2 H, H-5), 2.61 (m, 2 H, H-9), 3.02 (m, 2 H, H-4), 7.09 (s, 1 H, CH$_{Alken}$), 7.17 (pseudo dt, J = 8.4 Hz, J = 2.0 Hz, AA'XX'-System, 2 H, H-3'), 7.35 (pseudo t mit Feinaufspaltung, J = 7.2 Hz, AA'BB'C-System, 1 H, H-4''), 7.43 (pseudo t mit Feinaufspaltung, J = 7.2 Hz, AA'BB'C-System, 2 H, H-3''), 7.54–7.57 (m, 4 H, H-2', H-2''). – **13C-NMR (CDCl3)**: δ = 21.57 (t, C-9), 24.31 (t, C-4), 24.84 (t, C-6 oder C-7), 25.78 (t, C-6 oder C-7), 26.06 (t, C-8), 27.90 (t, C-5), 119.04 (d, =CCl), 125.48 (d, C-3'), 126.88 (d, C-2' oder C-2''), 127.60 (d, C-2' oder C-2''), 127.84 (d, C-4''), 128.83 (d, C-3''), 132.46 (s, C-4'), 134.75 (s, C-9a), 137.46 (s, =CAr), 139.64 (s, C-1''), 142.50 (s, C-1'), 144.47 (s, C-3a). – **IR (CCl4)**: $\tilde{\nu}$ = 696 cm^{-1} (s), 840 (m), 1242 (m), 1446 (m), 1456 (m), 1488 (m), 1615 (m), 2361 (w), 2856 (s) und 2933 (vs, CH2), 3033 (w) und 3084 (w, =C–H). – **HR-MS (ESI)**: m/z: 364.1594 [M+H$^+$, ber.: 364.1575]. – **C22H22N3Cl (363.89 g/mol)**: ber. (%): C 72.62, H 6.09, N 11.55; gef. (%): C 72.74, H 6.15, N 11.44. – R_f (**Et2O/n-Hexan = 1:1**): 0.33.

(Z)-1-[2-(4-Biphenyl)-1-chlorvinyl]-4,5,6,7,8,9-hexahydro-1H-cycloocta[d][1,2,3]triazol

[(Z)-79g]: Farbloses Öl. – ^{1}H-NMR (CDCl$_3$): δ = 1.52 (m, 4 H, H-6, H-7), 1.68 (m, 2 H, H-8), 1.84 (m, 2 H, H-5), 2.63 (m, 2 H, H-9), 3.03 (m, 2 H, H-4), 6.18 (s, 1 H, =C(Ar)H), 7.25 (pseudo d mit Feinaufspaltung, J = 8.8 Hz, 2 H, H-3'), 7.41 (pseudo t mit Feinaufspaltung, J = 7.2 Hz, 1 H, H-4''), 7.47 (pseudo t mit Feinaufspaltung, J = 7.2 Hz, 2 H, H-3''), 7.59 (pseudo d mit Feinaufspaltung, J = 7.2 Hz, 2 H, H-2''), 7.65 (pseudo d mit Feinaufspaltung, J = 8.8 Hz, 2 H, H-2'). – ^{13}C-NMR (CDCl$_3$): δ = 21.88 (t, C-9), 24.31 (t, C-4), 24.89 (t, C-6 oder C-7), 25.66 (t, C-6 oder C-7), 26.34 (t, C-8), 27.87 (t, C-5), 95.96 (d, =C(Ar)H), 114.23 (s, =CCl), 127.01 (d, C-3'), 127.10 (d, C-2''), 127.99 (d, C-2'), 128.54 (d, C-4''), 129.06 (d, C-3''), 131.33 (s, C-4'), 135.19 (s, C-9a), 139.10 (C-1''), 145.38 (s, C-3a), 152.07 (s, C-1'). Nummerierung entsprechend der IUPAC Nomenklatur. Zuordnung basierend auf C-3a bei tieferem Feld als C-9a.[36] – R_f (Et$_2$O/n-Hexan = 2:1): 0.31.

(E)-1-[2-(4-Biphenyl)-1-chlorvinyl]-4,5,6,7,8,9-hexahydro-1H-cycloocta[d][1,2,3]triazol

[(E)-79g]: Gelbes hochviskoses Öl. Die Verbindung enthielt noch zu einem geringen Teil Verunreinigungen. Die Konstitutionszuordnung beruht darauf, dass kein signifikanter nOe-Effekt zwischen dem Vinylproton und den Protonen des Cyclooctatriazolrings gefunden wurde (bei Einstrahlung auf die Frequenz des Alkenprotons). – ^{1}H-NMR (CDCl$_3$): δ = 1.39 (m, 4 H, H-6, H-7), 1.58 (m, 2 H, CH$_2$, H-8), 1.79 (m, 2 H, CH$_2$, H-5), 2.66 (pseudo t, J = 6.4 Hz, 2 H, H-9), 2.97 (pseudo t, J = 6.4 Hz, 2 H, H-4), 6.78 (pseudo d, J = 8.4 Hz, 2 H, H-3'), 7.13 (s, 1 H,

=CH), 7.34 (*pseudo* t, J = 7.2 Hz, 1 H, H-4''), 7.41 (*pseudo* t, J = 7.2 Hz, 2 H, H-3''), 7.44 (*pseudo* d, J = 8.4 Hz, 2 H, H-2'), 7.51 (*pseudo* d, J = 7.2 Hz, 2 H, H-2''). – ^{13}**C-NMR (CDCl$_3$):** δ = 21.51 (t, C-9), 24.29 (t, C-4), 24.70 (t, C-6 oder C-7), 25.62 (t, C-6 oder C-7), 25.80 (t, C-8), 27.64 (t, C-5), 121.31 (s, =CCl), 126.88 (d, C-2''), 127.39 (d, C-2'), 127.80 (d, C-4''), 128.65 (d, C-3''), 128.82 (d, C-3'), 130.70 (s, C-4'), 131.64 (d, =CH), 134.11 (s, C-9a), 139.78 (s, C-1''), 142.01 (s, C-1'), 145.04 (s, C-3a). – **IR (CCl$_4$):** $\tilde{v}$ = 696 cm^{-1} (s), 833 (m), 924 (s), 1245 (m), 1445 (m), 1456 (m), 1488 (m), 2857 (m, CH$_2$), 2934 (s, CH$_2$).

4.3.6.7 Charakterisierung des Azirins 43l

2-Chlor-3-(4-tolyl)-2*H*-azirin (43l): Die Verbindung wurde einzig aus einer NMR-Mischung heraus identifiziert und nicht isoliert. – ^{1}**H-NMR (CDCl$_3$):** δ = 2.48 (s, 3 H, Me), 4.75 (s, 1 H, C(Cl)H), 7.41 (*pseudo* d, J = 8.0 Hz, AA'XX'-System, 2 H, MeCC*H*), 7.85 (*pseudo* d, J = 8.0 Hz, AA'XX'-System, 2 H, MeCCHC*H*). – ^{13}**C-NMR (CDCl$_3$):** δ = 22.01 (q, Me), 47.42 (d, C(Cl)H), 119.21 (s, Me*C*), 130.18 (d, CH$_{Phenyl}$), 130.27 (d, CH$_{Phenyl}$), 145.67 (s, MeCCHCH*C*), 170.10 (s, C=N). – ^{1}**H-NMR (CD$_2$Cl$_2$, –90°C):** δ = 2.40 (s, 3 H, CH$_3$), 4.77 (s, 1 H, C(Cl)H), 7.40 (*pseudo* d, J = 8.0 Hz, AA'XX'-System, 2 H, MeCC*H*), 7.82 (*pseudo* d, J = 8.0 Hz, AA'XX'-System, 2 H, MeCCHC*H*). Das Signal des Protons am Dreiring zeigt – vermutlich infolge langer Relaxationszeit T$_1$ – eine zu geringe Integralintensität (sowohl in CDCl$_3$ als auch in CD$_2$Cl$_2$).

4.3.6.8 Charakterisierung der beobachteten Nebenprodukte 59–61

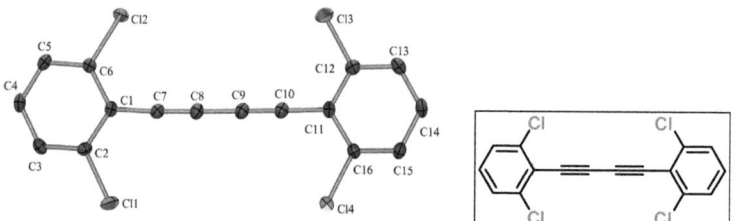

ORTEP plot von **59n**, H-Atome sind aus Gründen der Übersichtlichkeit nicht mit abgebildet.

1,4-Bis(2,6-dichlorphenyl)-buta-1,3-diin (59n): Schwach gelblicher Feststoff. – **Smp.:** 191–195°C. – ^{1}**H-NMR (CDCl$_3$):** δ = 7.23 (t, ^3J = 8.0 Hz, 1 H, C*H*CHCCl), 7.35 (d, ^3J = 8.0 Hz, 2 H, C*H*CCl). – ^{13}**C-NMR (CDCl$_3$):** δ = 77.76 (s, Ar*C*≡), 82.90 (s, ≡C), 121.96 (s, ≡*CC*), 127.67 (d, *C*HCCl), 130.10 (d, *C*HCHCCl), 138.55 (s, *C*Cl). Die Unterscheidung der Acetylenkohlenstoffe basiert auf der gefundenen ^4J(*m*-H, Benzyl-C)-Kopplung (gHMBCAD). – **IR (CHCl$_3$):** $\tilde{v}$ = 877 cm^{-1} (m), 1046 (s), 1431 (s), 1553 (m), 2156 (w, C≡C). Zusätzlich finden sich Banden bei 2895 cm^{-1} (m), 2976 cm^{-1} (s) und 3621 cm^{-1} (m), welche sich aus der Struktur nicht erklären lassen. Allerdings wurden für die Aufnahme des IR-Spektrums die Kristalle verwendet, aus welchen auch die Röntgeneinkristallstrukturanalyse erhalten werden konnte. Die Verbindung erwies sich als schlecht löslich in Tetrachlorkohlenstoff, weshalb das IR-Spektrum in Chloroform aufgenommen wurde. – **C$_8$H$_3$Cl$_3$ (205.47 g/mol)**: ber. (%): C 56.52, H 1.78; gef. (%): C 56.43, H 2.02. – R_f (*n*-Hexan): 0.30. – **Einkristallstrukturanalyse**: C$_{16}$H$_6$C$_{14}$, MW = 340.01, T = 110 K, λ = 0.71073 Å, monoklin, Raumgruppe: P1 21/n 1, a = 8.0811(2) Å, b = 13.0846(4) Å, c = 13.8754(4) Å, α = 90 °, β = 103.347(3) °, γ = 90 °, V = 1427.53(7) Å^3, Z = 4, D = 1.582 Mg/m³, μ = 0.813 mm^{-1}, $F(000)$ = 680. Die kristallographischen Daten für die Molekülstruktur von **59n** wurden hinterlegt im „Cambridge Crystallographic Data Center (CCDC)" unter der CCDC-Nummer 766229.

6-Methoxy-2-naphtylaldehyd (60i):[116] Orangefarbenes, hochviskoses Öl. – **^{1}H-NMR (CDCl$_3$)**: δ = 3.95 (s, 3 H, OMe), 7.17 (*pseudo* d, J = 2.8 Hz, 1 H, H-5), 7.23 (*pseudo* dd, J = 8.8 Hz, J = 2.8 Hz, 1 H, H-7), 7.80 (*pseudo* d, J = 8.8 Hz, 1 H, H-4), 7.88 (*pseudo* d, J = 8.8 Hz, 1 H, H-8), 7.92 (*pseudo* dd, J = 8.8 Hz, J = 1.6 Hz, 1 H, H-3), 8.24 (m, 1 H, H-1), 10.09 (m, 1 H, CHO). – **^{13}C-NMR (CDCl$_3$)**: δ = 55.44 (q, Me), 106.06 (d, C-5), 119.92 (d, C-7), 123.59 (d, C-3), 127.72 (d, C-4), 127.89 (s, C-4a oder C-8a), 131.07 (d, C-8), 132.29 (s, C-2), 134.23 (d, C-1), 138.23 (s, C-4a oder C-8a), 160.21 (s, C-6), 191.99 (d, CHO). Signalzuordnung erfolgte unter Zuhilfenahme der gefundenen nOe-Effekte. – **IR (CDCl$_3$)**: $\tilde{\nu}$ = 858 cm^{-1} (m), 1031 (m), 1172 (s), 1196 (m), 1270 (vs), 1480 (s), 1624 (vs), 1691 (vs, CO), 2843 (w), 2939 (w). – R_f (**DCM/*n*-Hexan=9:1**): 0.32 (deutliche Fluoreszenz auf der DC-Platte unter UV-Licht).

1,3-Dihydroisobenzofuran-1-carbonitril (61): Orangegelber Feststoff. – **Smp.**: 31–32°C. – **^{1}H-NMR (CDCl$_3$)**: δ = 5.18 (*pseudo* d mit Feinaufspaltung, J = 12.4 Hz, ABX-System, 1 H, H-3, diastereotope Protonen), 5.30 (*pseudo* dd mit Feinaufspaltung, J = 12.4 Hz, J = 2.4 Hz,

ABX-System, 1 H, H-3, diastereotope Protonen), 5.92 (m, ABX-System, 1 H, H-1), 7.31 (*pseudo* d mit Feinaufspaltung, J = 8.0 Hz, 1 H, H-4), 7.38–7.45 (m, 3 H, H-5, H-6, H-7). – ^{13}C-NMR (CDCl$_3$): δ = 71.28 (d, C-1), 74.22 (t, C-3), 117.51 (s, CN), 121.48 (d, C-4), 121.81 (d), 128.49 (d), 129.66 (d), 134.01 (s), 138.53 (s). – IR (CCl$_4$): $\tilde{\nu}$ = 915 cm^{-1} (m), 1048 (s), 1248 (w), 1356 (w), 1463 (m), 1640 (w), 2214 (w, CN), 2359 (w), 2871 (w, CH$_2$), 2957 (w), 3084 (w). – C$_9$H$_7$NO (145.16 g/mol): ber. (%): C 74.47, H 4.86, N 9.65; gef. (%): C 74.53, H 4.92, N 9.58. – R_f (CH$_2$Cl$_2$): 0.55.

4.3.6.9 Charakterisierung der α-Oxocarbonsäureamide 65, des Nitrils 69a sowie des Isochromanons 76

***N,N*-Dimethyl-2-oxo-2-phenylacetamid (65a)**:[117] Farbloses hochviskoses Öl. – ^{1}H-NMR (CDCl$_3$): δ = 2.97 (s, 3 H, NMe), 3.13 (s, 3 H, NMe), 7.51 (*pseudo* t mit erkennbarer Feinaufspaltung, J = 7.6 Hz, AA'BB'C-System, 2 H, *m*-Ph), 7.65 (*pseudo* t mit erkennbarer Feinaufspaltung, J = 7.6 Hz, AA'BB'C-System, 1 H, *p*-Ph), 7.95 (*pseudo* d mit erkennbarer Feinaufspaltung, J = 7.6 Hz, AA'BB'C-System, 2 H, *o*-Ph). – ^{13}C-NMR (CDCl$_3$): δ = 34.01 (q, Me), 37.06 (q, Me), 129.00 (d, *m*-Ph), 129.66 (d, *o*-Ph), 133.05 (s, *i*-Ph), 134.71 (d, *p*-Ph), 167.02 (s, *C*ONMe$_2$), 191.77 (s, *C*OPh). – IR (CCl$_4$): $\tilde{\nu}$ = 1656 (s), 1684 (m), 2932 (w). – MS (ESI): *m*/*z* (%): 178.1 [Basispeak, M+H$^+$] (100), 355.2 [2M+H$^+$] (16). – R_f (Et$_2$O/*n*-Hexan=5:1): 0.36.

***N,N*-Dimethyl-2-oxo-2-(4-chlorphenyl)acetamid (65f)**: schwach orangefarbenes, hochviskoses Öl. – ^{1}H-NMR (CDCl$_3$): δ = 2.93 (s, 3 H, Me), 3.09 (s, 3 H, Me), 7.46 (*pseudo* d mit erkennbarer Feinaufspaltung, J = 8.4 Hz, AA'XX'-System, 2 H, CHCCl), 7.86 (*pseudo* d mit erkennbarer Feinaufspaltung, J = 8.4 Hz, AA'XX'-System, 2 H, CHCCO). – ^{13}C-NMR (CDCl$_3$): δ = 33.98 (q, Me), 36.96 (q, Me), 129.30 (d, *C*HCCl), 130.92 (d, *C*HCCO), 131.34 (s, C_{Ar}CO), 141.23 (s, CCl), 166.39 (s, *C*ONMe$_2$), 190.24 (s, *C*OAr). – IR (CDCl$_3$): $\tilde{\nu}$ = 845 cm^{-1} (m), 996 (s), 1250 (vs), 1572 (m), 1589 (s), 1655 (vs, C=O), 1685 (vs, C=O), 2938 (w). HR-MS (ESI): *m*/*z*: 212.0497 [M+H$^+$, ber.: 212.0473]. – C$_{10}$H$_{10}$ClNO$_2$ (211.65 g/mol): ber. (%): C 56.75, H 4.76, N 6.62; gef. (%): C 56.39, H 4.60, N 7.21. – R_f (Et$_2$O): 0.38.

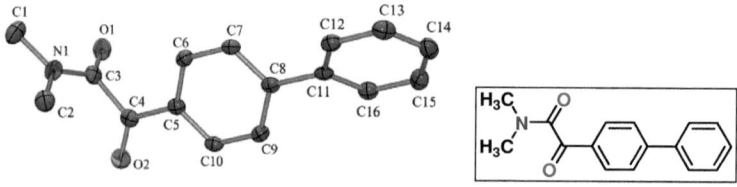

ORTEP plot von **65g**, H-Atome sind aus Gründen der Übersichtlichkeit nicht mit abgebildet.

N,*N*-Dimethyl-2-oxo-2-(4-biphenyl)acetamid (65g): Weißer Feststoff. – Smp.: 109–111 °C. – ¹H-NMR (CDCl₃): δ = 2.99 (s, 3 H, Me), 3.14 (s, 3 H, Me), 7.42 (*pseudo* t mit Feinaufspaltung, J = 7.2 Hz, AA'BB'C-System, 1 H, H-4''), 7.48 (*pseudo* t mit Feinaufspaltung, J = 7.2 Hz, AA'BB'C-System, 2 H, H-3''), 7.63 (*pseudo* d mit Feinaufspaltung, J = 7.2 Hz, AA'BB'C-System, 2 H, H-2''), 7.72 (*pseudo* d mit Feinaufspaltung, J = 8.8 Hz, AA'XX'-System, 2 H, H-2'), 8.02 (*pseudo* d mit Feinaufspaltung, J = 8.8 Hz, AA'XX'-System, 2 H, H-3'). – ¹³C-NMR (CDCl₃): δ = 34.00 (q, Me), 37.07 (q, Me), 127.31 (d, C-2''), 127.61 (d, C-2'), 128.54 (d, C-4''), 128.99 (d, C-3''), 130.22 (d, C-3'), 131.72 (s, C-4'), 139.51 (s, C-1''), 147.39 (s, C-1'), 167.02 (s, C-1), 191.34 (s, C-2). – IR (CDCl₃): $\tilde{\nu}$ = 696 cm⁻¹ (m), 853 (m), 884 (m), 993 (m), 1145 (m), 1253 (m), 1275 (m), 1404 (m), 1604 (m), 1656 (s) und 1682 (s, C=O), 2934 (w), 3033 (w) und 3063 (w, =C–H), 3461 (br.). Infolge der Unlöslichkeit der Verbindung in Tetrachlorkohlenstoff erfolgte die Messung in CDCl₃. – **HR-MS (ESI)**: *m/z*: 254.1242 [M+H⁺, ber.: 254.1176]. – C₁₆H₁₅NO₂ (253.30 g/mol): ber. (%): C 75.87, H 5.97, N 5.53; gef. (%): C 75.49, H 5.99, N 5.73. – R_f **(CHCl₃/Et₂O = 1:1)**: 0.66. – **Einkristallstrukturanalyse**: C₁₆H₁₅NO₂, MW = 253.29, T = 100 K, λ = 1.54184 Å, monoklin, Raumgruppe: P2(1)/n, a = 6.14680(10) Å, b = 6.99200(10) Å, c = 30.0286(4) Å, α = 90 °, β = 91.2010(10) °, γ = 90 °, V = 1290.30(3) Å³, Z = 4, D = 1.304 Mg/m³, μ = 0.691 mm⁻¹, $F(000)$ = 536. Die kristallographischen Daten für die Molekülstruktur von **65g** wurden hinterlegt im „Cambridge Crystallographic Data Center (CCDC)" unter der CCDC-Nummer 766235.

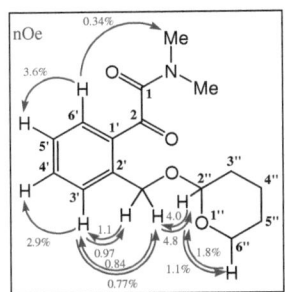

N,*N*-Dimethyl-2-oxo-2-{2-[(tetrahydro-2*H*-pyran-2-yloxy)methyl]phenyl}acetamid (65p): Schwach pinkfarbenes, hochviskoses Öl. – ¹H-NMR (CDCl₃): δ = 1.49–1.63 (m, 3 H, H-4'', H-5''), 1.64–1.71 (m, 1 H, H-3'', diastereotope Protonen), 1.74–1.81 (m, 1 H, H-3'', diastereotope Protonen), 1.83–1.93 (m, 1 H, H-5'', diastereotope Protonen), 2.93 (m, 3 H, Me), 3.07 (m, 3 H, Me), 3.52 (m, 1 H, H-6'', diastereotope Protonen), 3.88 (m, 1 H, H-6'', diastereotope Protonen), 4.76 (m, 1 H, H-2''), 5.00 (d, ²J = 15.6 Hz, 1 H, ArCH₂, diastereotope Protonen), 5.18 (d, ²J = 15.6 Hz, 1 H, ArCH₂, diastereotope Protonen), 7.37 (*pseudo* t, J = 7.6 Hz, ABCD-System, 1 H, H-5'), 7.60 (*pseudo* t mit erkennbarer Feinaufspaltung, J = 7.6 Hz, ABCD-System,

1 H, H-4'), 7.71 (*pseudo* d mit erkennbarer Feinaufspaltung, J = 7.6 Hz, ABCD-System, 1 H, H-6'), 7.83 (*pseudo* d, J = 8.0 Hz, ABCD-System, 1 H, H-3'). – ^{13}**C-NMR (CDCl$_3$)**: δ = 19.51 (t, C-5''), 25.32 (t, C-4''), 30.51 (t, C-3''), 33.95 (q, Me), 36.97 (q, Me), 62.34 (t, C-6''), 67.05 (t, ArCH$_2$O), 98.57 (d, C-2''), 127.01 (d, C-5'), 127.72 (d, C-3'), 129.87 (s, C-1'), 132.54 (d, C-6'), 134.04 (d, C-4'), 142.35 (s, C-2'), 167.21 (s, C-1), 193.48 (s, C-2). – **IR (CCl$_4$)**: $\tilde{\nu}$ = 645 cm^{-1} (m), 871 (m), 887 (m), 908 (m), 976 (m), 991 (m), 1034 (s), 1060 (m), 1078 (m), 1201 (m), 1243 (m), 1349 (m), 1403 (m), 1453 (m), 1486 (m), 1657 (s, C=O), 1679 (s, C=O), 2852 (m), 2872 (m), 2943 (s), 3070 (w), 3343 (w, br.). – **HR-MS (ESI)**: *m/z*: 292.1579 [M+H$^+$, ber.: 292.1543]. – **C$_{16}$H$_{21}$NO$_4$ (291.35 g/mol)**: ber. (%): C 65.96, H 7.26, N 4.81, O 21.97; gef. (%): C 62.15, H 7.05, N 3.97. Die Abweichung für den Kohlenstoffgehalt beträgt über 3%, weshalb die Vermutung nahe liegt, dass noch Lösungsmittelreste enthalten sind. Allerdings gelang es nicht, das hochviskose Öl zur Kristallisation zu bewegen (weder mit *n*-Hexan im Ultraschallbad noch im Pumpenstandvakuum oder im Tiefkühlschrank). – R_f **(Et$_2$O)**: 0.43.

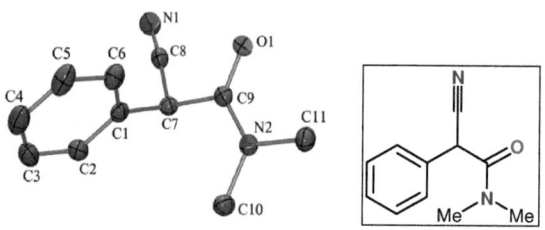

ORTEP plot von **69a**, H-Atome sind aus Gründen der Übersichtlichkeit nicht mit abgebildet.

2-Cyan-*N*,*N*-dimethyl-2-phenylacetamid (69a): Weißer Feststoff. – **Smp.**: 60–64 °C. – ^{1}**H-NMR (CDCl$_3$)**: δ = 2.95 (s, 3 H, Me), 2.96 (s, 3 H, Me), 5.04 (s, 1 H, Benzyl-H), 7.34–7.41 (m, 5 H, Ph). – ^{13}**C-NMR (CDCl$_3$)**: δ = 36.42 (q, Me), 37.58 (q, Me), 42.58 (d, Benzyl-C), 116.52 (s, CN), 127.65 (d, *o*-Ph oder *m*-Ph), 128.84 (d, *p*-Ph), 129.33 (d, *o*-Ph oder *m*-Ph), 130.47 (s, *i*-Ph), 163.83 (s, CO). – **IR (CCl$_4$)**: $\tilde{\nu}$ = 696 cm^{-1} (m), 708 (m), 1263 (w), 1394 (m), 1453 (m), 1497 (m), 1669 (vs, CO), 2245 (vw, CN), 2933 (vw, aliph. CH). – **C$_{11}$H$_{12}$N$_2$O (188.23 g/mol)**: ber. (%): C 70.19, H 6.43, N 14.88; gef. (%): C 70.38, H 6.41, N 14.88. – R_f **(Et$_2$O)**: 0.27. – R_f **(Et$_2$O/*n*-Hexan=5:1)**: 0.11–0.13. – **Einkristallstrukturanalyse**: C$_{11}$H$_{12}$N$_2$O, MW = 188.23, T = 100 K, λ = 1.54184 Å, monoklin, Raumgruppe: P1 21/c 1, a = 7.24740(10) Å, b = 13.6242(2) Å, c = 10.4456(2) Å, α = 90 °, β = 101.2516(16) °, γ = 90 °, V = 1011.57(3) Å^3, Z = 4, D = 1.236 Mg/m³, μ = 0.651 mm^{-1}, $F(000)$ = 400. Die kristallographischen Daten von Verbindung **69a** finden sich im Anhang zu dieser Arbeit (Kapitel 6.1).

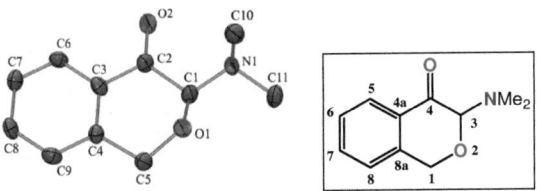

ORTEP plot von **76**, H-Atome sind aus Gründen der Übersichtlichkeit nicht mit abgebildet.

3-(Dimethylamino)-1*H*-isochroman-4(3*H*)-on (76): Schwach gelblicher Feststoff. – **Smp.**: 66–69 °C. – **^{1}H-NMR (CDCl$_3$)**: δ = 2.49 (s, 6 H, CH$_3$), 4.65 (*pseudo* d, *J* = 0.8 H-1, diastereotope Protonen), 5.02 (*pseudo* d, *J* = 15.2 Hz, ABX-System, 1 H, H-1', diastereotope Protonen), 7.19 (*pseudo* d, *J* = 7.6 Hz, ABCD-System, 1 H, H-8), 7.39 (*pseudo* t mit erkennbarer Feinaufspaltung, *J* = 7.6 Hz, ABCD-System, 1 H, H-6), 7.54 (*pseudo* td, *J* = 7.6 Hz, *J* = 1.2 Hz, ABCD-System, 1 H, H-7), 8.07 (*pseudo* d, *J* = 7.6 Hz, ABCD-System, 1 H, H-5). – **^{13}C-NMR (CDCl$_3$)**: δ = 40.32 (q, Me), 65.82 (t, C-1), 95.68 (d, C-3), 124.17 (d, C-8), 127.26 (d, C-5), 127.58 (d, C-6), 130.19 (s, C-4a), 133.93 (d, C-7), 142.09 (s, C-8a), 191.66 (s, C-4). Nummerierung entsprechend der IUPAC-Nomenklatur. – **IR (CCl$_4$)**: $\tilde{\nu}$ = 926 cm^{-1} (w), 1000 (m), 1067 (s), 1244 (w), 1281 (s), 1293 (s), 1458 (m), 1610 (m), 1709 (vs, C=O), 2793 (m), 2830 (m), 2872 (m), 2954 (m). – **HR-MS (ESI)**: *m/z*: 192.1126 [M+H$^+$, ber.: 192.1019]. – **C$_{11}$H$_{13}$NO$_2$ (191.23 g/mol)**: ber. (%): C 69.09, H 6.85, N 7.32; gef. (%): C 68.69, H 6.67, N 7.32. – **R$_f$ (Et$_2$O/*n*-Hexan=3:1)**: 0.30. – **Einkristallstrukturanalyse** (langsames Abdampfen von Et$_2$O bei Raumtemperatur): C$_{11}$H$_{13}$NO$_2$, *MW* = 191.22, *T* = 100 K, λ = 1.54184 Å, orthorhombisch, Raumgruppe: P2(1)2(1)2(1), *a* = 6.94550(10) Å, *b* = 7.9813(2) Å, *c* = 17.3313(3) Å, α = 90 °, β = 90 °, γ = 90 °, *V* = 960.75(3) Å^3, *Z* = 4, *D* = 1.322 Mg/m^3, μ = 0.740 mm^{-1}, *F*(000) = 408. Die kristallographischen Daten von Verbindung **76** finden sich im Anhang zu dieser Arbeit (Kapitel 6.2).

4.3.6.10 Charakterisierung der Bis(cyclooctatriazole) 77, 78, 80 und 81

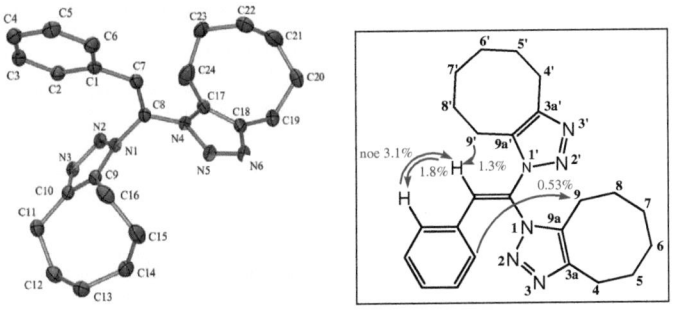

ORTEP plot von **77a**, H-Atome sind aus Gründen der Übersichtlichkeit nicht mit abgebildet.

1,1-Bis(4,5,6,7,8,9-hexahydro-1H-cycloocta[d][1,2,3]triazol-1-yl)-2-phenylethen (77a): Weißer Feststoff. – **Smp.**: 140–143°C. – **^{1}H-NMR (CDCl$_3$)**: δ = 1.35 (m, 4 H, H-6, H-7), 1.43 (m, 6 H, H-6', H-7', H-8), 1.57 (m, 2 H, H-8'), 1.76 (m, 4 H, H-5, H-5'), 2.70 (m, 2 H, H-9), 2.83 (m, 2 H, H-9'), 2.91 (m, 2 H, H-4'), 2.95 (m, 2 H, H-4), 6.84–6.87 (m, AA'BB'C-System, 2 H, o-Ph), 7.21 (s, 1 H, PhCH), 7.25–7.38 (m, AA'BB'C-System, 3 H, m-Ph, p-Ph). – **^{13}C-NMR (CDCl$_3$)**: δ = 21.47 (t, C-9), 21.60 (t, C-9'), 24.32 (t, C-4), 24.38 (t, C-4'), 24.75 (t, C-6 oder C-7), 24.97 (t, C-6' oder C-7'), 25.63 (t, C-6 oder C-7), 25.67 (t, C-6' oder C-7' oder C-8), 25.78 (t, C-6' oder C-7' oder C-8), 26.47 (t, C-8'), 27.68 (t, C-5), 28.03 (t, C-5'), 124.76 (s, =C(Cot)$_2$), 129.01 (d, m-Ph), 129.18 (d, o-Ph), 130.38 (d, p-Ph), 130.57 (s, i-Ph), 131.69 (d, PhCH), 135.27 (s, C-9a'), 135.33 (s, C-9a), 145.23 (s, C-3a'), 145.48 (s, C-3a). Die Zuordnung der Signale zu den beiden Cyclooctatriazol-Einheiten war über weiterführende NMR-Experimente (TOCSY, HSQC-TOCSY) möglich. Generell erfolgten Zuordnungen basierend auf C-3a bei tieferem Feld als C-9a.[36] Dabei lagen C-6/C-7 bei analogen Strukturen stets bei höherem Feld als C-8, so dass C-8 für das Signal bei 24.97 ppm ausgeschlossen wurde. – **IR (CCl$_4$)**: $\tilde{\nu}$ = 690 cm^{-1} (w), 1247 (w), 1457 (m), 2856 (m), 2933 (s). – **HR-MS (ESI)**: m/z: 403.2587 [M+H$^+$, ber.: 403.2605]. – **C$_{24}$H$_{30}$N$_6$ (402.54 g/mol)**: ber. (%): C 71.61, H 7.51, N 20.88; gef. (%): C 71.68, H 7.14, N 20.81. – **R_f (Et$_2$O/n-Hexan=5:1)**: 0.45. – **Einkristallstrukturanalyse** (langsames Abdampfen von CDCl$_3$ bei Raumtemperatur): C$_{24}$H$_{30}$N$_6$, MW = 402.54, T = 100 K, λ = 1.54184 Å, triklin, Raumgruppe: P-1, a = 8.2407(19) Å, b = 9.125(2) Å, c = 14.745(5) Å, α = 94.66(2) °, β = 103.07 °, γ = 95.21(2) °, V = 1069.6(5) Å^3, Z = 2, D = 1.250 Mg/m^3, μ = 0.601 mm^{-1}, F(000) = 432. Die kristallographischen Daten für die Molekülstruktur von **77a** wurden hinterlegt im „Cambridge Crystallographic Data Center (CCDC)" unter der CCDC-Nummer 767175.

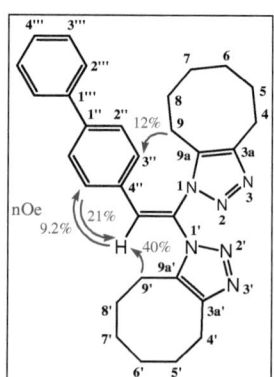

1,1-Bis(4,5,6,7,8,9-hexahydro-1H-cycloocta[d]triazol-1-yl)-2-(4-biphenyl)ethen (77g): Nahezu farbloses (ganz schwach gelbliches), hochviskoses Öl. – **^{1}H-NMR (CDCl$_3$)**: δ = 1.34–1.48

(m, 10 H, H-6, H-6', H-7, H-7', H-8), 1.57 (m, 2 H, H-8'), 1.77 (m, 4 H, H-5, H-5'), 2.73 (m, 2 H, H-9), 2.83 (m, 2 H, H-9'), 2.92 (m, 2 H, H-4'), 2.97 (m, 2 H, H-4), 6.91 (*pseudo* d mit erkennbarer Feinaufspaltung, J = 8.4 Hz, AA'XX'-System, 2 H, H-3''), 7.24 (s, 1 H, =CH$_{Alken}$), 7.36 (*pseudo* t mit Feinaufspaltung, J = 7.6 Hz, AA'BB'C-System, 1 H, H-4'''), 7.43 (*pseudo* t mit Feinaufspaltung, J = 7.6 Hz, AA'BB'C-System, 2 H, H-3'''), 7.50 (*pseudo* d mit erkennbarer Feinaufspaltung, J = 8.4 Hz, AA'XX'-System, 2 H, H-2''), 7.54 (*pseudo* d mit erkennbarer Feinaufspaltung, J = 7.6 Hz, AA'BB'C-System, 2 H, H-2'''). – **^{13}C-NMR (CDCl$_3$)**: δ = 21.47 (t, C-9), 21.58 (t, C-9'), 24.32 (t, C-4), 24.36 (t, C-4'), 24.75 (t, C-6 oder C-6' oder C-7 oder C-7'), 24.95 (t, C-6 oder C-6' oder C-7 oder C-7'), 25.62 (t, C-6 oder C-6' oder C-7 oder C-7'), 25.65 (t, C-6 oder C-6' oder C-7 oder C-7'), 25.79 (t, C-8), 26.45 (t, C-8'), 27.67 (t, C-5), 28.02 (t, C-5'), 124.49 (s, =C(Cot)$_2$), 126.96 (d, C-2'''), 127.54 (d, C-2''), 127.98 (d, C-4'''), 128.87 (d, C-3'''), 129.42 (s, C-4''), 129.67 (d, C-3''), 131.28 (d, =CH$_{Alken}$), 135.33 (s, C-9a), 135.36 (s, C-9a'), 139.67 (s, C-1'''), 143.02 (s, C-1''), 145.23 (s, C-3a'), 145.54 (s, C-3a). Nummerierung entsprechend der IUPAC Nomenklatur. Zuordnung basierend auf C-3a bei tiefstem Feld.[36] – **IR (CCl$_4$)**: $\tilde{\nu}$ = 696 cm^{-1} (s), 928 (m), 1052 (m), 1247 (m), 1315 (m), 1397 (m), 1445 (s), 1457 (s), 1487 (m), 1606 (w), 2856 (s) und 2933 (vs, CH$_2$). – **HR-MS (ESI)**: *m/z*: 479.2918 [M+H]$^+$, ber.: 479.2918]. – **R_f (CHCl$_3$/Et$_2$O = 1:1)**: 0.79. Kristallisationsversuche verliefen erfolglos.

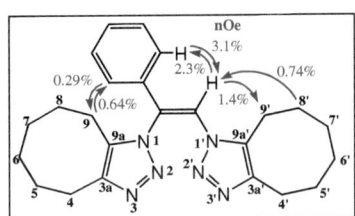

1,2-Bis(4,5,6,7,8,9-hexahydro-1*H*-cycloocta[*d*][1,2,3]triazol-1-yl)-1-phenylethen (78a): Weißer, flockiger Feststoff. – **Smp.**: 64–66°C. – **^{1}H-NMR (CDCl$_3$)**: δ = 1.39–1.54 (m, 8 H, H-6, H-6', H-7, H-7'), 1.60 (m, 2 H, H-8), 1.70 (m, 2 H, H-5'), 1.75 (m, 2 H, H-5), 1.85 (m, 2 H, H-8'), 2.56 (m, 2 H, H-9), 2.81 (m, 2 H, H-9'), 2.84 (m, 2 H, H-4'), 2.91 (m, 2 H, H-4), 7.22–7.25 (m, AA'BB'C-System, 2 H, *o*-Ph), 7.39–7.47 (m, AA'BB'C-System, 4 H, *m*-Ph, *p*-Ph) darunter bei 7.42 (s, 1 H, CH$_{Alken}$). – **^{13}C-NMR (CDCl$_3$)**: δ = 21.83 (t, C-9'), 21.95 (t, C-9), 24.24 (t, C-4'), 24.26 (t, C-4), 24.37 (t, C-6 oder C-6' oder C-7 oder C-7'), 24.44 (t, C-6 oder C-6' oder C-7 oder C-7'), 25.52 (t, C-8), 25.65 (t, C-8'), 25.98 (t, C-6 oder C-6' oder C-7 oder C-7'), 26.04 (t, C-6 oder C-6' oder C-7 oder C-7'), 27.80 (t, C-5), 27.92 (t, C-5'), 118.97 (d, CH$_{Alken}$), 126.00 (d, *o*-Ph), 129.17 (d, *m*-Ph), 130.47 (d, *p*-Ph); 133.72 (s, *i*-Ph oder PhC), 133.88 (s, *i*-Ph oder PhC), 134.78 (s, C-9a'), 136.07 (s, C-9a), 143.97 (s, C-3a'), 144.58 (s, C-3a). Generell konnten Zuordnungen basierend auf C-3a bei tieferem Feld als C-9a getroffen werden.[36]

Die Zuordnung der Methylengruppen zu den beiden Achtringen erfolgte *via* TOCSY-Spektrum. Die Unterscheidung, welcher der Ringe an welchem Alkenkohlenstoff gebunden ist, wurde über die gefundenen schwachen nOe-Effekte getroffen[12]. – **IR (CCl$_4$)**: $\tilde{v}$ = 692 cm^{-1} (m), 1457 (m), 2855 (m), 2933 (s), 3066 (w). – **HR-MS (ESI)**: *m/z*: 403.2592 [M+H$^+$, ber.: 403.2605]. – **C$_{24}$H$_{30}$N$_6$ (402.54 g/mol)**: ber. (%): C 71.61, H 7.51, N 20.88; gef. (%): C 70.22, H 7.44, N 20.08. Die großen Abweichungen beruhen möglicherweise auf Komplexierung von Lösungsmittelmolekülen durch die beiden *cis*-ständigen Cyclooctatriazoleinheiten. – **R$_f$ (Et$_2$O)**: 0.24.

(Z)-1,2-Bis(4,5,6,7,8,9-hexahydro-1*H*-cycloocta[*d*][1,2,3]triazol-1-yl)-1-(4-biphenyl-1-yl)-ethen (78g): Orangefarbener, teils glänzend kristalliner Feststoff. – **Smp.**: 73–76°C. – **^{1}H-NMR (CDCl$_3$)**: δ = 1.42 (m, 2 H, H-6'' oder H-6'''), 1.48 (m, 6 H, H-7'', H-7''', H-6'' oder H-6'''), 1.63 (m, 2 H, H-8''), 1.69 (*pseudo* quint, *J* = 6.4 Hz, 2 H, H-5''), 1.76 (*pseudo* quint, *J* = 6.4 Hz, 2 H, H-5'''), 1.85 (*pseudo* quint, *J* = 6.4 Hz, 2 H, H-8'''), 2.60 (*pseudo* t, *J* = 6.0 Hz, 2 H, H-9''), 2.81 (*pseudo* t, *J* = 6.4 Hz, 2 H, H-9'''), 2.83 (*pseudo* t, *J* = 6.4 Hz, 2 H, H-4''), 2.93 (*pseudo* t, *J* = 6.4 Hz, 2 H, H-4'''), 7.29 (*pseudo* d, *J* = 8.0 Hz, 2 H, AA'XX'-System, H-3), 7.36 (*pseudo* t, *J* = 7.6 Hz, 1 H, H-4'), 7.44 (*pseudo* t, *J* =7.6 Hz, 2 H, H-3'), 7.49 (s, 1 H, Vinyl-H), 7.58 (*pseudo* d, *J* = 8.0 Hz, 2 H, H-2'), 7.62 (*pseudo* d, *J* = 8.0 Hz, 2 H, AA'XX'-System, H-2). – **^{13}C-NMR (CDCl$_3$)**: δ = 21.80 (t, C-9'''), 21.98 (t, C-9''), 24.19 (t, C-4''), 24.21 (t, C-4'''), 24.33 (t, C-6''), 24.39 (t, C-6'''), 25.48 (t, C-8''), 25.61 (t, C-8'''), 25.97 (t, C-7'''), 26.00 (t, C-7''), 27.75 (t, C-5'''), 27.88 (t, C-5''), 118.70 (d, Vinyl-CH), 126.35 (d, C-3), 126.94 (d, C-2'), 127.71 (d, C-2), 127.98 (d, C-4'), 128.88 (d, C-3'), 132.45 (s, C-4), 133.33 (s, =*C*biphenyl), 134.80 (s, C-9a''), 136.13 (s, C-9a'''), 139.55 (s, C-1'), 143.20 (s, C-1), 143.92 (s, C-3a''), 144.55 (s, C-3a'''). Die Konstitution konnte aus der gefundenen ^{3}*J*(H-3,=*C*Biphenyl)-Kopplung geschlossen werden; die Konfiguration ergab sich, wie auch die Unterscheidung der beiden Cyclooctatriazolringe, aus den abgebildeten nOe-Effekten. – **IR**

---

[12] Die *cis*-Anordnung des vinylständigen Protons und der *ortho*-Phenylprotonen konnte mittels nOe- Experimenten bestätigt werden. Dabei sind die angegebenen relativen Signalverstärkungen mit Vorsicht zu betrachten, da zwar die chemischen Verschiebungen von *o*-H und Vinyl-H weit genug auseinander liegen, das Signal des einzelnen Protons jedoch von denen der anderen aromatischen Protonen überlagert ist, welche mit den *ortho*-Protonen koppeln.

(CCl$_4$): $\tilde{\nu}$ = 696 cm^{-1} (s), 909 (s), 1048 (m), 1243 (m), 1267 (m), 1379 (m), 1445 (s), 1457 (s), 1471 (m), 1488 (m), 2855 (s, CH$_2$), 2931 (vs, CH$_2$), 3033 (w, =CH), 3062 (w, =CH). – **HR-MS (ESI)**: *m/z*: 479.2858 [M+H$^+$, ber.: 479.2919]. – R_f (Et$_2$O): 0.38.

1,1-Bis(4,5,6,7,8,9-hexahydro-1*H*-cycloocta[*d*][1,2,3]triazol-1-yl)-2-phenylethan (80): Weißer Feststoff. – **Smp.**: 145–151 °C. – **^{1}H-NMR (CDCl$_3$)**: δ = 1.31 (m, 10 H, H-5, H-6, H-7), 1.51 (m, 2 H, H-5'), 1.69 (m, 4 H, H-8), 2.83 (m, 8 H, H-4, H-9), 4.10 (d, ^3J = 7.6 Hz, 2 H, PhCH$_2$), 6.97 (t, ^3J = 7.6 Hz, 1 H, PhCH$_2$C*H*), 7.13 (m, AA'BB'C-System, 2 H, *o*-Ph), 7.22 (m, AA'BB'C-System, 3 H, *m*-Ph, *p*-Ph). – **^{13}C-NMR (CDCl$_3$)**: δ = 21.23 (t, C-9), 24.45 (t, C-6 oder C-7), 24.86 (t, C-4), 25.59 (t, C-6 oder C-7), 26.71 (t, C-5), 28.39 (t, C-8), 38.90 (t, PhCH$_2$), 72.55 (d, PhCH$_2$C*H*), 127.60 (d, *p*-Ph), 128.83 (d, *m*-Ph), 129.22 (d, *o*-Ph), 134.10 (s, C-9a), 134.62 (s, *i*-Ph), 146.28 (s, C-3a). Zuordnung ausgehend von C-3a bei tiefstem Feld infolge des benachbarten sp^2-Stickstoffs analog ähnlicher, bekannter Strukturen.[36] – **IR (CCl$_4$)**: $\tilde{\nu}$ = 699 cm^{-1} (m), 1456 (m), 2856 (m), 2932 (s, CH$_2$). – **HR-MS (ESI)**: *m/z*: 405.2744 [M+H$^+$, ber.: 405.2761].

1,2-Bis(4,5,6,7,8,9-hexahydro-1*H*-cycloocta[*d*][1,2,3]triazol-1-yl)-1-phenylethan (81): Farbloses zähes Öl. – **^{1}H-NMR (CDCl$_3$)**: δ = 1.26 (m, 6 H), 1.34–1.51 (m, 4 H), 1.58–1.75 (m, 6 H), 2.40–2.51 (m, 1 H), 2.52–2.65 (m, 3 H), 2.73–2.88 (m, 4 H), 4.88 (*pseudo dd*, *J* = 14.0 Hz, *J* = 6.4 Hz, ABX-System, 1 H, NCH$_2$), 5.28 (*pseudo dd*, *J* = 14 Hz, *J* = 8.8 Hz, ABX-System, 1 H, NCH$_2$), 6.17 (*pseudo dd*, J_{cis} = 6.4 Hz, J_{trans} = 8.8 Hz, ABX-System, 1 H, PhC*H*), 7.21–7.25 (m, AA'BB'C-System, 2 H, *o*-Ph), 7.29–7.33 (m, AA'BB'C-System, 3 H, *m*-Ph, *p*-Ph). – **^{13}C-NMR (CDCl$_3$)**: δ = 21.25 (t), 21.30 (t), 24.24 (t), 24.37 (t), 24.42 (t), 25.40 (t), 25.63 (t), 25.75 (t), 25.83 (t), 26.04 (t), 28.20 (t), 28.46 (t), 51.06 (t, NCH$_2$), 61.72 (d, PhCH), 126.85 (d, *o*-Ph), 128.95 (d, *p*-Ph), 129.12 (d, *m*-Ph), 134.09 (s, C-9a oder C-9a'), 134.77 (s, C-9a oder C-9a'), 136.38 (s, *i*-Ph), 144.03 (s, C-3a oder C-3a'), 144.93 (s, C-3a oder C-3a'). Der Apostroph innerhalb der Nummerierung bezieht sich auf den zur Phenyleinheit β-ständigen Cyclooctatriazolsubstituenten, die Nummerierung erfolgte entsprechend der IUPAC Nomenklatur. – **IR (CCl$_4$)**: $\tilde{\nu}$ = 699 cm^{-1} (m), 1446 (m), 1456 (m), 2855 (m), 2932 (s, CH$_2$), 3033 (w). – **HR-MS (ESI)**: *m/z*: 405.2788 [M+H$^+$, ber.: 405.2761].

4.3.6.11 Charakterisierung der Fluor-haltigen Verbindungen 89, 94, 95, 97

Die Verbindungen **89**, **94** und **95** sind literaturbekannt,[76] jedoch finden sich an betreffender Stelle keine vollständigen Charakterisierungsdaten, so dass diese an dieser Stelle mit aufgeführt sind.

Fluoracetylen (89): Die bekannte[76,97] Verbindung wurde nur aus Substanzgemischen heraus identifiziert und nicht isoliert. − **^{1}H-NMR (Aceton-d$_6$, −60°C):** δ = 2.82 (d, $^3J_{1H,19F}$ = 15.6 Hz, 1 H). − **^{1}H-NMR (CDCl$_3$, −50°C):** δ = 1.60 (d, $^3J_{1H,19F}$ = 14.8 Hz, 1 H). − **^{1}H-NMR (CD$_3$OD):** δ = 2.23 (d, $^3J_{1H,19F}$ = 15.2 Hz, 1 H). − **^{1}H-NMR (CD$_3$OD, −60°C):** δ = 2.59 (d, $^3J_{1H,19F}$ = 15.2 Hz, 1 H). − **^{1}H-NMR (CD$_2$Cl$_2$):** δ = 1.64 (d, $^3J_{1H,19F}$ = 14.8 Hz, 1 H). − **^{13}C-NMR (Aceton-d$_6$, −60°C):** Es wurde ein komplett gekoppeltes Spektrum aufgenommen: δ = 16.75 (dd, $^1J_{1H,13C}$ = 279.4 Hz, $^2J_{19F,13C}$ = 15.3 Hz, ≡CH), 90.44 (dd, $^1J_{19F,13C}$ = 301.2 Hz, $^2J_{1H,13C}$ = 67.2 Hz, ≡CF). Die ermittelten ^{1}H{^{13}C}-Kopplungskonstanten stimmen mit Literaturwerten[118] überein. − **^{13}C-NMR (CD$_3$OD, −60°C):** δ = 15.78 (s, d-Aufspaltung, $^2J_{19F,13C}$ = 16.0 Hz, ≡CH), 90.56 (d, d-Aufspaltung, $^1J_{19F,13C}$ = 299.9 Hz, ≡CF). − **^{13}C-NMR (CDCl$_3$, −50°C):** δ = 14.60 (s, d-Aufspaltung, $^2J_{19F,13C}$ = 18.4 Hz, ≡CH), 88.95 (d, d-Aufspaltung, $^1J_{19F,13C}$ = 304.6 Hz, ≡CF). − **^{13}C-NMR (CD$_2$Cl$_2$, −60°C):** δ = 14.26 (s, d-Aufspaltung, $^2J_{19F,13C}$ = 17.5 Hz, ≡CH), 88.75 (d, d-Aufspaltung, $^1J_{19F,13C}$ = 301.4 Hz, ≡CF). − **^{13}C-NMR (CD$_2$Cl$_2$):** δ = 14.60 (s, d-Aufspaltung, $^2J_{19F,13C}$ = 18.3 Hz, ≡CH), 89.72 (d, d-Aufspaltung, $^1J_{19F,13C}$ = 303.7 Hz, ≡CF). − **^{19}F-NMR (CDCl$_3$, −50°C):** δ = −206.85 (d, $^3J_{1H,19F}$ = 15.4 Hz). − **^{19}F-NMR (Aceton-d$_6$, −60°C):** δ = −211.94 (d, $^3J_{1H,19F}$ = 16.2 Hz).

1,1,2,2-Tetrabrom-1-fluorethan (94): Farblose Flüssigkeit. − **Kp. (3 mbar):** 79–80°C (Lit.:[76] Kp.$_{13}$ = 90–100°C). − **^{1}H-NMR (CDCl$_3$):** δ = 6.08 (d, $^3J_{1H,19F}$ = 7.2 Hz, 1 H, CHBr$_2$). − **^{13}C-NMR (CDCl$_3$):** δ = 49.94 (d, d-Aufspaltung, $^2J_{13C,19F}$ = 29.0 Hz, CHBr$_2$), 94.05 (s, d-Aufspaltung, $^1J_{13C,19F}$ = 319.0 Hz, CFBr$_2$). − **^{19}F-NMR (CDCl$_3$):** δ = −52.73 (br. s). − **^{19}F-NMR (CDCl$_3$, −50°C):** δ = −48.07 (br. s), −67.36 (br. s). Die ^{19}F-NMR-Spektren lassen auf eine temperaturabhängige Moleküldynamik schließen. Möglicherweise liegen bei tieferer Temperatur verschiedene Konformere vor, welche aus einer gehinderten Rotation um die C–C-Einfachbindung (infolge der sterisch anspruchsvollen Bromsubstituenten) resultieren. Allerdings ließ sich im ^{1}H-NMR-Spektrum bei −50°C keine analoge Aufspaltung des Protonensignals beobachten. − **IR (CDCl$_3$):** $\tilde{\nu}$ = 606 cm^{-1} (m), 638 (m), 783 (s), 1004 (s), 1078 (s), 1227 (w), 2989 (w).

1,2-Dibrom-1-fluorethen (95): Die Daten wurden aus einer Mischung der beiden Konfigurationsisomere [(Z)-95/(E)-95 = 1:3.7] ermittelt, da eine destillative Trennung nicht ohne weiteres gelang, jedoch für die Weiterumsetzung auch nicht erforderlich war. − Farblose Flüssigkeit, unangenehmer, stechender Geruch. − **Kp.:** 86°C (Lit.:[76] 89–91°C). − **^{1}H-NMR (CDCl$_3$):** (E)-95: δ = 5.71 (d, $^3J_{trans\text{-}H,19F}$ = 22.4 Hz, 1 H, =CHBr); (Z)-95: δ = 6.51 (d, $^3J_{cis\text{-}H,19F}$ = 8.0 Hz, 1 H, =CHBr). − **^{1}H-NMR (CDCl$_3$, −50°C):** (E)-95: δ = 5.73 (d, $^3J_{trans\text{-}H,19F}$ = 23.2 Hz, 1 H, =CHBr);

(Z)-95: δ = 6.53 (d, $^3J_{cis\text{-H,19F}}$ = 7.6 Hz, 1 H, =CHBr). – ^{13}C-NMR (CDCl$_3$): (E)-95: δ = 84.51 (d, d-Aufspaltung, $^2J_{13C,19F}$ = 18.3 Hz, CHBr), 132.25 (s, d-Aufspaltung, $^1J_{13C,19F}$ = 320.4 Hz, CFBr); (Z)-95: δ = 93.72 (d, d-Aufspaltung, $^2J_{13C,19F}$ = 42.7 Hz, CHBr), 139.76 (s, d-Aufspaltung, $^1J_{13C,19F}$ = 318.9 Hz, CFBr). – ^{13}C-NMR (CDCl$_3$, –50 °C): (E)-95: δ = 84.74 (d, d-Aufspaltung, $^2J_{13C,19F}$ = 18.4 Hz, CHBr), 132.03 (s, d-Aufspaltung, $^1J_{13C,19F}$ = 321.5 Hz, CFBr); (Z)-95: δ = 94.05 (d, d-Aufspaltung, $^2J_{13C,19F}$ = 42.9 Hz, CHBr), 139.49 (s, d-Aufspaltung, $^1J_{13C,19F}$ = 319.9 Hz, CFBr). – ^{19}F-NMR (CDCl$_3$, –50 °C): (E)-95: δ = –66.88 (d, $^3J_{1H,19F}$ = 23.7 Hz); (Z)-95: δ = –66.31 (d, $^3J_{1H,19F}$ = 7.2 Hz). – IR (CDCl$_3$): $\tilde{\nu}$ = 815 cm^{-1} (s), 1020 (m), 1058 (vs), 1114 (m), 1239 (m), 1642 (s), 3082 (w), 3114 (m).

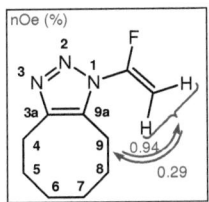

1-(1-Fluorvinyl)-4,5,6,7,8,9-hexahydro-1H-cyclooctа[d][1,2,3]triazol (97): Farbloses, hochviskoses Öl. – ^{1}H-NMR (CDCl$_3$): δ = 1.44 (m, 4 H, H-6, H-7), 1.72 (pseudo quint, J = 6.4 Hz, 2 H, H-5), 1.77 (pseudo quint, J = 6.4 Hz, 2 H, H-8), 2.81 (pseudo t, J = 6.4 Hz, 2 H, H-9), 2.86 (pseudo t, J = 6.4 Hz, 2 H, H-4), 4.95 (dd, $^3J_{E\text{-H,F}}$ = 23.2 Hz, ^2J = 4.4 Hz, 1 H, E-H, =CH$_2$), 5.01 (dd, $^3J_{Z\text{-H,F}}$ = 11.2 Hz, ^2J = 4.4 Hz, 1 H, Z-H, =CH$_2$). – ^{13}C-NMR (CDCl$_3$): δ = 21.46 (t, d-Aufspaltung, $^4J_{19F,13C}$ = 3.0 Hz, C-9), 24.12 (t, C-4), 24.75 (t, C-6 oder C-7), 25.56 (t, C-6 oder C-7), 26.51 (t, C-8), 28.06 (t, C-5), 89.10 (t, d-Aufspaltung, $^2J_{19F,13C}$ = 23.7 Hz, =CH$_2$), 134.27 (s, d-Aufspaltung, $^3J_{19F,13C}$ = 3.0 Hz, C-9a), 144.87 (s, C-3a), 150.30 (s, d-Aufspaltung, $^1J_{19F,13C}$ = 264 Hz, =CF). – IR (CDCl$_3$): $\tilde{\nu}$ = 1046 cm^{-1} (m), 1254 (s), 1319 (m), 1350 (m), 1444 (m), 1694 (s), 2858 (m, CH$_2$), 2935 (s, CH$_2$). – HR-MS (ESI): m/z: 196.1211 [M+H$^+$, ber.: 196.1245]. – R_f (Et$_2$O/n-Hexan = 1:1): 0.42.

4.3.6.12 Charakterisierungen zur Umsetzung von Dicyanacetylen (90)

Dicyanacetylen (90): Von der Verbindung wurden keine NMR-Daten in der Literatur[77] angegeben, so dass diese an dieser Stelle aus Gründen der Vollständigkeit mit aufgeführt sind. – Weißer Feststoff/Farblose Flüssigkeit. Tränenreizend! – **Smp.:** Raumtemperatur (Lit.[77a]: 20.5–21 °C). – ^{13}C-NMR (CDCl$_3$): δ = 54.81 (s, ≡C), 102.99 (s, CN). – IR (CCl$_4$): $\tilde{\nu}$ = 474 cm^{-1} (vs), 1266 (m), 1735 (m), 2237 (w). – IR (CDCl$_3$): $\tilde{\nu}$ = 476 cm^{-1} (vs), 1271 (m), 1731 (m), 2239 (s).

Acetylendicarbonsäurediamid (101): Weißer Feststoff. – **Smp.:** >235°C (Sublimation und Zersetzung) [Lit.[77a]: 190–192°C]. – **^{1}H-NMR (DMSO-d$_6$):** δ = 7.84 (s, 2 H, NH$_2$), 8.32 (s, 2 H, NH$_2$). Die chemische Verschiebung variiert leicht mit unterschiedlicher Konzentration der NMR-Lösung. – **^{13}C-NMR (DMSO-d$_6$):** δ = 76.92 (s, ≡C), 152.62 (s, C=O). – **IR (KBr):** $\tilde{\nu}$ = 607 cm^{-1} (m), 705 (m), 1127 (m), 1410 (s), 1625 (s), 1682 (s, C=O), 2799 (w), 3122 (s), 3281 (s, NH$_2$). Die Streckschwingung der C≡C-Dreifachbindung wurde nicht gefunden. – **C$_4$H$_4$N$_2$O$_2$ (112.09 g/mol):** ber. (%): C 42.86, H 3.60, N 24.99; gef. (%): C 42.84, H 3.66, N 24.96.

N''-(1,2-Dicyanvinyl)-N,N,N',N'-tetramethylguanidin (102): Gelbes viskoses Öl. – **^{1}H-NMR (CDCl$_3$):** δ = 2.90 (s, 12 H, Me), 4.76 (s, 1H, Vinyl-H). Unter Verwendung der Standard-^{1}H-NMR-Parameter erschien das Integral des Vinylprotons, bedingt durch dessen langsamere Relaxation (6.8 s) im Vergleich zu den Methylprotonen (1.8 s lt. T$_1$-Experiment), zu klein. Erst nach entsprechender Erhöhung der d1-Delayzeit für das Protonenspektrum wurde das angegebene Integralverhältnis von 1:12 gefunden. Die *cis*-Konfiguration der Nitrilgruppen an der Doppelbindung wurde aus dem gefundenen nOe-Effekt geschlussfolgert. – **^{13}C-NMR (CDCl$_3$):** δ = 39.76 (q, Me), 83.11 (d, =C(CN)H), 116.32 (s, CN), 116.94 (s, CN), 139.18 (s, =C(CN)N), 164.29 (s, N=C). – **IR (CCl$_4$):** $\tilde{\nu}$ = 895 cm^{-1} (w), 1033 (w), 1161 (w), 1393 (m), 1424 (s), 1471 (m), 1531 (s), 2209 (w, CN), 2898 (w), 2943 (w). – **MS (EI):** *m/z* (%):[13] 191.2 (7.5) [M$^+$], 147.1 (16.6) [M$^+$–NMe$_2$], 44.1 (75.1) [NMe$_2$], 42.1 (50.7), 15.0 (100, Basispeak) [Me]. – **R$_f$ (EtOH):** 0.67. – **R$_f$ (Et$_2$O):** 0.20.

1-Azido-1,2-dicyanethen (103): Die Verbindung wurde einzig aus einer Substanzmischung heraus vermutet und nicht isoliert. Sie erwies sich bei Raumtemperatur selbst im Lösungsmittel als äußerst instabil und war bereits nach einer Nacht Stehen des NMR-Röhrchens nicht mehr nachweisbar. – **^{1}H-NMR (CDCl$_3$):** δ = 5.40 (s, 1 H). – **^{13}C-NMR (CDCl$_3$):** δ = 95.64 (d, =CH), 109.98 (s, CN), 111.46 (s, CN), 129.65 (s, =CN$_3$).

---

[13] Die GC-MS Messung wurde freundlicherweise von Dipl.-Chem. Stefan Türk im Arbeitskreis Technische Chemie (TU Chemnitz) durchgeführt. Unter den gewählten GC-Bedingungen (Injektortemperatur: 270°C, Temperaturprogramm: 1 min 50°C, danach mit 10 K/min auf 270°C, danach 2 min 270°C) lag die Retentionszeit der Verbindung bei 19.1 min. Es wurden abgesehen vom Molpeak ausschließlich die Fragmentpeaks mit einer relativen Intensität von über 50% aufgeführt.

4.3.6.13 Charakterisierung des Nebenproduktes 161 aus Schema 65

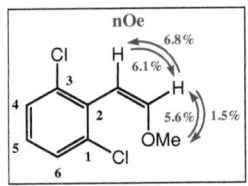

(Z)-1,3-Dichlor-2-(2-methoxyvinyl)benzol (161): Gelbe Flüssigkeit. – ^{1}H-NMR (CDCl$_3$): δ = 3.71 (s, 3 H, OMe), 5.32 (d, ^3J = 6.4 Hz, 1 H, ArCH), 6.25 (d, ^3J = 6.4 Hz, 1 H, =C(OMe)H), 7.09 (*pseudo* td, J = 8.0 Hz, 0.8 Hz, 1 H, H-5), 7.31 (d mit Feinaufspaltung, J = 8.0 Hz, 2 H, H-4, H-6). – ^{13}C-NMR (CDCl$_3$): δ = 59.87 (q, OMe), 100.18 (d, ArCH), 127.61 (d, C-4/6), 127.87 (d, C-5), 132.95 (s, C-2), 135.05 (s, CCl), 148.94 (d, =C(OMe)H). – **IR (CCl$_4$):** $\tilde{v}$ = 989 cm^{-1} (w), 1111 (m), 1276 (s), 1382 (m), 1428 (s), 1458 (m), 1644 (m), 1664 (s), 2848 (w), 2934 (m), 3007 (w). – R_f (*n*-Hexan): 0.13.

4.4 Synthesen zu Kapitel 2.4 *(1-Azido-1-alkine via Eliminierungsreaktionen)*

4.4.1 Synthesevorschriften zu Kapitel 2.4.1

Die literaturbekannten Verbindungen **3**[14a] (45%), **5**[52b] (90%), **6**[63] (64–79%), **125**[119d] (39%), (**Z**)-**126a**[83] (47%) und (**Z**)-**126u**[83] (46%) konnten entsprechend der jeweiligen Literatur in den in Klammern angegebenen Ausbeuten synthetisiert werden.

4.4.1.1 Versuche zur CuI-katalysierten, *L*(–)-Prolin-unterstützten Kupplungsreaktion[42] mit NaN$_3$

4.4.1.1.1 Synthese des halogensubstituierten Alkens 108a

Es wurden 1.00 g (Chlorethinyl)benzol (**4a**) (7.32 mmol, 1 eq) in 5 mL Chloroform gelöst, auf 0°C abgekühlt und anschließend 0.49 mL Iodmonochlorid (1.52 g, 9.36 mmol, 1.3 eq), gelöst in 5 mL Chloroform, langsam unter Rühren über 40 Minuten zugetropft. Danach wurde 80 Minuten bei 40°C gerührt, über 30 Minuten auf Raumtemperatur abgekühlt, 1.00 g Natriumthiosulfat (6.3 mmol, 0.9 eq), gelöst in 20 mL Wasser, zugegeben und mit Chloroform (4x 20 mL) extrahiert. Die vereinigten organischen Phasen wurden über MgSO$_4$ getrocknet, das Lösungsmittel am Rotationsverdampfer (RT) entfernt und der verbliebene Rückstand (2.00 g, orangefarbenes Öl) zunächst über eine Flash-Chromatographie an Kieselgel (4x35 cm, CHCl$_3$, R_f = 0.88) vorgereinigt, bevor mittels einer zweiten Säulenchromatographie an Kieselgel (4x36 cm, *n*-Pentan) 1.72 g **108a** (79%, R_f = 0.45) isoliert werden konnten.

4.4.1.1.2 Synthese von L(–)-Prolin-Natriumsalz (124)

Es wurden 2.00 g L(–)-Prolin (**123**) (17.37 mmol, 1 eq) in 10 mL Wasser unter Rühren vollständig gelöst, unter Eiskühlung portionsweise 695 mg NaOH (17.37 mmol, 1 eq) über 5 Minuten zugegeben und anschließend 40 Minuten bei 0°C und weitere 3 Stunden bei Raumtemperatur gerührt. Das Lösungsmittel wurde bei 40°C am Rotationsverdampfer entfernt. Es verblieben 2.25 g **124** (95%).

4.4.1.1.3 Umsetzung von 6 unter Verwendung von L(–)-Prolin (123)

Eine Mischung von 1.00 g (Iodethinyl)benzol (**6**) (4.4 mmol, 1 eq), 344 mg NaN$_3$ (5.3 mmol, 1.2 eq), 84 mg CuI (0.44 mmol, 10 mol%) und 100 mg L(–)-Prolin (**123**) (0.87 mmol, 20 mol%) in 3 mL DMSO (3.3 g, 42.2 mmol, 9.6 eq) wurde über 2 Stunden bei 70°C gerührt. Anschließend wurde die Mischung abgekühlt, mit 50 mL Chloroform versetzt und mit Wasser (5x 80 mL) zur Entfernung von DMSO gewaschen. Die organische Phase wurde über MgSO$_4$ getrocknet und das Lösungsmittel am Rotationsverdampfer (RT) entfernt. Der verbliebene Rückstand (239 mg) wurde säulenchromatographisch an Kieselgel (2x70 cm, Et$_2$O/*n*-Pentan = 1:5) aufgearbeitet, wobei 46 mg des Homokupplungsproduktes **59a** (10%, R_f = 0.70) isoliert werden konnten.

4.4.1.1.4 Umsetzung von 108a unter Verwendung von L(–)-Prolin (123)

Eine Mischung aus 0.5 g **108a** (1.68 mmol, 1 eq), 32 mg CuI (0.17 mmol, 10 mol-%), L(–)-Prolin (**123**) (39 mg, 0.34 mmol, 20 mol-%) sowie NaN$_3$ (131 mg, 2.01 mmol, 1.2 eq) in DMSO (5 mL) wurde über 2 Stunden bei 80°C gerührt, über 10 Minuten abgekühlt und nach Zugabe von 10 mL Wasser mit Diethylether (5x 50 mL) extrahiert. Die vereinigten organischen Phasen wurden mit Wasser (4x 100 mL) gewaschen, über MgSO$_4$ getrocknet und das Lösungsmittel am Rotationsverdampfer (10°C) entfernt. Es verblieben einzig 234 mg unumgesetztes Edukt **108a** (47%).

Ein analoger Ansatz unter Verwendung von L(–)-Prolin-Natriumsalz (**124**) lieferte nach 23 Stunden bei 80°C ebenfalls einzig 43% unumgesetztes Edukt **108a** zurück.

4.4.1.1.5 Umsetzung von (Z)-126a unter Verwendung von L(–)-Prolin-Natriumsalz (124)

Eine Mischung aus 460 mg (Z)-2-Phenylvinyliodid [(**Z**)-**126a**] (2 mmol, 1 eq), 146 mg NaN$_3$ (2.24 mmol, 1.1 eq), 19 mg Kupfer(I)iodid (0.1 mmol, 5 mol%) und 27 mg L(–)-Prolin-Natriumsalz (**124**) (02 mmol, 10 mol%) in 4 mL DMSO wurde über 2¾ Stunden bei 70°C gerührt. Nach Abkühlen über 15 Minuten wurden 50 mL Wasser zugegeben und mit Chloroform (3x 50 mL) extrahiert. Die vereinigten organischen Phasen wurden mit Wasser gewaschen (3x

50 mL), getrocknet (MgSO$_4$) und das Lösungsmittel am Rotationsverdampfer (RT) entfernt. Obwohl im verbliebenen Rohprodukt (244 mg, gelbliche Flüssigkeit) kein (Z)-2-Phenylvinylazid [(Z)-**104a**][120] enthalten war (maximal in Spuren), wurde säulenchromatographisch an Kieselgel (4x23 cm, *n*-Hexan) aufgearbeitet. Es konnten 134 mg unumgesetztes **(Z)-126a** (R_f = 0.37, 29%) und 4 mg des Kopplungsproduktes **127** (2%) isoliert werden.

Ein analoger Ansatz ausgehend von 550 mg (Z)-2-Undecylvinyliodid [(Z)-**126u**] (1.78 mmol, 1 eq) lieferte nach 2 Stunden Reaktionszeit bei 70°C und Aufarbeitung einzig 77% unumgesetztes Edukt zurück.

4.4.1.2 Versuche zur radikalischen Iodazid-Addition an Ethinylhalogenide

4.4.1.2.1 Umsetzung von **4a**

Es wurden 1.10 g NaN$_3$ (16.9 mmol, 2.3 eq) in 35 mL entgastem *n*-Pentan suspendiert, 20 Minuten bei Raumtemperatur gerührt und anschließend auf –40°C gekühlt. Dazu wurde langsam eine Lösung von 1.36 g ICl (8.4 mmol, 1.15 eq) in 20 mL entgastem *n*-Pentan zugetropft und 30 Minuten unter Aufrechterhaltung der Temperatur nachgerührt. Danach wurde eine Lösung von 1.00 g **4a** (7.3 mmol, 1 eq) in 15 mL entgastem *n*-Pentan zugetropft, der Kolben mit Aluminiumfolie ummantelt und die Mischung unter Schutzgas über Nacht auf Raumtemperatur erwärmt. Es wurden 100 mL 5%-ige Natriumthiosulfatlösung zugegeben und mit Diethylether (3x 50 mL) extrahiert. Die vereinigten organischen Phasen wurden mit Natriumthiosulfatlösung (100 mL, 2%-ig) gewaschen, über Magnesiumsulfat getrocknet und das Lösungsmittel am Rotationsverdampfer (–10°C) entfernt. Der verbliebene Rückstand (2.66 g) wurde säulenchromatographisch an Kieselgel (4x39 cm, *n*-Hexan) aufgereinigt. Es wurden 1.24 g einer Mischfraktion (R_f = 0.54) erhalten, aus welcher nach erneuter Flash-Chromatographie (4x36 cm, *n*-Pentan) einzig 43% **108a** (R_f = 0.39, 936 mg) isoliert werden konnten.

4.4.1.2.2 Umsetzung von **5**

Es wurden 50 mL dest. *n*-Pentan über 20 Minuten mittels kräftigem Stickstoffstrom von Luftsauerstoff befreit und anschließend 1.65 g NaN$_3$ (25.4 mmol, 2.3 eq) eingerührt. Die resultierende Suspension wurde auf –50°C abgekühlt und 0.66 mL ICl (2.06 g, 12.7 mmol, 1.2 eq) in 15 mL destilliertem, stickstoffgespülten *n*-Pentan über 15 Minuten zugetropft. Danach wurde über 30 Minuten bei –15°C bis –20°C nachgerührt und (Bromethinyl)benzol (**5**) (2.00 g, 11 mmol, 1 eq) über ca. 2 Minuten unter kräftigem Rühren zugetropft. Es wurde 1½ Stunden unter Schutzgas gerührt, wobei sich die Mischung auf –5°C erwärmte. Nach weiteren 20 Minuten bei –20°C wurde das Kältebad entfernt und der Kolben mit Aluminiumfolie ummantelt, um einer vermeintlichen photochemischen Zersetzung des erhofften Vinylazids unter Azirinbildung vorzubeugen. Im Anschluss wurde 43 Stunden bei Raumtemperatur gerührt, die Mischung mit

100 mL 5%-iger $Na_2S_2O_3$-Lösung versetzt und mit Diethylether (3x 50 mL) extrahiert. Die vereinigten organischen Phasen wurden mit wässriger Natriumthiosulfatlösung (5%-ig, 1x 50 mL) gewaschen, über $MgSO_4$ getrocknet und das Lösungsmittel am Rotationsverdampfer (RT) entfernt. Der verbliebene Rückstand (2.50 g, orangefarbene Flüssigkeit) wurde mittels Flash-Chromatographie an Kieselgel (3x27 cm, n-Pentan) aufgereinigt. Es konnten 2.13 g **106a** (56%, R_f = 0.55) isoliert werden.

4.4.2 Synthesevorschriften zu Kapitel 2.4.2

4.4.2.1 Synthese des monobromsubstituierten Vinylazids (Z)-119v

4.4.2.1.1 Synthese der Vinylbromid-Vorstufe (Z)-132v

Es wurden 1.00 g **58v** (14.6 mmol, 1 eq) in 12 mL Tetrachlorkohlenstoff gelöst, auf 80°C (Rückfluss) erhitzt und 0.65 mL Brom (2.03 g, 12.7 mmol, 0.87 eq) in 6 mL CCl_4 langsam zugetropft. Nach 30 Minuten Rühren unter Rückfluss wurde abgekühlt, das Lösungsmittel am Rotationsverdampfer (RT) entfernt und der der verbliebene Rückstand (3.2 g, orange-braune Flüssigkeit) mittels Flash-Chromatographie an Kieselgel (n-Hexan/Methylenchlorid = 1:1) aufgereinigt. Es konnten 1.43 g **(Z)-132v** (50%, R_f = 0.34) isoliert werden.

4.4.2.1.2 Umsetzung der Vorstufe zum Vinylazid (Z)-119v

Es wurden 0.19 g Natriumazid (2.9 mmol, 1.3 eq) in 3.5 mL DMSO eingerührt und 0.5 g **(Z)-132v** (2.2 mmol, 1 eq) in 2 mL DMSO bei Raumtemperatur zugetropft. Die Mischung wurde 3 Stunden bei Raumtemperatur gerührt, wobei sie zusehends dunkler (gelblich →orange) wurde. Nach Zugabe von 8 mL Eiswasser wurde mit Diethylether (4x 10 mL) extrahiert. Die vereinigten Etherphasen wurden zur Entfernung von DMSO-Resten mit Wasser (4x 10 mL) gewaschen, bis die wässrige Phase farblos blieb, über $MgSO_4$ getrocknet und das Lösungsmittel am Rotationsverdampfer (RT, Schutzscheibe) entfernt. Es verblieben 273 mg Vinylazid **(Z)-119v** (65%).

4.4.3 Synthesevorschriften zu Kapitel 2.4.3.1

Die literaturbekannten Verbindungen **137**[89a] (67%) und **138**[89b] (66%) konnten entsprechend der jeweiligen Literatur in den in Klammern angegebenen Ausbeuten synthetisiert werden.

4.4.3.1 Synthese des Vinylazid-Grundkörpers (104e)

Aus Sicherheitsgründen erfolgte der gesamte Versuch hinter einer Schutzscheibe! In einem Zweihalskolben, welcher mit einer Destillationsbrücke und einer gut gekühlten Vorlage (Eis/Kochsalz-Kältemischung) verbunden war, wurden 10 g KOH (178 mmol, 3.6 eq) in 30 mL

Wasser gelöst, 37.5 mL Ethylenglycol zugegeben und zur resultierenden klaren Lösung bei 50°C 5.25 g β-Chlorethylazid (**138**) (49.7 mmol, 1 eq) über 10 Minuten zugetropft. Der Tropftrichter wurde mit wenig Ethylenglycol (< 5 mL) nachgespült, anschließend entfernt und die Reaktionsmischung über 4 Stunden bei einer Ölbadtemperatur von 70°C destilliert. Bei 28–29°C (Normaldruck) gingen 1.93 g Vinylazid (**104e**) (56%) in die Vorlage über. Die Substanz wurde im Tiefkühlschrank (–30°C) aufbewahrt und *mit äußerster Vorsicht und unter verstärkten Sicherheitsvorkehrungen* gehandhabt. Eine weitere Temperaturerhöhung des Destillationskolbens auf 85°C über 2 Stunden lieferte eine zweite Fraktion (0.47 g, gelbliche Flüssigkeit), welche jedoch neben Vinylazid (**104e**) größere Mengen an Verunreinigungen (hauptsächlich **139**) enthielt.

4.4.3.2 Umsetzung von Vinylazid (104e) mit Brom

Im NMR-Röhrchen wurden 47 mg Vinylazid (**104e**) (0.69 mmol, 1 eq) in 0.4 mL CDCl$_3$ vorgelegt, 2–3 Tropfen Tetramethylsilan als interner Standard zugesetzt und kräftig geschüttelt. Die resultierende klare Lösung wurde NMR-spektroskopisch bei –30°C vermessen. Der Transport der Probe zwischen Labor und NMR-Spektrometer erfolgte dabei jeweils gekühlt bei –40°C. Anschließend wurde bei –40°C solange vorsichtig eine Lösung von 175 mg Brom (110 mg = 1 eq) in 0.2 mL CDCl$_3$ zugetropft, bis keine Entfärbung mehr stattfand. Die erneute Aufnahme eines ^{1}H-NMR-Spektrums zeigte das Bromaddukt **109e** in 90% NMR-Ausbeute (ausgehend von TMS bezogen auf **104e**). Das NMR-Lösungsmittel wurde bei 0°C abrotiert, wobei 112 mg (71%) **109e** als gelbe klare Flüssigkeit zurückblieben. Diese wurde in 0.7 mL DMSO-d$_6$ aufgenommen und bei Raumtemperatur NMR-spektroskopisch vermessen. Es konnte eine Mischung aus dem α-Azidoalkohol **144** sowie dem im Gleichgewicht vorliegenden Bromacetaldehyd (**141**) sowie HN$_3$ erhalten werden. Das entsprechende ^{1}H-NMR-Spektrum findet sich in Schema 49.

4.4.3.3 Eliminierungsreaktionen ausgehend von 104e unter Zusatz von Cyclooctin

4.4.3.3.1 Verwendung von DBU als Base (Tabelle 9, Ansatz 1)

Es wurden 56 mg Vinylazid (**104e**) (0.811 mmol, 1 eq) in 0.4 mL Toluol-d$_8$ vorgelegt, einige Tropfen TMS als interner Standard zugesetzt und kräftig geschüttelt. Die homogene, schwach gelbliche Lösung wurde bei –25°C NMR-spektroskopisch vermessen. Der Transport des NMR-Röhrchens zwischen Labor und NMR-Raum erfolgte gekühlt (–65°C), wobei eine dicht schließende NMR-Kappe Verwendung fand. Anschließend wurde auf –60°C abgekühlt und eine Lösung von 156 mg Brom (130 mg = 1 eq) in 0.15 mL Toluol-d$_8$ solange <u>vorsichtig</u> zur NMR-Lösung getropft (über ca. 2 Minuten), bis keine Entfärbung mehr eintrat. Dabei wurde gelegentlich durch Schütteln gründlich vermischt. Danach erfolgte eine abermalige NMR-Messung bei −25°C (Umsatz → **109e** lt. internem Standard bezogen auf **104e** zu 98%). Dem Röhrchen mit dem Bromaddukt **109e** wurde bei −60°C *via* Spritze über ca. eine Minute vorsichtig 139 mg DBU (1.13 eq) zugesetzt und kräftig geschüttelt. Im Anschluss wurde das NMR-Röhrchen über Nacht im Tiefkühlschrank (−30°C) aufbewahrt, wobei bereits nach 90 Minuten eine große Menge voluminöser Feststoff ausgefallen war, welcher eine erneute NMR-Messung unmöglich machte. Nach 21 Stunden wurde der Feststoff über eine Fritte (Pore 3) abgetrennt, mit 0.5 mL Toluol-d_8 nachgespült und das Filtrat wiederum NMR-spektroskopisch (−20°C) vermessen. Es konnten die Vinylazide **114e** und **119e** in der Mischung identifiziert werden. Dabei betrug die Aufarbeitungszeit bei Raumtemperatur maximal 20 Minuten. Der Reaktionsmischung wurde mittels Spritze bei −35°C Cyclooctin (87 mg, 1 eq) zugesetzt und anschließend über Nacht langsam auf 10°C erwärmt. Nachdem im NMR-Spektrum (RT) die komplette Umsetzung der Vinylazide in die korrespondierenden Cyclooctatriazole **149e** und **150e** bestätigt werden konnte, wurde das Lösungsmittel im Vakuum weitgehend entfernt und der verbliebene Rückstand (112 mg gelbes Öl, Cyclooctingeruch) säulenchromatographisch an Kieselgel (4x27 cm, Et$_2$O/*n*-Hexan = 1:1) aufgearbeitet. Es konnten 5 mg **149e** (2.4% bezogen auf **104e**, R_f = 0.37) und 47 mg **150e** (23% bezogen auf **104e**, R_f = 0.28) isoliert werden.

4.4.3.3.2 *Verwendung der Phosphazenbase P$_2$-Et (Tabelle 9, Ansatz 2)*

Es wurden 54 mg Vinylazid (**104e**) (0.78 mmol, 1 eq) in 0.4 mL Toluol-d_8 vorgelegt, 3 mg TMS als interner Standard zugegeben und kräftig geschüttelt. Die homogene, schwach gelbliche Lösung wurde bei −30°C NMR-spektroskopisch vermessen. Anschließend wurde auf −45°C abgekühlt und eine Lösung von 234 mg Brom (125 mg = 1 eq) in 0.15 mL Toluol-d_8 solange vorsichtig zur NMR-Lösung getropft (über ca. 1–2 min), bis keine Entfärbung mehr eintrat. Dabei wurde gelegentlich durch Schütteln gründlich vermischt. Danach erfolgte eine abermalige NMR-Messung bei −30°C (Umsatz → **109e** lt. internem Standard bezogen auf **104e** zu 86%). Dem Röhrchen mit dem Bromaddukt **109e** wurde bei −90°C *via* Spritze in einer Portion vorsichtig 265 mg P$_2$-Et (1 eq) zugesetzt und kräftig geschüttelt. Nach einer Stunde bei −90°C wurde abermals ein NMR-Spektrum (−30°C) aufgenommen (lt. ^{1}H-NMR: 24% **114e**, kein **109e** mehr) und das Röhrchen anschließend über Nacht im Tiefkühlschrank (−30°C) aufbewahrt, um zu klären ob **114e** bei dieser Temperatur stabil ist. Da sich ein vermeintlicher schwarzer Feststoff im NMR-Röhrchen abgesetzt hatte, wurde schnell (max. 5 Minuten bei Raumtemperatur) über eine Fritte (Pore 3) abgesaugt, wobei jedoch die komplette Substanz überging. Eine anschließende NMR-Messung (−30°C) zeigte, dass neben **114e** auch Bromacetonitril (**151**) in der Lösung enthalten war (**114e**:**151** = 1.6:1). Zur Ausbeutebestimmung wurden bei −40°C 90 mg Cyclooctin (85 mg = 1 eq) zugegeben und über 20 Stunden langsam erwärmt. Anschließend wurde das Lösungsmittel am Rotationsverdampfer (30°C) entfernt und der verbliebene

Rückstand (462 mg, braun-schwarze, zähe Masse) säulenchromatographisch an Kieselgel (4x24 cm, Et$_2$O/n-Hexan = 1:1) aufgearbeitet. Es konnten 80 mg **150e** (30.3%, R_f = 0.41) und 21 mg **148e** (10.5%, R_f = 0.25) isoliert werden.

4.4.3.4 Vergleichssynthesen der Cyclooctatriazole 147e, 149e und 150e

4.4.3.4.1 Synthese von 147e

Es wurden 46 mg Vinylazid (**104e**) (0.67 mmol, 1 eq) in 0.35 mL DMSO-d$_6$ vorgelegt und bei Raumtemperatur 90 mg Cyclooctin (0.83 mmol, 1.25 eq) in 0.35 mL DMSO-d$_6$ zugegeben. Nachdem bereits nach 20 Minuten ein nahezu vollständiger Umsatz *via* ^{1}H-NMR-Spektroskopie bestätigt werden konnte, wurde über Nacht bei Raumtemperatur gerührt, das Lösungsmittel im Pumpenstandvakuum (10^{-3} Torr) bei Raumtemperatur abkondensiert und der verbliebene Rückstand (98 mg schwach gelbliches viskoses Öl) säulenchromatographisch an Kieselgel (Et$_2$O) aufgereinigt. Es konnten 69 mg Cyclooctatriazol **147e** (58%, R_f = 0.47) isoliert werden.

4.4.3.4.2 Synthese von 149e und 150e

Zu 65 mg Vinylazid (**104e**) (0.94 mmol, 1 eq) in 0.4 mL CDCl$_3$ wurden langsam bei Raumtemperatur 122 mg Cyclooctin (1.13 mmol, 1.2 eq), gelöst in 0.1 mL CDCl$_3$, zugegeben. Nach Beendigung der quantitativ verlaufenen (lt. ^{1}H-NMR-Spektrum), stark exothermen Cycloaddition wurde die Mischung noch 2 Stunden bei Raumtemperatur gerührt. Anschließend wurden 35 mg Benzol (0.45 mmol, 0.5 eq) als interner Standard zugesetzt und nach Abkühlen auf −10°C langsam und tropfenweise eine Lösung von 220 mg Brom (1.38 mmol, 1.5 eq) in 0.1 mL CDCl$_3$ solange vorsichtig zur gerührten Lösung getropft, bis sich das Brom nicht mehr entfärbte. Es konnten 98% des Bromadduktes **148e** erhalten werden. Aufreinigung und Isolierung erfolgten nicht. Stattdessen wurden der Mischung bei 0–5°C portionsweise 211 mg DABCO (1.88 mmol, 2 eq) zugesetzt, kräftig geschüttelt und nach 10 Minuten im Ultraschallbad (RT) der ausgefallene Feststoff durch Absaugen über eine Fritte abgetrennt. Es wurde mit 0.3 mL CDCl$_3$ nachgespült und das Filtrat eine Stunde bei Raumtemperatur gerührt. Infolge dessen, dass noch immer hauptsächlich das Dibromid **148e** vorlag, wurde über Nacht auf 50°C (Thermoblock) erhitzt, bis **148e** im ^{1}H-NMR-Spektrum nur noch in Spuren zu erkennen war. Nach Entfernung des Lösungsmittels im Vakuum (RT) wurde der verbliebene Rückstand einer Flash-Chromatographie an Kieselgel (2x20 cm, Et$_2$O/n-Hexan = 1:1) unterworfen. Es konnten 14 mg des Vinylbromids **149e** [5.8% bezogen auf Vinylazid (**104e**), R_f = 0.37] und 19 mg des Vinylbromids **150e** [7.9% bezogen auf Vinylazid (**104e**), R_f = 0.23] isoliert werden.

4.4.4 Synthesevorschriften zu Kapitel 2.4.3.2

Die literaturbekannte Verbindung **155**[15] (61%) konnte entsprechend der genannten Literatur in der in Klammern angegebenen Ausbeute synthetisiert werden.

4.4.4.1 Synthese des Vinylazids 104a

Die Synthese von **104a** verläuft in einer zweistufigen Reaktion über das aus Styrol (**121**) resultierende Iodazidaddukt **155**. Dieses konnte gemäß einer Literaturvorschrift[15] in 61% Ausbeute erhalten werden. Durch Ersetzen der dabei genutzten säulenchromatographischen Aufreinigung durch eine schnelle Filtration über eine Schicht aus Kieselgel (Et$_2$O/n-Hexan = 1:10) konnte die Ausbeute des – bedingt durch das benzylständige Iod hochreaktiven – Adduktes **155** auf bis zu 84% gesteigert werden.

4.4.4.1.1 Eliminierung unter Verwendung von DABCO

In einem mit Aluminiumfolie ummantelten Kolben wurden 370 mg Iodazid **155** (1.36 mmol, 1 eq) in 5 mL Chloroform gelöst und über 5 Minuten 304 mg DABCO (2.71 mmol, 2 eq), gelöst in 5 mL Chloroform, zugetropft. Anschließend wurde die Mischung über 10 Minuten auf 60°C erhitzt und für 1½ Stunden bei selbiger Temperatur gerührt. Nach Abkühlen auf Raumtemperatur wurden 40 mL Wasser zugegeben, kräftig geschüttelt und die organische Phase abgetrennt. Die wässrige Phase wurde mit Chloroform (3x 50 mL) extrahiert und die vereinigten organischen Phasen wurden nach Trocknen über MgSO$_4$ am Rotationsverdampfer (RT) vom Lösungsmittel befreit. Der verbliebene Rückstand (224 mg, gelbes Öl) wurde mittels Flash-Chromatographie an Kieselgel (2x9 cm, n-Hexan) aufgearbeitet. Es konnten 22 mg **104a** [(*E*)-/(*Z*)-**104a** = 9:1) (11%, R_f = 0.18) isoliert werden.

4.4.4.1.2 Eliminierung unter Verwendung von KOH

In einem mit Aluminiumfolie ummantelten Kolben wurden 500 mg Iodazid **155** (1.83 mmol, 1 eq) in 5 mL dest. Methanol gelöst und bei Raumtemperatur unter kräftigem Rühren 515 mg KOH (9.15 mmol, 5 eq), gelöst in 5 mL Methanol, über 5 Minuten zugetropft. Anschließend wurde die Mischung für 2 Stunden unter Rückfluss (70°C) gerührt, abgekühlt und nach Zugabe von 40 mL Wasser mit Chloroform (3x 50 mL) extrahiert. Die vereinigten organischen Phasen wurden über Magnesiumsulfat getrocknet und das Lösungsmittel am Rotationsverdampfer (RT) entfernt. Der verbliebene Rückstand (229 mg, gelbes Öl) wurde mittels Flash-Chromatographie an Kieselgel (2x9 cm, n-Hexan) aufgearbeitet. Da sich die Substanz laut TLC über sehr viele Fraktionen zog, wurde vorsichtshalber etwa mittig getrennt und zwei separate Fraktionen isoliert. Es konnten zunächst 76 mg **104a** [(*E*)-/(*Z*)-**104a** = 9:1, R_f = 0.18] und anschließend weitere 35 mg **104a** [(*E*)-/(*Z*)-**104a** = 20:1] gewonnen werden, was einer Gesamtausbeute von 42% entspricht.

4.4.4.2 Umsetzung von 104a mit Brom

Im NMR-Röhrchen wurden 20 mg Vinylazid **104a** (0.138 mmol, 1 eq) in 0.5 mL CDCl$_3$ vorgelegt, 18 mg Dioxan (0.20 mmol, 1.5 eq) als interner Standard zugesetzt und die resultierende gelbliche Lösung auf −15°C abgekühlt. Dazu wurde *hinter einer Schutzscheibe* langsam (über ca. 5 min) tropfenweise solange eine Lösung von 46 mg Brom (0.288 mmol, 2.1 eq), gelöst in 0.1 mL CDCl$_3$, zugetropft, bis keine Entfärbung mehr eintrat. Anschließend wurde die Reaktionsmischung NMR-spektroskopisch vermessen, über 19 Tage bei −30°C gelagert, erneut vermessen und säulenchromatographisch an Kieselgel (CHCl$_3$) aufgearbeitet. Es konnten 7 mg 2-Brom-2-phenylacetaldehyd (**156**) (26%, R_f = 0.64) isoliert werden.

4.4.4.3 Umsetzung von 104a mit Cyclooctin

Unter einer inerten Stickstoffatmosphäre wurden 515 mg Vinylazid **104a** [3.55 mmol, 1 eq, (*E*)/(*Z*) = 5:1] in 5 mL abs. THF vorgelegt, auf 0°C abgekühlt und portionsweise über 20 Minuten mit 576 mg Cyclooctin (5.32 mmol, 1.5 eq), aufgefüllt auf 5 mL mit abs. THF, versetzt und mit weiteren 5 mL abs. THF (V_{ges} = 15 mL) nachgespült. Im Anschluss wurde die Reaktionsmischung unter Schutzgas über 16 Stunden auf Raumtemperatur erwärmt. Der nach Entfernung des Lösungsmittels am Rotationsverdampfer (bei RT) verbliebene Rückstand (1.08 g, hellgelber Feststoff, Cyclooctingeruch) wurde säulenchromatographisch an Kieselgel (4x22 cm, Et$_2$O/*n*-Hexan = 2:1) aufgearbeitet. Es konnten 733 mg (*E*)-**147a** (R_f = 0.35, 82%) sowie 152 mg (*Z*)-**147a** (R_f = 0.22, 17%) isoliert werden.

4.4.4.4 Eliminierungsversuch ausgehend von 109a (Abfangen mit Cyclooctin)

In einer inerten Schutzgasatmosphäre wurden 1.06 g Vinylazid **104a** (7.27 mmol, 1 eq) in 5 mL abs. Toluol vorgelegt und auf −50 bis −60°C heruntergekühlt. Zur resultierenden Lösung wurden unter Aufrechterhaltung der Temperatur über ca. 5 Minuten 0.37 mL Brom (1.16 g, 7.27 mmol, 1 eq), gelöst in 5 mL abs. Toluol, zugetropft. Eine langsamere Zugabe war nicht möglich, da sich das Brom relativ schnell vom Toluol separierte. Anschließend wurde 15 Minuten nachgerührt und ebenfalls unter Aufrechterhaltung der Temperatur 2.5 mL DBU (2.54 g, 16.72 mmol, 2.3 eq), gelöst in 5 mL abs. Toluol, über 10 Minuten unter kräftigem Rühren zugegeben. Es wurde mit 5 mL abs. Toluol nachgespült und über eine Stunde bei unter −50°C gerührt. Danach wurden über 5 Minuten 1.58 g Cyclooctin (14.62 mmol, 2.0 eq), gelöst in 5 mL abs. Toluol ($V_{Toluol,ges}$ = 20 mL), zugetropft und die Reaktionsmischung über 20½ Stunden von −60°C auf Raumtemperatur erwärmt. Dem Gemisch wurden 250 mL dest. Wasser zugesetzt und anschließend wurde mit Diethylether (3x 100 mL) extrahiert. Die vereinigten organischen Phasen wurden über MgSO$_4$ getrocknet und das Lösungsmittel am Rotationsverdampfer (35°C) entfernt. Der verbliebene Rückstand (2.46 g, orange-schwarzfarbenes Öl, Cyclooctingeruch) wurde säulenchromatographisch an Kieselgel aufgearbeitet.

Trotz vielversprechender TLC-Ergebnisse lieferte der Trennversuch mit Chloroform als Eluent (4x50 cm Säule) neben 8 mg des Pyrazins **157** [R_f(Et_2O/*n*-Hexan = 1:2) = 0.49; 0.95%] einzig zwei Mischfraktionen, welche jeweils einer nochmaligen Trennung unterworfen werden mussten. Erstere [96 mg, orangefarbener Feststoff, R_f(Et_2O/*n*-Hexan = 1:2) = 0.49–0.27] lieferte mit einem Laufmittelgemisch Et_2O/*n*-Hexan = 1:2 (2x35 cm Säule) weitere 12 mg **157** (R_f = 0.60, 1.4%), 14 mg des Cyclooctatriazols **31a** (R_f = 0.37, 0.77%), 44 mg einer ansonsten sauberen Mischung aus **31a** und **150a** [lt. ^{1}H-NMR: 16 mg **31a** (0.88%) und 28 mg **150a** (1.2%)] sowie 5 mg **150a** (R_f = 0.32, 0.21%). Die Flash-Chromatographie (6x21 cm) der zweiten Mischfraktion [1.64 g, orangefarbenes viskoses Öl, R_f(Et_2O/*n*-Hexan = 1:2) = 0.49–0.03] lieferte zunächst mit einer Laufmittelmischung Et_2O/*n*-Hexan = 1:2 weitere 14 mg des Pyrazins **157** (R_f = 0.52, 1.7%), 30 mg des Cyclooctatriazols **31a** (R_f = 0.32, 1.6%), 110 mg einer ansonsten sauberen Mischung aus **31a** und **150a** [lt. ^{1}H-NMR: 29 mg **31a** (1.6%) und 81 mg **150a** (3.4%)] sowie 45 mg **150a** (R_f = 0.28, 1.9%). Anschließend konnte mit Diethylether (ca. 2.500 mL) erneut eine Mischfraktion (1.29 g, orangefarbenes viskoses Öl) von der Säule gespült werden, bevor nach Laufmittelwechsel zu Ethylacetat (ca. 750 mL) 87 mg **(Z)-149a** (3.6%) isoliert werden konnten. Die erhaltene Et_2O-Mischfraktion wurde abermals einer Säulenchromatographie an Kieselgel (4x32 cm, Eluent: Et_2O/*n*-Hexan = 1:1) unterworfen, wobei 449 mg **(E)-149a** [R_f(Et_2O/*n*-Hexan = 2:1) = 0.57, 19%], 347 mg einer ansonsten sauberen Mischung von **(E)-149a** und **(E)-147a** [lt. ^{1}H-NMR: 195 mg **(E)-149a** (8.1%) und 152 mg **(E)-147a** (8.3%)], 260 mg einer analogen Mischung mit einem geringeren Anteil an **(E)-149a** sowie 225 mg **(Z)-149a** [R_f(Et_2O/*n*-Hexan = 2:1) = 0.24, 9.3%] gewonnen wurden. Aus der Mischung mit dem höheren **(E)-147a**-Anteil konnten mittels Flashchromatographie (4x24 cm, Et_2O/*n*-Hexan = 1:1) 25 mg **(E)-147a** (1.4%) sowie ein nicht getrennter Teil der Mischung [228 mg, lt. ^{1}H-NMR: 152 mg **(E)-147a** (8.3%) und 76 mg **(E)-149a** (3.2%)] erhalten werden.

Im Ganzen wurden 76% der gebildeten Produkte identifiziert und (teilweise als Mischung) isoliert. Eine Zusammenfassung der komplexen Auftrennversuche findet sich in Schema 59.

4.4.5 Charakterisierungsdaten zu Kapitel 2.4

Die literaturbekannten Verbindungen **5**[52a], **6**[63], **58a**[106], **59a**[121], **125**[119], **(Z)-126a**[122], **(Z)-126u**[123], **127**[124], **131**[125], **(Z)-132v**[126], **141**[91,127], **143**[92a], **146**[92b] und **151**[92e] wurden durch Abgleich ihrer Spektrendaten mit denen der jeweiligen Literatur eindeutig bestätigt.

4.4.5.1 Charakterisierung der Vinylazide 104, 114e, 119e und (Z)-119v

trans-1-Azido-2-phenylethen [(*E*)-104a]:[128] Gelbe Flüssigkeit. – **¹H-NMR (CDCl₃)**: δ = 6.29 (d, ^3J = 13.6 Hz, 1 H, =C(Ph)*H*), 6.62 (d, ^3J = 13.6 Hz, 1 H, =C(N₃)H), 7.23 (*pseudo* tt, J = 6.8 Hz, 2.0 Hz, 1 H, *p*-Ph), 7.27–7.34 (m, 4 H, *o*-Ph, *m*-Ph). – **¹³C-NMR (CDCl₃)**: δ = 119.73 (d, =$\underline{C}$(Ph)H), 125.78 (d, *o*-Ph), 126.62 (d, =C(N₃)H), 127.35 (d, *p*-Ph), 128.72 (d, *m*-Ph), 134.97 (s, *i*-Ph). Die *trans*-Konfiguration an der Doppelbindung wurde über nOe-Experimente bestätigt (kein signifikanter nOe-Effekt zwischen den vinylständigen Protonen). – **IR (CDCl₃)**: $\tilde{v}$ = 505 cm⁻¹ (w), 1198 (w), 1259 (s), 1285 (m), 1328 (m), 1638 (m), 2101 (vs, N₃), 2166 (w), 3028 (w, =CH). – R_f (*n*-Hexan): 0.18.

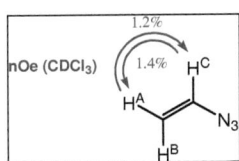

Vinylazid (104e): Gelbe Flüssigkeit. Sowohl nach einer Nacht bei Raumtemperatur im NMR-Lösungsmittel als auch nach zwei Wochen bei –30°C wurde keine signifikante Zersetzung der Substanz beobachtet (NMR). – **Kp. (1 atm)**: 28–29°C. – **¹H-NMR (CDCl₃)**: δ = 4.72 (dd, $^3J_{cis}$ = 7.6 Hz, ^2J = –1.2 Hz, 1 H, =CH₂, H^A), 4.89 (dd, $^3J_{trans}$ = 14.8 Hz, ^2J = –1.2 Hz, 1 H, =CH₂, H^B), 6.09 (dd, $^3J_{trans}$ = 14.8 Hz, $^3J_{cis}$ = 7.6 Hz, 1 H, =C(N₃)H, H^C). Die Unterscheidung der Protonen basiert neben den Kopplungskonstanten zusätzlich auf den gefundenen nOe-Effekten. – **¹H-NMR (D₂O)**: δ = 4.64 (d, $^3J_{cis}$ = 7.6 Hz, 1 H, H^A), 4.81 (d, $^3J_{trans}$ = 15.2 Hz, 1 H, H^B), 6.18 (dd, $^3J_{trans}$ = 15.2 Hz, $^3J_{cis}$ = 7.6 Hz, 1 H, H^C). Eine Aufspaltung resultierend aus der geminalen Kopplung der Methylidenprotonen wurde nicht beobachtet. – **¹³C-NMR (CDCl₃)**: δ = 103.00 (t, =CH₂), 133.68 [d, =C(N₃)H]. – **IR (CDCl₃)**: $\tilde{v}$ = 861 cm⁻¹ (m), 960 (m), 1249 (s), 1320 (s), 1621 (s), 2089 (vs, N₃), 2150 (vs, N₃), 2979 (w).

1-Bromvinylazid (114e): Die Verbindung wurde aus der Reaktionsmischung heraus identifiziert und nicht isoliert. – **¹H-NMR (Toluol-d₈, –20°C)**: δ = 4.37 (d, ^2J = 2.4 Hz, 1 H, =CH₂), 4.90 (d, ^2J = 2.4 Hz, 1 H, =CH₂). – **¹³C-NMR (Toluol-d₈, –20°C)**: δ = 105.59 (t, =CH₂), 120.64 (s, CBr). Signalzuordnung erfolgte aus der Mischung über ¹H{¹³C}-Korrelationen (gHSQCAD, gHMBCAD) und DEPT-Spektrum. Der quart. Kohlenstoff wurde mittels der gefundenen ^2J(=CH₂, CBr)-Kopplung (gHMBCAD) bestätigt. – **¹H-NMR (CDCl₃, –20°C)**: δ = 4.91 (d, ^2J = 2.4 Hz, 1 H, =CH₂), 5.40 (d, ^2J = 2.4 Hz, 1 H, =CH₂). – **¹³C-NMR (CDCl₃, –20°C)**: δ = 104.88 (t, =CH₂), 118.96 (s, =CBr).

2-Bromvinylazid (119e): Die Verbindung wurde aus der Reaktionsmischung heraus identifiziert und nicht isoliert. – **^{1}H-NMR (Toluol-d$_8$, –20°C):** δ = 4.84 (d, ^3J = 5.6 Hz, 1 H, =CHBr), 5.50 (d, ^3J = 5.6 Hz, 1 H, =CHN$_3$). Ausgehend von den Kopplungskonstanten wird eine *cis*-Konfiguration an der Doppelbindung vermutet.[14] – **^{13}C-NMR (Toluol-d$_8$, –20°C):** δ = 93.97 (d, =CHBr), 131.76 (d, =CHN$_3$). Die Zuordnungen basieren auf dem Brom-gebundenen Kohlenstoff bei 94 ppm (da Schweratomeffekt Brom und Donorsubstituent in β-Position; vergleichbar 1-Brom-2-aminoethen). – **^{1}H-NMR (CDCl$_3$, –20°C):** δ = 5.72 (d, ^3J = 5.2 Hz, 1 H, =C*H*Br), 7.19 (d, ^3J = 5.2 Hz, 1 H, =C*H*N$_3$). Die Werte weichen deutlich von den in Toluol-d$_8$ ermittelten chemischen Verschiebungen ab. Nichtsdestotrotz wurden sie zu den Kohlenstoff-Signalen, welche nahezu identisch zu den in Toluol-d$_8$ ermittelten Verschiebungen liegen, mittels ^{1}H{^{13}C}-Korrelation (gHSQCAD) eindeutig zugeordnet. – **^{13}C-NMR (CDCl$_3$, –20°C):** δ = 93.53 (d, =CBr), 128.67 (d, =CN$_3$).

(Z)-4-Azido-3-brombut-3-en-2-on [(Z)-119v]: Hellgelber Feststoff. – **Smp.:** 37–38°C. – **^{1}H-NMR (CDCl$_3$):** δ = 2.45 (s, 3 H, CH$_3$), 7.92 (s, 1 H, =C(N$_3$)H). – **^{13}C-NMR (CDCl$_3$):** δ = 27.24 (q, CH$_3$), 111.43 (s, =*C*(Br)COMe), 139.72 (d, =*C*(N$_3$)H), 191.23 (s, CO). – **IR (CDCl$_3$):** $\tilde{\nu}$ = 589 cm^{-1} (m), 1208 (s), 1222 (s), 1302 (m), 1578 (s), 1594 (s), 1683 (s, C=O), 2110 (vs, N$_3$), 3063 (w).

4.4.5.2 Charakterisierung der halogensubstituierten Alkene 106a und 108a

(2-Brom-1-chlor-1-iodvinyl)benzol (106a): Orangerote Flüssigkeit. Die Verbindung enthielt schwache Verunreinigungen. – **^{1}H-NMR (CDCl$_3$):** δ = 7.41 (m, 5 H, Ph). – **^{13}C-NMR (CDCl$_3$):** δ = 52.04 (s, =C(I)Br), 128.51 (d, *o*-Ph oder *m*-Ph), 128.79 (d, *o*-Ph oder *m*-Ph), 129.51 (d, *p*-Ph), 135.94 (s, *i*-Ph oder =CCl), 139.60 (s, *i*-Ph oder =CCl). – **IR (CDCl$_3$):** $\tilde{\nu}$ = 587 cm^{-1} (m), 693 (s), 708 (s), 910 (w), 1031 (w), 1216 (w), 1444 (m), 1490 (w), 3063 (w). – **C$_8$H$_5$BrClI (343.38 g/mol):** ber. (%): C 27.98, H 1.47; gef. (%): C 27.82, H 1.49. – **R_f (*n*-Pentan):** 0.55.

---

[14] Die Kopplungskonstante von 5.6 Hz liegt im Bereich der $^3J(^1H,^1H)$-Werte analoger *cis*-Alkoxy-substituierter Vinylbromide: (Z)-1-Brom-2-*tert*-butoxyethen weißt ebenso wie (Z)-1-(1-Adamantyloxy)-2-bromethen eine *cis*-Kopplung von 4.2 Hz auf,[129a] *cis*-1-Brom-2-methoxyethen zeigt eine entsprechende Kopplungskonstante von 4.5 Hz.[129b] Als Beispiel für ein *trans*-substituiertes Analogon kann (E)-1-Brom-2-ethoxyethylen mit $^3J(^1H,^1H)$ = 12.0 Hz herangezogen werden.[129c]

(1,2-Dichlor-2-iodvinyl)benzol (108a): Orangefarbene Flüssigkeit. – ^{1}H-NMR (CDCl$_3$): δ = 7.41 (m, 5 H, Ph). – ^{13}C-NMR (CDCl$_3$): δ = 69.73 (s, =CI), 128.52 (d, *m*-Ph oder *p*-Ph), 129.13 (d, *m*-Ph oder *p*-Ph), 129.59 (d, *p*-Ph), 133.31 (s), 139.21 (s). – R_f (*n*-Pentan): 0.45.

4.4.5.3 Charakterisierung der Bromaddukte 109

1-Azido-1,2-dibrom-2-phenylethan (109a): Die beiden möglichen Diastereomerenpaare wurden aus einer Mischung heraus identifiziert (vgl. Schema 58). – Paar 1, vermutlich (*R*),(*R*)-/(*S*),(*S*)-**109a**: ^{1}H-NMR (CDCl$_3$): δ = 5.10 (d, ^3J = 8.8 Hz, 1 H, H-1), 5.99 (d, ^3J = 8.8 Hz, 1 H, H-2). – ^{13}C-NMR (CDCl$_3$): δ = 54.88 (d, C-1), 71.07 (d, C-2), 137.63 (s). – Paar 2, vermutlich (*R*),(*S*)-/(*S*),(*R*)-**109a**: ^{1}H-NMR (CDCl$_3$): δ = 5.20 (d, ^3J = 4.0 Hz, 1 H, H-1), 6.15 (d, ^3J = 4.0 Hz, 1 H, H-2). – ^{13}C-NMR (CDCl$_3$): δ = 54.12 (d, C-1), 71.49 (d, C-2), 135.15 (s).

1,2-Dibromethylazid (109e): Gelbe Flüssigkeit. – ^{1}H-NMR (CDCl$_3$): δ = 3.74 (*pseudo* t, *J* = 10.4 Hz, 1 H, CH$_2$Br, diastereotope Protonen, ABX-System), 3.80 (m, 1 H, CH$_2$Br, diastereotope Protonen, ABX-System), 5.78 (*pseudo* dd, *J* = 9.6 Hz, 3.2 Hz, 1 H, C(N$_3$)H, ABX-System). – ^{1}H-NMR (CD$_2$Cl$_2$): δ = 3.74 (*pseudo* t, *J* = 10.4 Hz, 1 H, diastereotope Protonen, ABX-System, CH$_2$Br), 3.85 (*pseudo* dd, *J* = 11.2 Hz, 3.2 Hz, 1 H, diastereotope Protonen, ABX-System, CH$_2$Br), 5.83 (*pseudo* dd, *J* = 9.6 Hz, 3.2 Hz, 1 H, ABX-System, C(N$_3$)H). – ^{13}C-NMR (CDCl$_3$): δ = 33.47 (t, CH$_2$Br), 66.23 (d, C(N$_3$)H). – ^{13}C-NMR (CD$_2$Cl$_2$): δ = 34.06 (t, CH$_2$Br), 66.88 (d, CN$_3$). – IR (CDCl$_3$): $\tilde{v}$ = 550 cm^{-1} (m), 582 (s), 971 (m), 1189 (m), 1255 (vs), 1338 (s), 1427 (m), 1746 (w), 2128 (vs, N$_3$), 2878 (w) und 2970 (w, CH$_2$).

4.4.5.4 Charakterisierung der Vinylazid-Vorstufen 137, 138 sowie 155

β-Chlorethyl-*p*-toluensulfonat (137): Farblose, viskose Flüssigkeit. – ^{1}H-NMR (CDCl$_3$): δ = 2.44 (s, 3 H, Me), 3.64 (*pseudo* t, *J* = 6.0 Hz, 2 H, CH$_2$Cl), 4.22 (*pseudo* t, *J* = 6.0 Hz, 2 H, CH$_2$O), 7.35 (*pseudo* dd, *J* = 8.0 Hz, 0.8 Hz, 2 H, MeCC*H*, AA'XX'-System), 7.79 (*pseudo* d mit erkennbarer Feinaufspaltung, *J* = 8.4 Hz, 2 H, SCC*H*, AA'XX'-System). – ^{13}C-NMR (CDCl$_3$): δ = 21.58 (q, Me), 40.71 (t, CH$_2$Cl), 68.90 (t, CH$_2$O), 127.88 (d, SC*C*H), 129.90 (d, MeC*C*H), 132.37 (s, S*C*), 145.20 (s, *C*Me). – IR (CDCl$_3$): $\tilde{v}$ = 555 cm^{-1} (s), 815 (s), 980 (s), 1008 (vs), 1069 (m), 1097 (m), 1191 (m), 1307 (m), 1360 (vs), 1406 (s), 1599 (m), 2963 (w, CH$_2$), 3033 (w, CH).

β-Chlorethylazid (138): Klare farblose Flüssigkeit. – ^{1}H-NMR (CDCl$_3$): δ = 3.58 (*pseudo* t mit erkennbarer Feinaufspaltung, *J* = 5.6 Hz, 2 H, CH$_2$N$_3$), 3.65 (*pseudo* td, *J* = 5.2 Hz, 1.2 Hz, 2 H, CH$_2$Cl). – ^{13}C-NMR (CDCl$_3$): δ = 42.74 (t, CH$_2$Cl), 52.49 (t, CH$_2$N$_3$). – IR (CDCl$_3$): $\tilde{v}$ =

1265 cm^{-1} (m), 1287 (m), 1314 (m), 1353 (w), 1459 (w), 2107 (vs, N$_3$), 2860 (w) und 2933 (w) und 2964 (w, CH$_2$).

2-Azido-1-phenyl-1-iodethan (155): Orange-rote, viskose Flüssigkeit. *Infolgedessen, dass die Verbindung sich vermutlich durch das reaktive benzylständige Iod sehr leicht zersetzt, was auch durch die schnelle, zunehmend dunkler werdende Pinkfärbung bei der Chromatographie bestätigt werden konnte, wurde die Substanz lichtgeschützt (Aluminiumfolie-ummantelte Gefäße) im Tiefkühlschrank (–30°C) aufbewahrt und schnellstmöglich weiter umgesetzt.* – **^{1}H-NMR (CDCl$_3$):** δ = 3.95 (d, ^3J = 8.0 Hz, 2 H, diastereotope Protonen, CH$_2$N$_3$), 5.17 (t, ^3J = 8.0 Hz, 1 H, Benzyl-H), 7.31–7.40 (m, 3 H, *m*-Ph, *p*-Ph), 7.45 (*pseudo* d mit erkennbarer Feinaufspaltung, *J* = 6.8 Hz, 2 H, *o*-Ph). – **^{13}C-NMR (CDCl$_3$):** δ = 27.90 (d, Benzyl-C), 58.51 (t, CH$_2$N$_3$), 127.46 (d, *o*-Ph), 128.66 (d, *p*-Ph), 128.88 (d, *m*-Ph), 140.11 (s, *i*-Ph). Die Zuordnung des Benzylkohlenstoffs, respektive ~protons, wurde neben dem Schweratomeffekt des Iods auf die ^{13}C-NMR-chemische Verschiebung durch die gefundene ^3J(*o*-H, Benzyl-C)-Kopplung bestätigt. – **IR (CDCl$_3$):** $\tilde{\nu}$ = 565 cm^{-1} (m), 613 (m), 1202 (m), 1259 (s), 1355 (m), 1454 (m), 1495 (m), 2084 (vs, N$_3$), 2931 (w, CH$_2$), 3032 (w, arom. CH). – **R_f (*n*-Hexan):** 0.09.

4.4.5.5 Charakterisierung des α-Azidoalkohols 144

1-Azido-2-bromethanol (144): Die Verbindung wurde nur aus einer Mischung heraus identifiziert und nicht isoliert. Die Identifikation wurde über eine Vergleichssynthese bestätigt (vgl. Schema 49). – **^{1}H-NMR (DMSO-d$_6$):** δ = 3.45 (symm. m, 2 H, CH$_2$Br), 3.59 (d, ^3J = 5.6 Hz, 1 H, OH), 5.09 (*pseudo* t, *J* = 4.8 Hz, 1 H, CHN$_3$). Die Zuordnung des OH-Signals ist dabei infolge eines zu geringen Integralflächenverhältnisses zweifelhaft. Ausschlaggebend dafür ist wahrscheinlich ein H-D-Austausch mit dem NMR-Lösungsmittel. – **^{13}C-NMR (DMSO-d$_6$):** δ = 35.92 (t, CH$_2$Br), 83.22 (d, CHN$_3$).

4.4.5.6 Charakterisierung der Cyclooctatriazole 147–150

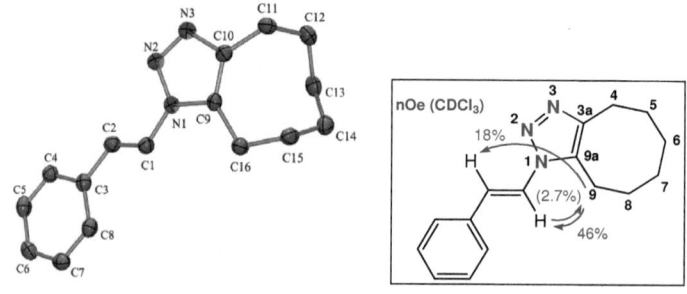

ORTEP plot von (*E*)-147a, H-Atome sind aus Gründen der Übersichtlichkeit nicht mit abgebildet.

(E)-1-(2-Phenylvinyl)-4,5,6,7,8,9-hexahydro-1H-cycloocta[d][1,2,3]triazol [(E)-147a]: Weißer Feststoff. – **Smp.:** 99–101 °C. – **^{1}H-NMR (CDCl$_3$):** δ = 1.50 (*pseudo* quint, J = 6.0 Hz, 2 H, H-6), 1.52 (*pseudo* quint, J = 6.0 Hz, 2 H, H-7), 1.77 (*pseudo* quint, J = 6.4 Hz, 2 H, H-5), 1.88 (*pseudo* quint, J = 6.0 Hz, 2 H, H-8), 2.86 (*pseudo* t, J = 6.4 Hz, 2 H, H-9), 2.94 (*pseudo* t, J = 6.4 Hz, 2 H, H-4), 7.32 (*pseudo* t mit erkennbarer Feinaufspaltung, J = 7.2 Hz, 1 H, *p*-Ph), 7.35 (d, $^3J_{trans}$ = 14.0 Hz, 1 H, =C*H*Cot), 7.38 (*pseudo* t mit erkennbarer Feinaufspaltung, J = 7.2 Hz, 2 H, *m*-Ph), 7.478 (*pseudo* d mit erkennbarer Feinaufspaltung, J = 7.2 Hz, 2 H, *o*-Ph), 7.481 (d, $^3J_{trans}$ = 14.0 Hz, 1 H, =C*H*Ph). – **^{13}C-NMR (CDCl$_3$):** δ = 21.60 (t, C-9), 24.32 (t, C-4), 24.43 (t, C-6), 25.77 (t, C-7), 26.05 (t, C-8), 28.33 (t, C-5), 120.09 (d, =CHCot), 123.19 (=CHPh), 126.55 (d, *o*-Ph), 128.34 (d, *p*-Ph), 128.74 (d, *m*-Ph), 132.72 (s, C-9a), 134.12 (s, *i*-Ph), 144.84 (s, C-3a). Es konnten keine signifikanten nOe-Effekte zwischen dem Cyclooctatriazolrest (H-9) und den Phenylprotonen gefunden werden, ebensowenig zwischen den *trans*-ständigen Vinylprotonen. – **IR (CCl$_4$):** $\tilde{\nu}$ = 691 cm^{-1} (s), 945 (s), 1050 (m), 1240 (m), 1311 (m), 1382 (m), 1444 (m), 1456 (m), 1657 (m), 2855 (m, CH$_2$), 2933 (s, CH$_2$), 3029 (w, =CH), 3065 (w, =CH). – **HR-MS (ESI):** *m/z*: 254.1669 [M+H$^+$, ber.: 254.1652]. – **C$_{16}$H$_{19}$N$_3$ (253.35 g/mol):** ber. (%): C 75.85, H 7.56, N 16.59; gef. (%): C 76.04, H 7.63, N 16.72. – **R_f (Et$_2$O/*n*-Hexan = 2:1):** 0.35. – **Einkristallstrukturanalyse** (CDCl$_3$, –30 °C): C$_{16}$H$_{19}$N$_3$, MW = 253.34, T = 110 K, λ = 1.54184 Å, monoklin, Raumgruppe: P 1 21/n 1, a = 6.9033(4) Å, b = 12.3644(8) Å, c = 15.8120(9) Å, α = 90°, β = 99.922(5)°, γ = 90°, V = 1329.45(14) Å^3, Z = 4, D = 1.266 Mg/m^3, μ = 0.593 mm^{-1}, $F(000)$ = 544. Die kristallographischen Daten von Verbindung **(E)-147a** finden sich im Anhang zu dieser Arbeit (Kapitel 6.3).

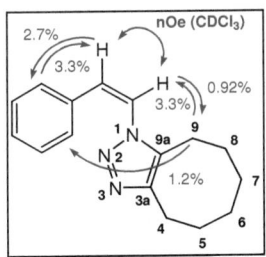

(Z)-1-(2-Phenylvinyl)-4,5,6,7,8,9-hexahydro-1H-cycloocta[d][1,2,3]triazol [(Z)-147a]: Hochviskoses, hellgelbes Öl. – **^{1}H-NMR (CDCl$_3$):** δ = 1.36 (symm. m, 4 H, H-6, H-7), 1.46 (symm. m, 2 H, H-8), 1.74 (symm. m, 2 H, H-5), 2.50 (*pseudo* t, J = 6.4 Hz, 2 H, H-9), 2.92 (*pseudo* t, J = 6.4 Hz, 2 H, H-4), 6.76 (d, $^3J_{cis}$ = 9.0 Hz, 1 H, =C*H*Ph), 6.82 (d, $^3J_{cis}$ = 9.0 Hz, 1 H, =C*H*Cot), 6.89 (*pseudo* dd mit erkennbarer Feinaufspaltung, J = 8.0 Hz, 2.0 Hz, 2 H, *o*-Ph), 7.17–7.24 (m, 3 H, *m*-Ph, *p*-Ph). Das *pseudo*-Dublett-von-Dubletts der *ortho*-Phenylprotonen beruht möglicherweise auf einer gehinderten Rotation des Phenylrings um die =CH–Ph-Bindung bedingt durch den *cis*-ständigen, sterisch anspruchsvollen Cyclooctatriazol-Rest, wodurch zwei chemisch nicht mehr äquivalente *ortho*-Protonen mit unterschiedlichen chemischen Verschiebungen resultieren. – ^{13}C-NMR (CDCl$_3$): δ = 21.48 (t, C-9), 24.15 (t, C-4), 24.35 (t, C-6 oder C-7), 25.45 (t, C-6 oder C-7), 25.53 (t, C-8), 27.64 (t, C-5), 121.06 (d, =CHCot), 128.35 (d, *m*-Ph), 128.61 (d, *o*-Ph), 128.75 (d, *p*-Ph), 132.00 (d, =CHPh), 132.45 (s, *i*-Ph), 133.54 (s, C-9a), 144.39 (s, C-3a). Der nOe-Effekt zwischen den *cis*-ständigen Protonen wurde gefunden, weist allerdings eine negative Phase auf. Resultierend wurden keine Prozentangaben mit aufgeführt, da nicht sicher gesagt werden kann, ob es sich tatsächlich um den reinen nOe-Effekt handelt oder aber das jeweils andere Vinylprotonensignal bei Einstrahlung auf die Frequenz des vermeintlichen Kopplungspartners durch die eng beieinander liegenden chemischen Verschiebungen mit „ausgelöscht" wurde. – **IR (CCl$_4$)**: $\tilde{\nu}$ = 694 cm^{-1} (s), 909 (s), 1244 (m), 1449 (m), 1471 (m), 1495 (m), 1650 (w), 2855 (m, CH$_2$), 2934 (s, CH$_2$), 3026 (w, =CH), 3063 (w, =CH). – **HR-MS (ESI)**: *m/z*: 254.1575 [M+H$^+$, ber.: 254.1652]. – **R$_f$ (Et$_2$O/*n*-Hexan = 2:1)**: 0.22.

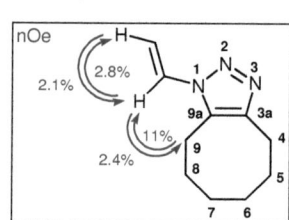

1-Vinyl-4,5,6,7,8,9-hexahydro-1*H*-cycloocta[*d*][1,2,3]triazol (147e): Schwach gelbliches, hochviskoses Öl. – ^{1}**H-NMR (CDCl$_3$)**: δ = 1.39 (m, 4 H, H-6, H-7), 1.65 (*pseudo* quint, *J* = 6.0 Hz, 2 H, H-5), 1.75 (*pseudo* quint, *J* = 6.0 Hz, 2 H, H-8), 2.71 (*pseudo* t, *J* = 6.4 Hz, 2 H, H-9), 2.82 (*pseudo* t, *J* = 6.4 Hz, 2 H, H-4), 5.09 (d, $^3J_{cis}$ = 8.8 Hz, 1 H, =CH$_2$), 5.88 (d, $^3J_{trans}$ = 15.6 Hz, 1 H, =CH$_2$), 6.92 [dd, $^3J_{trans}$ = 15.6 Hz, $^3J_{cis}$ = 8.8 Hz, 1 H, =C(Cot)*H*]. – ^{13}**C-NMR (CDCl$_3$)**: δ = 21.36 (t, C-9), 24.26 (t) und 24.30 (t, C-4 und C-6 oder C-7), 25.72 (t) und 25.87 (t, C-8 und C-6 oder C-7), 28.31 (t, C-5), 106.51 (t, =CH$_2$), 127.50 [d, =C(Cot)H], 132.48 (s, C-9a), 144.72 (s, C-3a). – **IR (CCl$_4$)**: $\tilde{\nu}$ = 710 cm^{-1} (w), 901 (s), 951 (s), 1050 (m), 1155 (w), 1247 (m), 1264 (m), 1305 (m), 1317 (m), 1352 (m), 1370 (m), 1444 (s), 1458 (s), 1473 (m), 1650 (s), 2855 (s), 2927 (vs, CH$_2$). – **MS (ESI)**: *m/z* (%): 178.1 [M+H$^+$] (87). – **C$_{10}$H$_{15}$N$_3$ (177.25 g/mol)**: ber. (%): C 67.76, H 8.53, N 23.71; gef. (%): C 67.18, H 8.39, N 23.87. – **R$_f$ (Et$_2$O)**: 0.47.

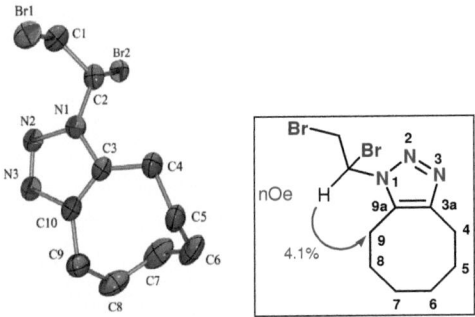

ORTEP plot von **148e**, H-Atome sind aus Gründen der Übersichtlichkeit nicht mit abgebildet.

1-(1,2-Dibrommethyl)-4,5,6,7,8,9-hexahydro-1H-cycloocta[d][1,2,3]triazol (**148e**): Weißer Feststoff. – **Smp.**: 85–90°C. – **¹H-NMR (CDCl₃)**: δ = 1.40–1.51 (m, 4 H, H-6, H-7), 1.73 (m, 2 H, H-5), 1.87 (symm. m, 2 H, H-8), 2.79 (symm. m, 2 H, H-9), 2.90 (*pseudo* t, *J* = 6.4 Hz, 2 H, H-4), 4.17 (*pseudo* dd, *J* = 10.8 Hz, 4.0 Hz, 1 H, diastereotope Protonen, ABX-System, CH₂Br), 4.80 (*pseudo* t, *J* = 10.8 Hz, 1 H, diastereotope Protonen, ABX-System, CH₂Br), 6.29 [*pseudo* dd, *J* = 11.2 Hz, 4.0 Hz, 1 H, ABX-System, =C(Cot)*H*]. – **¹³C-NMR (CDCl₃)**: δ = 21.33 (t, C-9), 24.36 (t, C-4), 24.47 (t) und 25.85 (t) und 25.90 (t, C-6 oder C-7 oder C-8), 28.21 (t, C-5), 31.90 (t, CH₂Br), 53.42 [d, *C*(Br)Cot], 133.97 (s, C-9a), 145.43 (s, C-3a). – **IR (CCl₄)**: $\tilde{\nu}$ = 610 cm⁻¹ (s), 900 (m), 1034 (m), 1056 (m), 1255 (m), 1311 (m), 1347 (m), 1381 (m), 1445 (m), 1458 (m), 1472 (m), 2856 (m, CH₂), 2933 (s, CH₂). – **C₁₀H₁₅Br₂N₃ (337.06 g/mol)**: ber. (%): C 35.63, H 4.49, N 12.47; gef. (%): C 35.89, H 4.58, N 12.63. – **R_f (Et₂O/*n*-Hexan=1:1)**: 0.41. – **Einkristallstrukturanalyse** (Diffusionsmethode: CH₂Cl₂/*n*-Pentan): C₁₀H₁₅Br₂N₃, *MW* = 337.05, *T* = 101(2) K, λ = 1.54184 Å, triklin, Raumgruppe: P-1, *a* = 10.7075(6) Å, *b* = 10.8246(8) Å, *c* = 11.3878(6) Å, α = 96.848(5)°, β = 95.190(5)°, γ = 107.622(6)°, *V* = 1237.76(13) Å³, *Z* = 4, *D* = 1.809 Mg/m³, μ = 8.088 mm⁻¹, *F*(000) = 664. Die kristallographischen Daten von Verbindung **148e** finden sich im Anhang zu dieser Arbeit (Kapitel 6.4).

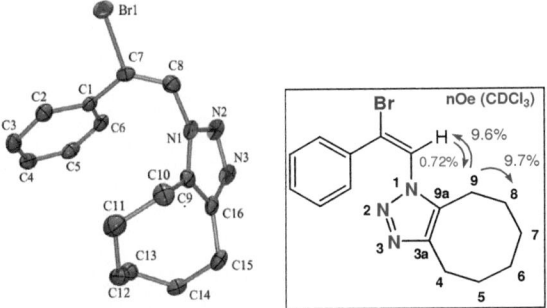

ORTEP plot von (*E*)-**149a**, H-Atome sind aus Gründen der Übersichtlichkeit nicht mit abgebildet.

(E)-1-(2-Brom-2-phenylvinyl)-4,5,6,7,8,9-hexahydro-1H-cycloocta[d][1,2,3]triazol

[(E)-149a]: Farbloser Feststoff. – **Smp.**: 68 °C. – **^{1}H-NMR (CDCl$_3$)**: δ = 1.17 (m, 2 H, H-6), 1.24 (m, 2 H, H-7), 1.37 (*pseudo* quint, J = 6.4 Hz, 2 H, H-8), 1.62 (*pseudo* quint, J = 6.4 Hz, 2 H, H-5), 2.40 (*pseudo* t, J = 6.4 Hz, 2 H, H-9), 2.78 (*pseudo* t, J = 6.4 Hz, 2 H, H-4), 7.15–7.24 (m, 5 H, Ph), 7.38 (s, 1 H, Vinyl-H). – **^{13}C-NMR (CDCl$_3$)**: δ = 21.62 (t, C-9), 24.03 (t, C-4), 24.29 (t, C-6), 25.48 (t, C-7), 25.55 (t, C-8), 27.45 (t, C-5), 122.78 (d, =CH), 128.32 (d, *o*-Ph oder *m*-Ph), 128.70 (s, =CBr oder *i*-Ph), 128.75 (d, *o*-Ph oder *m*-Ph), 129.84 (d, *p*-Ph), 133.76 (s, C-9a), 134.80 (s, =CBr oder *i*-Ph), 144.01 (s, C-3a). – **IR (CCl$_4$)**: $\tilde{\nu}$ = 693 cm^{-1} (s), 715 (m), 933 (m), 1174 (m), 1246 (m), 1445 (s), 1456 (m), 2856 (m, CH$_2$), 2933 (s, CH$_2$), 3062 (w, =CH). – **HR-MS (ESI)**: *m/z*: 332.0745 [M+H$^+$, ber.: 332.0757]. – **C$_{16}$H$_{18}$BrN$_3$ (332.24 g/mol)**: ber. (%): C 57.84, H 5.46, N 12.65; gef. (%): C 57.94, H 5.45, N 12.79. – **R_f (Et$_2$O/*n*-Hexan = 2:1)**: 0.57. – **Einkristallstrukturanalyse** (Diffusionsmethode: Et$_2$O/*n*-Pentan): C$_{16}$H$_{18}$BrN$_3$, MW = 332.24, T = 110 K, λ = 1.54184 Å, monoklin, Raumgruppe: P1 21/n 1, a = 7.7638(13) Å, b = 23.1490(10) Å, c = 8.9622(14) Å, α = 90 °, β = 113.69(2) °, γ = 90 °, V = 1475.0(3) Å^3, Z = 4, D = 1.496 Mg/m^3, μ = 3.734 mm^{-1}, F(000) = 680. Die kristallographischen Daten von Verbindung **(E)-149a** finden sich im Anhang zu dieser Arbeit (Kapitel 6.5).

(Z)-1-(2-Brom-2-phenylvinyl)-4,5,6,7,8,9-hexahydro-1H-cycloocta[d][1,2,3]triazol

[(Z)-149a]: Hochviskoses gelbes Öl (Die Verbindung enthielt ausgehend von den NMR-Spektren noch schwache Verunreinigungen). – **^{1}H-NMR (CDCl$_3$)**: δ = 1.45–1.56 (symm. m, 4 H, H-6, H-7), 1.78 (*pseudo* quint, J = 6.4 Hz, 2 H, H-5), 1.82 (*pseudo* quint, J = 6.4 Hz, 2 H, H-8), 2.76 (*pseudo* t, J = 6.4 Hz, 2 H, H-9), 2.95 (*pseudo* t, J = 6.4 Hz, 2 H, H-4), 7.40–7.44 (m, 3 H, *m*-Ph, *p*-Ph) darunter 7.41 (s, 1 H, Vinyl-H), 7.66 (m, 2 H, *o*-Ph). – **^{13}C-NMR (CDCl$_3$)**: δ = 21.80 (t, C-9), 24.19 (t, C-4), 24.51 (t, C-6 oder C-7), 25.76 (t, C-6 oder C-7), 25.89 (t, C-8), 27.78 (t, C-5), 122.18 (d, =CH), 127.93 (d, *o*-Ph), 128.56 (d, *m*-Ph), 130.28 (d, *p*-Ph), 131.06 (s, *i*-Ph oder =CBr), 134.36 (s, C-9a), 135.87 (s, *i*-Ph oder =CBr), 143.95 (s, C-3a). – **IR (CCl$_4$)**: $\tilde{\nu}$ = 692 cm^{-1} (s), 909 (m), 1051 (m), 1243 (m), 1312 (m), 1379 (m), 1446 (s), 1456 (m), 2856 (m, CH$_2$), 2934 (s, CH$_2$), 3062 (w, =CH). – **HR-MS (ESI):** *m/z*: 332.0760 [M+H$^+$, ber.: 332.0757].

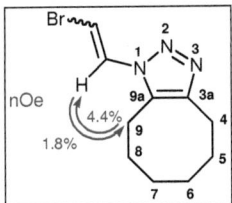

1-(2-Bromvinyl)-4,5,6,7,8,9-hexahydro-1*H*-cycloocta[*d*][1,2,3]triazol (149e): Weißer Feststoff. – Smp.: 78–85°C. – **^{1}H-NMR (CDCl$_3$):** δ = 1.42–1.54 (m, 4 H, H-6, H-7), 1.75 (*pseudo* quint, *J* = 6.0 Hz, 2 H, H-5), 1.85 (*pseudo* quint, *J* = 6.4 Hz, 2 H, H-8), 2.78 (*pseudo* t, *J* = 6.4 Hz, 2 H, H-9), 2.91 (*pseudo* t, *J* = 6.4 Hz, 2 H, H-4), 7.17 (d, ^3J = 12.4 Hz, 1 H, =C(Br)H), 7.31 [d, ^3J = 12.4 Hz, 1 H, =C(Cot)*H*]. Die Konformation an der Vinyleinheit konnte über die durchgeführten nOe-Experimente nicht eindeutig aufgeklärt werden, da die Phase des jeweils nicht bestrahlten Protons trotz Zeroquantenfilter sinusförmig verlief. Sekundäre nOe-Effekte sind denkbar. Auch die Kopplungskonstante von 12.4 Hz gibt nicht sicher Aufschluss, ob die Protonen der Vinyleinheit *cis*- oder *trans*-ständig zueinander gebunden sind; die *cis*-Stellung kann maximal vermutet werden. – **^{13}C-NMR (CDCl$_3$):** δ = 21.53 (t, C-9), 24.43 (t, C-4 und C-6 oder C-7), 25.88 (t, C-6 oder C-7), 26.06 (t, C-8), 28.28 (t, C-5), 102.83 [d, =C(H)Br], 126.51 [d, =*C*(H)Cot], 132.45 (s, C-9a), 144.87 (s, C-3a). – **IR (CCl$_4$):** $\tilde{\nu}$ = 907 cm^{-1} (s), 1047 (m), 1255 (m), 1314 (m), 1349 (w), 1379 (m), 1444 (m), 1457 (m), 2856 (s), 2933 (vs, CH$_2$), 3099 (vw, =CH). – **HR-MS (ESI):** *m/z*: 256.0417 [M+H$^+$, ber.: 256.0444]. – **C$_{10}$H$_{14}$BrN$_3$ (256.15 g/mol):** ber. (%): C 46.89, H 5.51, N 16.40; gef. (%): C 47.15, H 5.55, N 15.48. – **R_f (Et$_2$O/*n*-Hexan=1:1):** 0.37.

1-(1-Brom-2-phenylvinyl)-4,5,6,7,8,9-hexahydro-1*H*-cycloocta[*d*][1,2,3]triazol (150a): Viskoses gelbes Öl. – **^{1}H-NMR (CDCl$_3$):** δ = 1.36 (m, 4 H, H-6, H-7), 1.52 (m, 2 H, H-5 oder H-8), 1.76 (m, 2 H, H-5 oder H-8), 2.61 (m, 2 H, H-9), 2.94 (*pseudo* t, *J* = 6.4 Hz, 2 H, H-4), 6.74 (*pseudo* d, *J* = 7.2 Hz, 2 H, *o*-Ph), 7.20 (*pseudo* t mit erkennbarer Feinaufspaltung, *J* = 7.2 Hz, 2 H, *m*-Ph), 7.25 (*pseudo* t mit erkennbarer Feinaufspaltung, *J* = 6.8 Hz, 1 H, *p*-Ph), 7.29 (s, 1 H, Vinyl-H). – **^{13}C-NMR (CDCl$_3$):** δ = 21.61 (t, CH$_2$), 24.25 (t, CH$_2$), 24.62 (t, CH$_2$), 25.60 (t, CH$_2$), 25.62 (t, CH$_2$), 27.60 (t, CH$_2$), 108.82 (s, =CBr), 128.14 (d, *o*-Ph), 128.83 (d, *m*-Ph), 129.44 (d, *p*-Ph), 132.56 (s, *i*-Ph), 133.83 (s, Triazol-C), 136.81 (d, =CH), 145.00 (s, Triazol-C). – **IR (CCl$_4$):** $\tilde{\nu}$ = 691 cm^{-1} (s), 897 (s), 928 (m), 1032 (m), 1050 (m), 1244 (m), 1271 (m), 1385 (m), 1455 (s), 1497 (m), 1638 (w), 1686 (m), 2856 (m, CH$_2$), 2934 (s, CH$_2$),

3032 (w, =CH), 3062 (w, =CH). – **HR-MS (ESI):** *m/z*: 332.0725 [M+H$^+$, ber.: 332.0757]. – R_f (Et$_2$O/*n*-Hexan = 1:2): 0.28.

1-(1-Bromvinyl)-4,5,6,7,8,9-hexahydro-1*H*-cycloocta[*d*][1,2,3]triazol (150e): Schwach gelbliches Öl. – **^{1}H-NMR (CDCl$_3$):** δ = 1.45–1.55 (symm. m, 4 H, H-6, H-7), 1.77 (*pseudo* quint, *J* = 6.4 Hz, 2 H, H-5 oder H-8), 1.84 (*pseudo* quint, *J* = 6.4 Hz, 2 H, H-5 oder H-8), 2.86 (*pseudo* t, *J* = 6.4 Hz, 2 H, H-4 oder H-9), 2.90 (*pseudo* t, *J* = 6.4 Hz, 2 H, H-4 oder H-9), 6.01 (d, ^2J = –2.4 Hz, 1 H, =CH$_2$), 6.07 (d, ^2J = –2.4 Hz, 1 H, =CH$_2$). Es wurden keine signifikanten nOe-Effekte zwischen den Vinylprotonen und denen des Achtrings gefunden. Die aliphatischen Signale liegen in ihren chemischen Verschiebungen zu nah beieinander für sinnvolle Einstrahlexperimente (Doppelresonanz, nOe) zur Signalzuordnung. – **^{13}C-NMR (CDCl$_3$):** δ = 21.99 (t, C-4 oder C-9), 24.23 (t, C-4 oder C-9), 24.98 (t, C-6 oder C-7), 25.60 (t, C-6 oder C-7), 26.54 (t, C-5 oder C-8), 27.77 (t, C-5 oder C-8), 117.04 [s, =*C*(H)Cot], 122.26 (t, =CH$_2$), 134.16 (s, C-9a), 144.76 (s, C-3a). – **HR-MS (ESI):** *m/z*: 256.0430 [M+H$^+$, ber.: 256.0444]. – **C$_{10}$H$_{14}$BrN$_3$ (256.15 g/mol):** ber. (%): C 46.89, H 5.51, N 16.40; gef. (%): C 46.81, H 5.51, N 15.59. – **IR (CCl$_4$):** $\tilde{v}$ = 906 cm^{-1} (m), 1039 (m), 1251 (m), 1307 (w), 1444 (m), 1456 (m), 1637 (m), 2856 (m), 2933 (vs, CH$_2$). – R_f (Et$_2$O/*n*-Hexan=1:1): 0.23.

4.4.5.7 Charakterisierung des Aldehyds 156 sowie des Pyrazins 157

2-Brom-2-phenylacetaldehyd (156): Schwach gelbes Öl. Die Verbindung ist literaturbekannt, wobei sich die ^{1}H-NMR-spektroskopischen Daten in der Literatur[130] widersprechen und auch nicht mit den von mir ermittelten Werten konform gehen.[15] – **^{1}H-NMR (CDCl$_3$):** δ = 5.26 (d, ^3J = 3.6 Hz, 1 H, CHBr), 7.40–7.45 (m, 5 H, Ph), 9.56 (d, ^3J = 3.6 Hz, 1 H, CHO). – **^{13}C-NMR (CDCl$_3$):** δ = 55.17 (d, CHBr), 129.04 (d, *o*-Ph oder *m*-Ph), 129.25 (d, *o*-Ph oder *m*-Ph), 130.35 (d, *p*-Ph), 132.89 (s, *i*-Ph), 189.76 (s, CO).

---

[15] In der Literatur lassen sich verschiedene ^{1}H-NMR-Daten der Verbindung **156** finden: ^{1}H-NMR (CDCl$_3$)[130a]: 6.02 (d, 1 H), 9.32 (d, 1 H). Keine Angabe bzgl. der Phenylprotonen. – ^{1}H-NMR (CCl$_4$, Me$_4$Si)[130b]: 3.6 (s, 1 H), 7.5 (m, 5 H), 9.2 (s, 1 H).

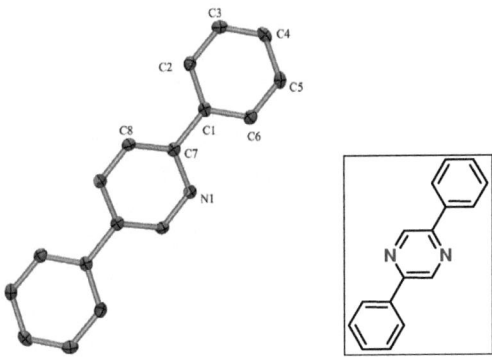

ORTEP plot von **157**, H-Atome sind aus Gründen der Übersichtlichkeit nicht mit abgebildet.

2,5-Diphenylpyrazin (157)[131]: Hellgelber Feststoff. – **^{1}H-NMR (CDCl$_3$)**: δ = 7.49 (*pseudo* t mit erkennbarer Feinaufspaltung, J = 8.4 Hz, 2 H, *p*-Ph), 7.54 (*pseudo* t mit erkennbarer Feinaufspaltung, J = 7.2 Hz, 4 H, *m*-Ph), 8.07 (*pseudo* dd mit erkennbarer Feinaufspaltung, J = 8.4 Hz, 1.2 Hz, 4 H, *o*-Ph), 9.09 (s, 2 H, NCH). – **^{13}C-NMR (CDCl$_3$)**: δ = 126.77 (d, *o*-C), 129.07 (d, *m*-C), 129.76 (d, *p*-Ph), 136.25 (s, *i*-Ph), 141.25 (d, NCH), 150.66 (s, NCPh). – **IR (CCl$_4$)**: $\tilde{\nu}$ = 692 cm^{-1} (s), 1014 (m), 1344 (m), 1451 (m), 1469 (s), 1532 (w), 1738 (w), 3066 (w). – **R_f (Et$_2$O/*n*-Hexan = 1:2)**: 0.52. – **Einkristallstrukturanalyse** (CDCl$_3$, –30°C): C$_{16}$H$_{12}$N$_2$, MW = 232.28, T = 110 K, λ = 0.71073 Å, monoklin, Raumgruppe: P1 21/c 1, a = 13.3616(6) Å, b = 5.7142(3) Å, c = 7.4892(3) Å, α = 90°, β = 93.917(4)°, γ = 90°, V = 570.47(5) Å^3, Z = 2, D = 1.352 Mg/m³, μ = 0.081 mm^{-1}, F(000) = 244. Die kristallographischen Daten von Verbindung **157** finden sich im Anhang zu dieser Arbeit (Kapitel 6.6).

5 Literaturverzeichnis

[1] [a] U. Lüning, *Reaktivität, Reaktionswege, Mechanismen - Ein Begleitbuch zur Organischen Chemie im Grundstudium*, Spektrum Akad. Verl., Heidelberg, Berlin, **1997**, 206–207. – [b] C. J. Moody, G. H. Whitham, *Reaktive Zwischenstufen*, VCH Verlagsgesellschaft m.b.H., Weinheim, New York, **1995**.

[2] C. Wentrup, P. Vogel, *Reaktive Zwischenstufen, Bd. I: Radikale, Carbene, Nitrene, gespannte Ringe, Bd. II: Carbokationen, Carbanionen, Zwitterionen*, Thieme Verlag, Stuttgart, **1979**.

[3] W. Kirmse, *Carbene, Carbenoide und Carbenanaloge*, Verlag Chemie, Weinheim, **1969**.

[4] H. H. Wenk, M. Winkler, W. Sander, *Angew. Chem.* **2003**, *115*, 518–546; *Angew. Chem. Int. Ed. Engl.* **2003**, *42*, 502–528.

[5] Beispiele für die Isolierung reaktiver Zwischenstufen mittels Matrix-Isolationstechnik: [a] M. Winkler, W. Sander, *Angew. Chem.* **2000**, *112*, 2091–2094; *Angew. Chem. Int. Ed. Engl.* **2000**, *39*, 2014–2016. – [b] W. Sander, M. Exner, M. Winkler, A. Balster, A. Hjerpe, E. Kraka, D. Cremer, *J. Am. Chem. Soc.* **2002**, *124*, 13072–13079. – [c] M. Winkler, W. Sander, *J. Org. Chem.* **2006**, *71*, 6357–6367. – [d] W. Sander, M. Winkler, B. Cakir, D. Grote, H. F. Bettinger, *J. Org. Chem.* **2007**, *72*, 715–724.

[6] Review zu organischen Aziden: S. Bräse, C. Gil, K. Knepper, V. Zimmermann, *Angew. Chem.* **2005**, *117*, 5320–5374; *Angew. Chem. Int. Ed.* **2005**, *44*, 5188–5240.

[7] S. Bräse, K. Banert, *Organic Azides, Syntheses and Applications*, John Wiley & Sons Ltd., Chichester, **2010** sowie dort genannte Quellen.

[8] [a] P. Grieß, *Proc. R. Soc. London* **1864**, *13*, 375–384. – [b] P. Grieß, *Justus Liebigs Ann. Chem.* **1865**, *135*, 121.

[9] [a] T. Curtius, *Ber. Dtsch. Chem. Ges.* **1890**, *23*, 3023–3033. – [b] T. Curtius, *J. Prakt. Chem.* **1894**, *50*, 275.

[10] [a] P. A. S. Smith, *Org. React.* **1946**, *3*, 337–349. – [b] J. H. Boyer, F. C. Canter, *Chem. Rev.* **1954**, *54*, 1–57.

[11] G. L'Abbé, *Chem. Rev.* **1969**, *69*, 345–363 sowie dort genannte Quellen.

[12] R. Huisgen in A. Padwa, *1,3-Dipolar Cycloaddition Chemistry*, Vol. 1, Wiley, New York, Chichester, Brisbane, Toronto, Singapore, **1984**.

[13] Azid-Alkin-Click-Chemie: [a] H. C. Kolb, M. G. Finn, K. B. Sharpless, *Angew. Chem.* **2001**, *113*, 2056–2075; *Angew. Chem. Int. Ed.* **2001**, *40*, 2004–2021. – [b] V. V. Rostovtsev, L. G. Green, V. V. Fokin, K. B. Sharpless, *Angew. Chem.* **2002**, *114*, 2708–2711; *Angew. Chem. Int. Ed.* **2002**, *41*, 2596–2599. – [c] F. Himo, T. Lovell, R. Hilgraf, V. V. Rostovtsev, L. Noodleman, K. B. Sharpless, V. V. Fokin, *J. Am. Chem. Soc.* **2005**, *127*, 210–216. – [d] V. D. Bock, H. Hiemstra, J. H. van Maarseveen, *Eur. J. Org. Chem.* **2006**, 51–68. – [e] C. W. Tornøe, C. Christensen, M. Meldal, *J. Org. Chem.* **2002**, *67*, 3057–3064.

[14] [a] A. Hassner, R. J. Isbister, *J. Am. Chem. Soc.* **1969**, *91*, 6126–6128. – [b] J. H. Boyer, R. Selvarajan, *J. Am. Chem. Soc.* **1969**, *91*, 6122–6126.

[15] A. Hassner, F. W. Fowler, *J. Org. Chem.* **1968**, *33*, 2686–2691.

[16] A. Hassner, *Methoden Org. Chem. (Houben-Weyl)*, 4. Aufl., Bd. E 16a, **1990**, 1243–1290.

[17] [a)] C. J. Caveander, V. J. Shiner, *J. Org. Chem.* **1972**, *37*, 3567–3569. – [b)] J. R. Zaloom, C. David, *J. Org. Chem.* **1981**, *46*, 5173–5176. – [c)] P. E. Eaton, R. E. Hormann, *J. Am. Chem. Soc.* **1987**, *109*, 1268–1269.

[18] [a)] Review zu QN$_3$: K. Banert, *Synthesis* **2007**, 3431–3446. – [b)] konkretes Anwendungsbeispiel: J. R. Fotsing, M. Hagedorn, K. Banert, *Tetrahedron* **2005**, *61*, 8904–8909.

[19] E. F. V. Scriven, K. Turnbull, *Chem. Rev.* **1988**, *88*, 297–368 sowie dort genannte Quellen.

[20] [a)] E. F. V. Scriven (Ed.), *Azides and Nitrenes. Reactivity and Utility*, Academic Press, Inc., Orlando, San Diego, New York, London, **1984**. – [b)] A. Hassner in E. F. V. Scriven (Ed.), *Azides and Nitrenes, Reactivity and Utility*, Academic Press, Inc., Orlando, San Diego, New York, London, **1984**, 35–94.

[21] Anwendungsbeispiele und Rechnungen zu katalysatorfreien «Click-Reaktionen» mit Cyclooctin: [a)] K. Chenoweth, D. Chenoweth, W. A. Goddard III, *Org. Biomol. Chem.* **2009**, *7*, 5255–5258. – [b)] P. Kele, X. Li, M. Link, K. Nagy, A. Herner, K. Lörincz, S. Béni, O. S. Wolfbeis, *Org. Biomol. Chem.* **2009**, *7*, 3486–3490. – [c)] J. A. Codelli, J. M. Baskin, N. J. Agard, C. R. Bertozzi, *J. Am. Chem. Soc.* **2008**, *130*, 11486–11493. – [d)] E. M. Sletten, C. R. Bertozzi, *Org. Lett.* **2008**, *10*, 3097–3099.

[22] K. Banert, M. Hagedorn, *Angew. Chem.* **1989**, *101*, 1710–1711; *Angew. Chem. Int. Ed. Engl.* **1989**, *28*, 1675–1676.

[23] Beispiele zur Azirbildung aus Vinylaziden: [a)] A. Padwa, T. Blacklock, A. Tremper, *Org. Synth.* **1977**, *57*, 83; **1988**, *Coll. Vol. 6*, 893. – [b)] J. R. Fotsing, K. Banert, *Eur. J. Org. Chem.* **2005**, 3704–3714. – [c)] K. Banert, B. Meier, *Angew. Chem.* **2006**, *118*, 4120–4123; *Angew. Chem. Int. Ed.* **2006**, *45*, 4015–4019. – [d)] M. Vosswinkel, H. Lüerssen, D. Kvaskoff, C. Wentrup, *J. Org. Chem.* **2009**, *74*, 1171–1178. – [e)] K. Banert, J. R. Fotsing, M. Hagedorn, H. P. Reisenauer, G. Maier, *Tetrahedron* **2008**, *64*, 5645–5648. – [f)] T. Patonay, J. Jekö, É. Juhász-Tóth, *Eur. J. Org. Chem.* **2008**, 1441–1448. – [g)] C. R. Alonso-Cruz, A. R. Kennedy, M. S. Rodríguez, E. Suárez, *J. Org. Chem.* **2008**, *73*, 4116–4122. – [h)] K. Banert, S. Grimme, R. Herges, K. Heß, F. Köhler, C. Mück-Lichtenfeld, E.-U. Würthwein, *Chem. Eur. J.* **2006**, *12*, 7467–7481. – [i)] E. Penk, *Dissertation*, TU Chemnitz, **2009**. – [j)] J. R. Fotsing, K. Banert, *Eur. J. Org. Chem.* **2006**, 3617–3625.

[24] K. Banert, Y.-H. Joo, T. Rüffer, B. Walfort, H. Lang, *Angew. Chem.* **2007**, *119*, 1187–1190; *Angew. Chem. Int. Ed.* **2007**, *46*, 1168–1171.

[25] K. Banert, M. Hagedorn, J. Wutke, P. Ecorchard, D. Schaarschmidt, H. Lang, *Chem. Commun.* **2010**, im Druck.

[26] M. O. Forster, S. H. Newman, *J. Chem. Soc., Trans.* **1910**, *97*, 2570–2579.

[27] Übersichtsartikel: K. Banert in *Houben-Weyl, Science of Synthesis*, 5th Ed., Vol. 24 (Ed.: A. de Meijere), Thieme, Stuttgart, **2006**, 1061–1072, Kap. 24.4.4.3.

[28] J. H. Boyer, C. H. Mack, N. Goebel, L. R. Morgan, Jr., *J. Org. Chem.* **1958**, *23*, 1051–1053.

[29] J. H. Boyer, R. Selvarajan, *Tetrahedron Lett.* **1969**, 47–50.

[30] [a] R. Tanaka, K. Yamabe, *J. Chem. Soc., Chem. Commun.* **1983**, 329–330. – [b] K. Yamabe, A. Sawada, *Kenkyu Hokuku-Sasebo Kogyo Koto Senmon Gakko* **1985**, *22*, 119–123.

[31] N. Siebert, *Diplomarbeit*, TU Chemnitz, **2006**.

[32] [a] E. Robson, J. M. Tedder, B. Webster, *J. Chem. Soc.* **1963**, 1863–1865. – [b] Neben 1,2,3-Triazolen sind durch die Umsetzung von Lithiumacetyliden mit Sulfonylaziden auch Diazoniumsalze zugänglich: R. Helwig, M. Hanack, *Chem. Ber.* **1985**, *118*, 1008–1021.

[33] A. J. Mancuso, D. Swern, *Synthesis* **1981**, 165–185.

[34] [a] S. G. D'yachkova, E. A. Nikitina, N. K. Gusarova, M. L. Al'pert, B. A. Trofimov, *Russ. Chem. Bull., Int. Ed.* **2001**, *50*, 751–752; *Izv. Akad. Nauk, Ser. Khim.* **2001**, 720–721. – [b] S. G. D'yachkova, E. A. Nikitina, N. K. Gusarova, A. I. Albanov, B. A. Trofimov, *Russ. J. Gen. Chem.* **2003**, *73*, 782–785; *Zhurn. Obs. Khim.* **2003**, *71*, 827–830.

[35] [a] A. A. Auer, E. Prochnow, K. Banert, *J. Phys. Chem. A* **2007**, *111*, 9945–9951. – [b] E. Prochnow, *Diplomarbeit*, TU Chemnitz, **2007**.

[36] K. Banert, M. Hagedorn, C. Liedtke, A. Melzer, C. Schöffler, *Eur. J. Org. Chem.* **2000**, 257–267.

[37] [a] R. Breslow, *J. Am.Chem. Soc.* **1957**, *79*, 5318. – [b] R. Breslow, C. Yuan, *J. Am. Chem. Soc.* **1958**, 5991–5994.

[38] F. Dost, J. Gosselck, *Tetrahedron Lett.* **1970**, *11*, 5091–5093.

[39] [a] P. Rademacher, B. Corboni, R. Carrié, P. Heymanns, R. Poppek, *Chem. Ber.* **1988**, *121*, 1213–1217. – [b] I. R. Dunkin, Ch. J. Shields, H. Quast, *Tetrahedron* **1989**, *45*, 259–268.

[40] S. Maffei, A. M. Rivolta, *Gazz. Chim. Ital.* **1954**, *84*, 750–752.

[41] J. C. Motte, H. G. Viehe, *Chimia* **1975**, *29*, 515–516.

[42] W. Zhu, D. Ma, *Chem. Commun.* **2004**, 888–889.

[43] K. Banert, O. Plefka, *unveröffentlichte Ergebnisse*.

[44] [a] Unkatalysierte Reaktion von Phenylazid mit unsymmetrischem Alkin: W. Kirmse, L. Horner, *Liebigs Ann. Chem.* **1958**, *614*, 1–3. – [b] Unkatalysierte Reaktion von Phenylazid mit symmetrischem Alkin: A. Michael, *J. Prakt. Chem.* **1893**, *48*, 94.

[45] K. Banert, C. Bernd, S. Firdous, M. Hagedorn, *Veröffentlichung in Vorbereitung*.

[46] A. Ihle, *Dissertation*, TU Chemnitz, **2006**.

[47] K. Banert, J. Wutke, T. Rüffer, H. Lang, *Synthesis* **2008**, 2603–2609.

[48] [a] E. F. Witucki, M. B. Frankel, *J. Chem. Eng. Data* **1979**, *24*, 247–249. – [b] M. B. Frankel, E. R. Wilson, *J. Chem. Eng. Data* **1981**, *26*, 219. – [c] E. R. Wilson, M. B. Frankel, *J. Chem. Eng. Data* **1982**, *27*, 472–473. – [d] E. F. Witucki, E. R. Wilson, J. E. Flanagan, M. B. Frankel, *J. Chem. Eng. Data* **1983**, *28*, 285–286. – [e] E. R. Wilson, M. B. Frankel, *J. Org. Chem.* **1985**, *50*, 3211–3212. – [f] Y. Lu, Y. Li, *Huabei Gongxueyuan Xuebao* **1998**, *19*, 40–44. – [g] Z. Zhou, B. Chen, *Hanneng Cailiao* **1996**, *4*, 49–56. – [h] S. Ringuette, C. Dubois, R. A. Stowe, G. Charlet, *Propellants, Explos., Pyrotech.* **2006**, *31*, 131–138.

[49] R. G. Stacer, D. M. Husband, *Propellants, Explos., Pyrotech.* **1991**, *16*, 167–176. – [b] G. Nakashita, N. Kubota, *Propellants, Explos., Pyrotech.* **1991**, *16*, 177–181. – [c] T. Keicher,

F.-W. Wasmann, *Propellants, Explos., Pyrotech.* **1992**, *17*, 182–184. – [d] Y. Oyumi, *Propellants, Explos., Pyrotech.* **1992**, *17*, 226–231. – [e] K. Hori, M. Kimura, *Propellants, Explos., Pyrotech.* **1996**, *21*, 160–165. – [f] H. Yan, X. Gum, B. Chen. *Propellants, Explos., Pyrotech.* **1996**, *21*, 231–232. – [g] Y. Oyumi, E. Kimura, S. Hayakawa, G. Nakashita, K. Kato, *Propellants, Explos., Pyrotech.* **1996**, *21*, 271–275. – [h] H. Kawasaki, T. Anan, E. Kimura, Y. Oyumi, *Propellants, Explos., Pyrotech.* **1997**, *22*, 87–92. – [i] F. Perreault, M. Benchabane, *Propellants, Explos., Pyrotech.* **1997**, *22*, 193–197.

[50] A. N. Mirskova, S. G. Seredkina, I. D. Kalikhman, M. G. Voronkov, *Bull. Acad. Sci. USSR, Div. Chem. Sci.* (Engl. Trans.) **1985**, *34*, 2614–2617.

[51] T. Aoyama, K. Sudo, T. Shioiri, *Chem. Pharm. Bull.* **1982**, *30*, 3849–3851.

[52] [a] M. X.-W. Jiang, M. Rawat, W. D. Wulff, *J. Am. Chem. Soc.* **2004**, *126*, 5970–5971 (Supporting Information). – [b] L. Brandsma, *Synthesis of Acetylenes, Allenes and Cumulenes: Methods and Techniques*, Elsevier, Heidelberg, London, New York, **2004**, 196.

[53] L. D. Seyferth, M. Takamieawa, *J. Org. Chem.* **1963**, *28*, 1142–1144.

[54] Synthesevorschrift: [a] Sh.-I. Marahashi, T. Naota, H. Taki, *J. Chem. Soc., Chem. Commun.* **1985**, 613–614. – Spektrendaten: [b] P. Fontaine, A. Chiaroni, G. Masson, J. Zhu, *Org. Lett.* **2008**, *10*, 1509–1512 (Supporting Information).

[55] T. Patonay, R. V. Hoffman, *J. Org. Chem.* **1994**, *59*, 2902–2905.

[56] G. A. Olah, M. R. Bruce, F. L. Clouet, *J. Org. Chem.* **1981**, *46*, 438–442.

[57] Y. Gao, Y. Lam, *Org. Lett.* **2006**, *8*, 3283–3285 (Supporting Information).

[58] R. R. Trifonov, V. A. Ostrovskii, *Croat.Chem. Acta* **1999**, *72*, 953–955.

[59] [a] D. P. Cox, R. A. Moss, J. Terpinski, *J. Am. Chem. Soc.* **1983**, *105*, 6513–6514. – [b] R. A. Moss, G. Kmiecik-Lawrynowicz, D. P. Cox, *Synth. Commun.* **1984**, *14*, 21–25.

[60] Synthesevorschrift: [a] X. Creary, A. F. Sky, *J. Am. Chem. Soc.* **1990**, *112*, 368–374. – [b] R. A. Moss, J. Terpinski, D. P. Cox, D. Z. Denney, K. Krogh-Jespersen, *J. Am. Chem. Soc.* **1985**, *107*, 2743–2748. – Spektrendaten: [c] R. A. Thompson, J. S. Francisco, J. B. Grutzner, *Phys. Chem. Chem. Phys.* **2004**, *6*, 756–765.

[61] [a] R. J. Bartlett, *Modern Electronic Structure Theory*, World Scientific, Singapore, **1995**. – [b] A. Ahlrichs, M. Bär, M. Häser, H. Horn, C. Kölmel, *Chem. Phys. Lett.* **1992**, *162*, 165. – [c] http://srdata.nist.gov/cccbdb/hartree.asp (Internetrecherche vom 22.07.2008).

[62] [a] H. Heimgartner, *Angew. Chem.* **1991**, *103*, 271–297; *Angew. Chem. Int. Ed. Engl.* **1991**, *30*, 238–264. – [b] A. Hassner, F. W. Fowler, *J. Org. Chem.* **1968**, *33*, 2686–2691. – [c] F. W. Fowler, A. Hassner, L. A. Levy, *J. Am. Chem. Soc.* **1967**, *89*, 2077–2082.

[63] J. Picard, N. Lubin-Germain, J. Uziel, J. Augé, *Synthesis* **2006**, 979–982.

[64] A. Alberti, G. F. Pedulli, F. Ciminale, *Tetrahedron* **1982**, *38*, 3605–3608.

[65] Die Löslichkeit in DMSO (DMF; MeOH) wurde für NaN_3 zu 18 mg/mL (6 mg/mL; 28 mg/mL) und für LiN_3 zu 40 mg/mL (100 mg/mL; 260 mg/mL) bestimmt.

[66] N. Iqbal, C.-A. McEwen, E. E. Knaus, *Drug Dev. Res.* **2000**, *51*, 177–186.

[67] R. Sieckmann, *Magn. Res. Chem.* **1991**, *29*, 264–266.

[68] B. Neises, W. Steglich, *Angew. Chem.* **1978**, *90*, 556–557; *Angew. Chem. Int. Ed. Engl.* **1978**, *17*, 522–524.

[69] N. J. Agard, J. A. Prescher, C. R. Bertozzi, *J. Am. Chem. Soc.* **2004**, *126*, 15046–15047 (Supporting Information).

[70] Beispiele für die Umsetzung von Diazomethan mit verschiedenen Ketonen unter Oxiranbildung: [a] P. Bravo, M. Frigerio, G. Fronza, V. Soloshonok, F. Viani, G. Cavicchio, G. Fabrizi, D. Lamba, *Can. J. Chem.* **1994**, *72*, 1769–1779. – [b] F. A. Khan, R. Satapathy, Ch. Sudheer, Ch. Nageswara Rao, *Tetrahedron Lett.* **2005**, *46*, 7193–7196. – [c] L. A. Miller, M. A. Marsini, Th. R. R. Pettus, *Org. Lett.* **2009**, *11*, 1955–1958.

[71] M. Pesson, S. Dupin, M. Antoine, *Compt. Rend.* **1963**, *256*, 4680–4682.

[72] Übersicht zur FRITSCH-BUTTENBERG-WIECHELL-Umlagerung in: S. Eisler, R. R. Tykwinski in F. Diederich, P. J. Stang, R. R. Tykwinski, *Acetylene Chemistry. Chemistry, Biology, and Material Science*, Wiley-VCH Verlag GmbH & Co. KGaA, Weinheim, **2005**, 261ff (Kapitel 7.3).

[73] R. Tanaka, S. I. Miller, *Tetrahedron Lett.* **1971**, 1753–1756.

[74] [a] S. Martin, R. Sauvêtre, J.-F. Normant, *Tetrahedron Lett.* **1982**, *23*, 4329–4332. – [b] B. Witulski, C. Alayrac, *Science of Synthesis* **2006**, *24*, 905–932 und dort genannte Quellen. – [c] J. Kvíčala, R. Hrabal, J. Czernek, I. Bartošova, O. Paleta, A. Pelter, *J. Fluorine Chem.* **2003**, *113*, 211–218.

[75] T. Okano, K. Ito, T. Ueda, H. Muramatsu, *J. Fluor. Chem.* **1986**, *32*, 377–388.

[76] H. G. Viehe, E. Franchimont, *Chem. Ber.* **1962**, *95*, 319–327.

[77] [a] A. J. Saggiomo, *J. Org. Chem.* **1957**, *22*, 1171–1175. – [b] S. Boeckstegers, *Dissertation*, Ruhr-Universität Bochum, **2000**, 15–16 und 32–33.

[78] D. T. Mowry, J. Mann Butler, *Org. Synth.* **1963**, *Coll. Vol. 4*, 486; **1959**, *30*, 46.

[79] Metall(salz)katalysierte Eliminierungen aus *cis*-1,2-dibromsubstituierten Alkenen: [a] X. Ariza, J. Bach, R. Berenguer, J. Farràs, M. Fontes, J. Garcia, M. López, J. Ortiz, *J. Org. Chem.* **2004**, *69*, 5307–5313 und dort genannte Quellen [22c,d; 24–28]. – [b] B. C. Ranu, A. Das, A. Hajra, *Synthesis* **2003**, 1012–1014. – [c] A. Stephen, K. Hashmi, M. A. Grundl, A. R. Nass, F. Naumann, J. W. Bats, M. Bolte, *Eur. J. Org. Chem.* **2001**, 4705–4732. – [d] B. C. Ranu, S. K. Guchhait, A. Sarkar, *Chem. Commun. (Cambridge)* **1998**, 2113–2114. – [e] H. Suzuki, M. Aihara, H. Yamamoto, Y. Takamoto, T. Ogawa, *Synthesis* **1988**, 236–238.

[80] Metall(salz)katalysierte Eliminierungen aus 1,2-dichlorsubstituierten Alkenen: [a] T. A. Engler, K. D. Combrink, J. E. Ray, *Synth. Commun.* **1989**, *19*, 1735–1744. – [b] Th. Liese, A. de Meijere, *Chem. Ber.* **1986**, *119*, 2995–3026. – [c] J.-N. Denis, A. Moyano, A. E. Greene, *J. Org Chem.* **1987**, *52*, 3461–3462.

[81] Autorenkollektiv, *Lehrwerk Chemie: Reaktionsverhalten und Syntheseprinzipien*, Arbeitsbuch 7, 3. Aufl., VEB Deutscher Verlag für Grundstoffindustrie, Leipzig, **1976**, 92–93.

[82] C. Glaser, *Ber. Dtsch. Chem. Ges.* **1869**, *2*, 422–424.

[83] G. Stork, K. Zhao, *Tetrahedron Lett.* **1989**, *30*, 2173–2174.

[84] F. Liu, D. Ma, *J. Org. Chem.* **2007**, *72*, 4844–4850.

[85] V. Nair, T. G. George, V. Sheeba, A. Augustine, L. Balagopal, L. G. Nair, *Synlett.* **2000**, 1597–1598.

[86] E. S. Stratford, R. W. Curley, Jr., *J. Med. Chem.* **1983**, *26*, 1463–1469.

[87] J. Andraos, Y. Chiang, A. J. Kresge, I. G. Pojarlieff, N. P. Schepp, J. Wirz, *J. Am. Chem. Soc.* **1994**, *116*, 73–81.

[88] F. P. Woerner, H. Reimlinger, *Chem. Ber.* **1970**, *103*, 1908–1917.

[89] [a] G. R. Clemo, W. H. Perkin, Jr., *J. Chem. Soc. Trans.* **1922**, *121*, 642–649. – [b] R. U. Wiley, J. Moffat, *J. Org. Chem.* **1957**, *22*, 995–996. – [c] K. M. Bonger, R. J. B. H. N. van den Berg, L. H. Heitman, A. P. Ijzerman, J. Oosterom, C. M. Timmers, H. S. Overkleeft, G. A. van der Marel, *Bioorg. Med. Chem.* **2007**, *15*, 4841–4856.

[90] A. Hassner, A. B. Levy, *J. Am. Chem. Soc.* **1971**, *93*, 5469–5474.

[91] G. A. Kraus, P. Gottschalk, *J. Org. Chem.* **1983**, *48*, 2111–2112.

[92] Die Verbindung ist in der «Spectral Database for Organic Compounds (SDBS)» (http://riodb01.ibase.aist.go.jp/sdbs/cgi-bin/cre_index.cgi?lang=eng) aufgeführt. – [a] SDBS No.: 19746. – [b] SDBS No.: 1753. – [c] SDBS No. 4108. – [d] SDBS No. 3861. – [e] SDBS No.: 11716. – [f] SDBS No.: 3131.

[93] Die pK_a-Werte zu den korrespondierenden Säuren der genannten Basen wurden „Evans pK_a-Table" (http://evans.harvard.edu/pdf/evans_pKa_table.pdf, Internetrecherche vom 10.03.2010) entnommen. Dabei ist die Base umso stärker, je größer der pK_a-Wert der konjugierten Säure ist.

[94] [a] D. Knittel, *Synthesis* **1985**, 186–188. – [b] B. Meier, *Dissertation*, TU Chemnitz, **2006**.

[95] W. C. Still, M. Kahn, A. Mitra, *J. Org. Chem.* **1978**, *43*, 2923–2925.

[96] [a] ChemDAT®, *Die Merck Chemie Datenbank*, Version 2.4.0, Darmstadt, **2002**. – [b] P. A. S. Smith, *Open Chain Nitrogen Compounds*, Bd. 2, Benjamin, New York, **1966**, 211–256. – [c] J. H. Boyer, R. Moriarty, B. de Darwent, P. A. S. Smith, *Chem. Eng. News* **1964**, *42*, 6.

[97] [a] F. Tellier, Ch. Descoins, R. Sauvêtre, *Tetrahedron* **1991**, *47*, 7767–7774. – [b] R. Sauvêtre, J. F. Normant, *Tetrahedron Lett.* **1982**, *23*, 4325–4328. – [c] A. Runge, W. W. Sander, *Tetrahedron Lett.* **1990**, *31*, 5453–5456. – [d] W. J. Middleton, W. H. Sharkey, *J. Am. Chem. Soc.* **1959**, *81*, 803–804. – [e] Internetpräsenz des Lehrstuhls für Hochfrequenztechnik, Christian-Albrechts-Universität zu Kiel, Prof. Dr.-Ing. R. Knöchel, http://hf.tf.uni-kiel.de/en/home-forschung-molekuel.htm (Internetrecherche am 28.10.2009).

[98] H. Bock, R. Dammel, *Chem. Ber.* **1987**, *120*, 1971–1985.

[99] E. Nagashima, K. Suzuki, M. Sekiya, *Chem. Pharm. Bull.* **1981**, *29*, 1274–1279.

[100] [a] L. Feng, A. Zhang, S. M. Kerwin, *Org. Lett.* **2006**, *8*, 1983–1986 (Supporting Information). – [b] M. V. Sargent, C. J. Timmons, *J. Chem. Soc.* **1964**, 2222–2225.

[101] B. M. Nugent, A. L. Williams, E. N. Prabhakaran, J. N. Johnston, *Tetrahedron* **2003**, *59*, 8877–8888.

[102] [a] R. A. Earl, L. B. Townsend, *Organic Syntheses, Coll.* **1990**, *7*, 334; **1981**, *60*, 81. – [b] L. F. Tietze, Th. Eicher, *Reaktionen und Synthesen im organisch-chemischen Praktikum*

und Forschungslaboratorium, 2. Aufl., Georg Thieme Verlag, Stuttgart, New York, **1991**, 413.

[103] M. Tiecco, L. Testaferri, C. Santi, C. Tomassini, R. Bonini, F. Marini, L. Bagnoli, A. Temperini, *Org. Lett.* **2004**, *6*, 4751–4753 (Supporting Information).

[104] P. T. Trapentsier, I. Ya. Kalvin'sh, E. E. Liepin'sh, E. Lukevits, *Chem. Heterocycl. Comp.* **1983**, *19*, 982–989.

[105] E. M. Schulmann, K. A. Christensen, D. M. Grant, C. Walling, *J. Org. Chem.* **1974**, *39*, 2686–2690.

[106] D. L. Musso, M. J. Clarke, J. L. Kelley, G. E. Boswell, G. Chen, *Org. Biomol. Chem.* **2003**, *1*, 498–506.

[107] Y.-H. Joo, *Dissertation*, TU Chemnitz, **2007**.

[108] A. Abotto, S. Bradamante, G. A. Pagani, *J. Org. Chem.* **1993**, *58*, 449–455.

[109] D. P. Fox, J. A. Bjork, P. J. Stany, *J. Org. Chem.* **1983**, *48*, 3994–4002.

[110] V. Cecchetti, O. Tabarrini, S. Sabatini, H. Miao, E. Filipponi, A. Fravolini, *Bioorg. Med. Chem.* **1999**, *7*, 2465–2471.

[111] V. N. Telvekar, S. N. Chettiar, *Tetrahedron Lett.* **2007**, *48*, 4529–4532.

[112] M. A. P. Martins, D. J. Emmerich, C. M. P. Pereira, W. Cunico, M. Rossato, N. Zanatta, H. G. Bonacorso, *Tetrahedron Lett.* **2004**, *45*, 4935–4938.

[113] Sh.-T. Lin, Ch.-Ch. Lee, D. W. Liang, *Tetrahedron* **2000**, *56*, 9619–9623.

[114] S. Huppe, H. Rezaei, S. Z. Zard, *Chem. Commun.* **2001**, 1894–1895.

[115] [a] É. Abele, M. Fleisher, K. Rubina, R. Abele, E. Lukevics, *J. Mol. Catal. A: Chemicals* **2001**, *165*, 121–126. – [b] É. Abele, R. Abele, K. Rubina, E. Lukevics, *Chem. Heterocycl. Comp.* **1998**, *34*, 122–123.

[116] [a] N. Matsunaga, T. Kaku, A. Ojida, T. Tanaka, T. Hara, M. Yamaoka, M. Kusaka, A. Tasaka, *Bioorg. Med. Chem.* **2004**, *12*, 4313–4336. – [b] M. A. Vela, F. R. Fronczek, G. W. Horn, M. L. McLaughlin, *J. Org. Chem.* **1990**, *55*, 2913–2918.

[117] R. F. Cunico, J. Chen, *J. Org. Chem.* **2004**, *69*, 5509–5511 (Supporting Information).

[118] H.-O. Kalinowski, S. Berger, S. Braun, *^{13}C-NMR-Spektroskopie*, Georg Thieme Verlag, Stuttgart, New York, **1984**, 457 und 474.

[119] [a] L. G. Sánchez, E. N. Castillo, H. Maldonado, D. Chávez, R. Somanathan, G. Aguirre, *Synth. Commun.* **2008**, *38*, 54–71. – [b] W. R. F. Goundry, J. E. Baldwin, V. Lee, *Tetrahedron* **2003**, *59*, 1719–1729. – [c] J. C. Convay, P. Quayle, A. C. Regan, C. J. Urch, *Tetrahedron* **2005**, *61*, 11910–11923. – [d] D. Seyferth, J. K. Heerex, G. Singh, S. O. Grim, W. B. Hughes, *J. Organomet. Chem.* **1966**, *5*, 267–274.

[120] Sh. Tomoda, Y. Matsumoto, Y. Takeuchi, Y. Nomura, *Bull. Chem. Soc. Jpn.* **1986**, *59*, 3283–3284.

[121] M. A. Kuznetsov, Y. V. Dorofeeva, V. V. Semenovskii, V. A. Gindin, A. N. Studenikov, *Tetrahedron* **1992**, *48*, 1269–1280.

[122] a) A. Capita, A. Ribecai, R. Rossi, P. Stabile, *Tetrahedron* **2002**, *58*, 3673–3680. – b) G. C. M. Lee, B. Tobias, J. M. Holmes, D. A. Harcourt, M. E. Garst, *J. Am. Chem. Soc.* **1990**, *112*, 9930–9936.

[123] a) B. E. Coleman, V. Cwynar, D. J. Hart, F. Havas, J. M. Mohan, S. Patterson, S. Ridenour, M. Schmidt, E. Smith, A. J. Wells, *Synlett.* **2004**, 1339–1342. – b) K. Takai, K. Nitta, K. Utimoto, *J. Am. Chem. Soc.* **1986**, *108*, 7408–7410.

[124] Sh. Ge, V. F. Quiroga Norambuena, B. Hessen, *Organometallics* **2007**, *26*, 6508–6510 (Supporting Information).

[125] E. Barchiesi, S. Bradamante, R. Ferraccioli, G. A. Pagani, *J. Chem. Soc., Perkin Trans. II* **1990**, 375–383.

[126] B. J. Burreson, R. E. Moore, P. Roller, *Tetrahedron Lett.* **1975**, 473–475.

[127] C. Wiles, P. Watts, S. J. Haswell, *Tetrahedron* **2005**, *61*, 5209–5217.

[128] a) Ch.-Zh. Tao, X. Cui, J. Li, A.-X. Liu, L. Liu, Q.-X. Guo, *Tetrahedron Lett.* **2007**, *48*, 3525–3529. – b) A. Coelho, E. Raviña, E. Sotelo, *Synlett.* **2002**, 2062–2064.

[129] a) M. A. Pericàs, F. Serratosa, E. Valentí, *Tetrahedron* **1987**, *43*, 2311–2316. – b) V. Alks, J. R. Sufrin, *Synth. Commun.* **1989**, *19*, 1479–1486. – c) M. Schlosser, H.-X. Wie, *Tetrahedron* **1997**, *53*, 1735–1742.

[130] a) G. D. Meakins, S. R. R. Musk, C. A. Robertson, L. S. Woodhouse, *J. Chem. Soc., Perkin Trans. I* **1989**, 643–648. – b) R. J. P. Corriu, J. J. E. Moreau, M. Pataud-Sat, *J. Org. Chem.* **1990**, *55*, 2878–2884.

[131] W. Gruber, H. Renner, *Monatsh. Chem.* **1950**, *81*, 751–759.

Danksagung

Es steht außer Frage, dass eine Arbeit wie diese nicht ohne die Hilfe Anderer angefertigt werden kann. Folglich möchte ich mich an dieser Stelle ganz herzlich bei all jenen Menschen bedanken, ohne deren (aktive als auch passive) Unterstützung sowie deren Engagement die vorliegende Dissertation so nicht möglich gewesen wäre.

Allen voran danke ich meinem betreuenden Hochschullehrer, Herrn Prof. Dr. Klaus Banert, für die Bereitstellung des interessanten Themas, die intensive Betreuung während der gesamten Anfertigungszeit dieser Arbeit sowie dem geduldigen und genauen Korrekturlesen meiner zuweilen recht umfangreichen Semesterberichte. Der Fehlerteufel hatte nie wirklich eine Chance.

Ebenso danke ich Dr. Manfred Hagedorn, welcher mir mit seinem unnachahmlichen Charme so manche Finesse bei der Aufnahme verschiedenster NMR-Experimente näher bringen durfte und der zudem eine Vielzahl an Vorversuchen zum bearbeiteten Thema verwirklicht hat und mir bei zahlreichen Fragestellungen mit Rat und Tat zur Seite stand. Gleiches gilt für Jana Buschmann, Elke Gutzeit und Marion Lindner, welche intensiv an den Vorversuchen beteiligt waren und ohne deren Geduld und Feingefühl – vor allem in Bezug auf die Organisation der Laborbäderbearbeitung – so manches Experiment dem Laborchaos zum Opfer gefallen wäre.

Dem Arbeitskreis Organische Chemie danke ich für das einzigartige Arbeitsklima, die vielen schönen Stunden im und nicht zuletzt auch außerhalb des Labors sowie generell für die angenehme Zeit während meiner Promotion.

Außerdem danke ich all jenen helfenden Händen (und Köpfen), welche mir verschiedene Messungen und Synthesen abgenommen bzw. ermöglicht haben. Explizit waren dies Frau Yvonne Schlesinger, Frau Renate Franzky, Frau Jana Buschmann, Frau Brigitte Kempe sowie Robby Berthel und Dr. Roy Buschbeck für die Messung der Elementaranalysen sowie die Aufnahme der Massenspektren, Dipl.-Chem. Dieter Schaarschmidt und Dr. Petra Ecorchard (geb. Zoufalá) für die Anfertigung der Einkristall-Röntgenstrukturanalysen (selbstredend auch Herrn Prof. Dr. Heinrich Lang, an dessen Gerät die Messungen erfolgten) sowie all den Studenten und Hilfskräften, welche verschiedene Verbindungen für mich synthetisieren durften, allen voran meinem „Vorzeige-Hiwi" Marcus Korb. Ebenfalls danke ich verschiedensten Mitarbeitern des Arbeitskreises Technische Chemie, die ich des Öfteren zur GC-MS-Untersuchung zahlreicher Verbindungen überreden konnte, sowie den Mitarbeitern des Arbeitskreises Anorganische Chemie, deren Unterstützung mir bei der Anfertigung und IR-Messung von KBr-Presslingen stets gewiss war. Ein besonderer Dank geht an Prof. Dr. Alexander Auer sowie an Dipl.-Chem. Erik Prochnow, ohne welche die quantenchemischen Berechnungen zu den Azidoalkinen nicht möglich gewesen wären.

Last but not least gilt mein Dank Laeticia, Leon und Angelina, welche mir die Phasen außerhalb von Labor und Arbeit mit ihrer kindlichen Lebensfreude bereichert haben. Auch danke ich meiner Lebensgefährtin, Manja Händel, welche mich während der anstrengenden Abschlussphase zu dieser Arbeit so tapfer ertragen hat sowie all meinen Freunden und meiner Familie, einfach dafür, dass sie immer für mich da waren und dass es sie gibt.

Ein herzliches Dankeschön auch an alle, die ich für das Korrekturlesen dieser Arbeit begeistern konnte und die mit ihren konstruktiven Verbesserungsvorschlägen den Feinschliff dieser Arbeit bewirkt haben, sowie nicht zuletzt an den Zweitgutachter, Herrn Prof. Dr. Stefan Spange, für seine Zeit und Mühe.

All jene, welche ich aus Platzgründen an dieser Stelle nicht namentlich erwähnen konnte, mögen mir verzeihen. Auch euch sei mein Dank gewiss.

6 Anhang

6.1 Einkristall-Röntgenstrukturanalyse von 69a

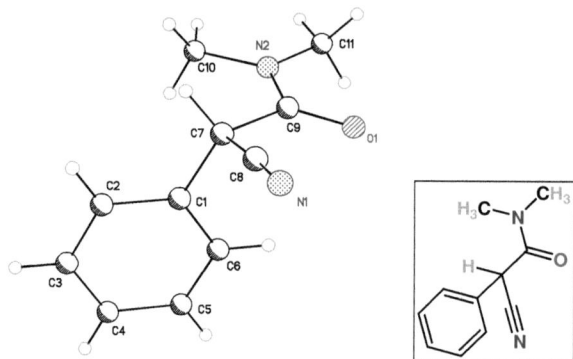

Fig. 1. The molecular structure of **69a**.

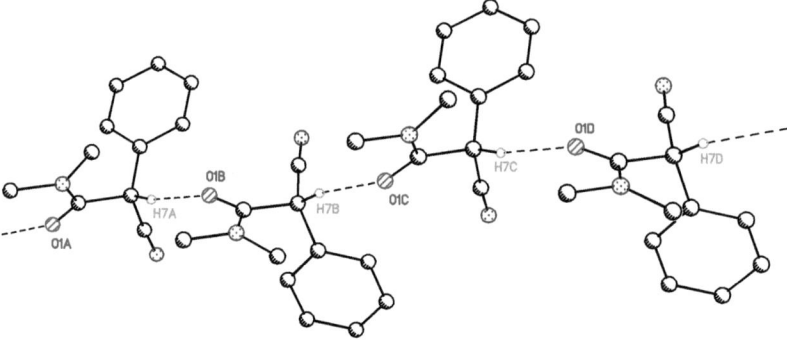

Fig. 2. The 1D polymeric arrangement by hydrogen bonding between O1 and H7 (O1…H7 2.27 Å) is shown.

Structure Determination. Selected Crystal data are presented in Table 1–4. Data were collected on an Oxford Gemini S Diffractometer at 100 K using Cu-Kα radiation (1.54184 Å). The structure was solved by direct methods using SHELXS-91[1] and refined by full-matrix least square procedures on F^2 using SHELXL-97.[2] All non-hydrogen atoms were refined anisotropically. All hydrogen atoms were added on calculated positions.

1) Sheldrick, G. M., *Acta Cryst., Sect. A* **1990**, *46*, 467.
2) Sheldrick, G. M., *SHELXL-97, Program für Crystal Structure Refinement*, University of Göttingen, **1997**.

Table 1. Crystal data and structure refinement for **69a**.

Identification code	exp_058 (gemessen von Dieter Schaarschmidt am 03.08.2009)
Empirical formula	C11 H12 N2 O
Formula weight	188.23
Temperature	100 K
Wavelength	1.54184 Å
Crystal system, space group	Monoclinic, P1 21/c 1

Unit cell dimensions	a = 7.24740(10) Å alpha = 90 °
	b = 13.6242(2) Å beta = 101.2516(16) °
	c = 10.4456(2) Å gamma = 90 °
Volume	1011.57(3) Å^3
Z, Calculated density	4, 1.236 Mg/m^3
Absorption coefficient	0.651 mm^{-1}
F(000)	400
Crystal size	0.35 x 0.25 x 0.25 mm
Theta range for data collection	5.40 to 63.97 °
Limiting indices	-8<=h<=7, -15<=k<=15, -12<=l<=12
Reflections collected / unique	4139 / 1658 [R(int) = 0.0166]
Completeness to theta = 63.97 °	99.1%
Absorption correction	Semi-empirical from equivalents
Max. and min. transmission	1.00000 and 0.81887
Refinement method	Full-matrix least-squares on F^2
Data / restraints / parameters	1658 / 0 / 127
Goodness-of-fit on F^2	1.154
Final R indices [I>2sigma(I)]	R1 = 0.0428, wR2 = 0.1229
R indices (all data)	R1 = 0.0506, wR2 = 0.1261
Largest diff. peak and hole	0.329 and -0.212 e.Å^{-3}

Table 2. Bond lengths / Å and angles / ° for **69a**.

C(1)-C(6)	1.390(3)	C(3)-C(2)-C(1)	119.89(18)	H(10A)-C(10)-H(10E)	56.3
C(1)-C(2)	1.388(3)	C(3)-C(2)-H(2)	120.1	H(10B)-C(10)-H(10E)	141.1
C(1)-C(7)	1.527(2)	C(1)-C(2)-H(2)	120.1	H(10C)-C(10)-H(10E)	56.3
C(2)-C(3)	1.384(3)	C(4)-C(3)-C(2)	120.46(19)	H(10D)-C(10)-H(10E)	109.5
C(2)-H(2)	0.9300	C(4)-C(3)-H(3)	119.8	N(2)-C(10)-H(10F)	109.5
C(3)-C(4)	1.385(3)	C(2)-C(3)-H(3)	119.8	H(10A)-C(10)-H(10F)	56.3
C(3)-H(3)	0.9300	C(3)-C(4)-C(5)	119.80(18)	H(10B)-C(10)-H(10F)	56.3
C(4)-C(5)	1.384(3)	C(3)-C(4)-H(4)	120.1	H(10C)-C(10)-H(10F)	141.1
C(4)-H(4)	0.9300	C(5)-C(4)-H(4)	120.1	H(10D)-C(10)-H(10F)	109.5
C(5)-C(6)	1.389(3)	C(4)-C(5)-C(6)	120.02(19)	H(10E)-C(10)-H(10F)	109.5
C(5)-H(5)	0.9300	C(4)-C(5)-H(5)	120.0	N(2)-C(11)-H(11A)	109.5
C(6)-H(6)	0.9300	C(6)-C(5)-H(5)	120.0	N(2)-C(11)-H(11B)	109.5
C(7)-C(8)	1.475(2)	C(1)-C(6)-C(5)	120.06(18)	H(11A)-C(11)-H(11B)	109.5
C(7)-C(9)	1.538(2)	C(1)-C(6)-H(6)	120.0	N(2)-C(11)-H(11C)	109.5
C(7)-H(7)	0.9800	C(5)-C(6)-H(6)	120.0	H(11A)-C(11)-H(11C)	109.5
C(8)-N(1)	1.147(2)	C(8)-C(7)-C(1)	109.22(13)	H(11B)-C(11)-H(11C)	109.5
C(9)-O(1)	1.228(2)	C(8)-C(7)-C(9)	108.91(14)	N(2)-C(11)-H(11D)	109.5
C(9)-N(2)	1.341(2)	C(1)-C(7)-C(9)	111.94(14)	H(11A)-C(11)-H(11D)	141.1
C(10)-N(2)	1.463(2)	C(8)-C(7)-H(7)	108.9	H(11B)-C(11)-H(11D)	56.3
C(10)-H(10A)	0.9600	C(1)-C(7)-H(7)	108.9	H(11C)-C(11)-H(11D)	56.3
C(10)-H(10B)	0.9600	C(9)-C(7)-H(7)	108.9	N(2)-C(11)-H(11E)	109.5
C(10)-H(10C)	0.9600	N(1)-C(8)-C(7)	176.03(18)	H(11A)-C(11)-H(11E)	56.3
C(10)-H(10D)	0.9600	O(1)-C(9)-N(2)	123.52(15)	H(11B)-C(11)-H(11E)	141.1
C(10)-H(10E)	0.9600	O(1)-C(9)-C(7)	119.80(14)	H(11C)-C(11)-H(11E)	56.3
C(10)-H(10F)	0.9600	N(2)-C(9)-C(7)	116.67(14)	H(11D)-C(11)-H(11E)	109.5
C(11)-N(2)	1.464(2)	N(2)-C(10)-H(10A)	109.5	N(2)-C(11)-H(11F)	109.5
C(11)-H(11A)	0.9600	N(2)-C(10)-H(10B)	109.5	H(11A)-C(11)-H(11F)	56.3
C(11)-H(11B)	0.9600	H(10A)-C(10)-H(10B)	109.5	H(11B)-C(11)-H(11F)	56.3
C(11)-H(11C)	0.9600	N(2)-C(10)-H(10C)	109.5	H(11C)-C(11)-H(11F)	141.1
C(11)-H(11D)	0.9600	H(10A)-C(10)-H(10C)	109.5	H(11D)-C(11)-H(11F)	109.5
C(11)-H(11E)	0.9600	H(10B)-C(10)-H(10C)	109.5	H(11E)-C(11)-H(11F)	109.5
C(11)-H(11F)	0.9600	N(2)-C(10)-H(10D)	109.5	C(9)-N(2)-C(10)	125.34(14)
		H(10A)-C(10)-H(10D)	141.1	C(9)-N(2)-C(11)	119.28(14)
C(6)-C(1)-C(2)	119.73(17)	H(10B)-C(10)-H(10D)	56.3	C(10)-N(2)-C(11)	115.21(14)
C(6)-C(1)-C(7)	120.57(15)	H(10C)-C(10)-H(10D)	56.3		
C(2)-C(1)-C(7)	119.65(16)	N(2)-C(10)-H(10E)	109.5		

Table 3. Torsion angles / ° for **69a**.

C(6)-C(1)-C(2)-C(3)	1.5(3)	C(2)-C(1)-C(6)-C(5)	-0.9(3)	C(6)-C(1)-C(7)-C(9)	37.5(2)
C(7)-C(1)-C(2)-C(3)	-175.97(16)	C(7)-C(1)-C(6)-C(5)	176.55(15)	C(2)-C(1)-C(7)-C(9)	-145.11(16)
C(1)-C(2)-C(3)-C(4)	-0.4(3)	C(4)-C(5)-C(6)-C(1)	-0.8(3)	C(1)-C(7)-C(8)-N(1)	-38(3)
C(2)-C(3)-C(4)-C(5)	-1.2(2)	C(6)-C(1)-C(7)-C(8)	-83.21(18)	C(9)-C(7)-C(8)-N(1)	-161(3)
C(3)-C(4)-C(5)-C(6)	1.8(3)	C(2)-C(1)-C(7)-C(8)	94.20(18)	C(8)-C(7)-C(9)-O(1)	20.8(2)

C(1)-C(7)-C(9)-O(1)	-100.08(18)	O(1)-C(9)-N(2)-C(10)	173.48(16)	C(7)-C(9)-N(2)-C(11)	179.29(14)
C(8)-C(7)-C(9)-N(2)	-160.10(14)	C(7)-C(9)-N(2)-C(10)	-5.6(2)		
C(1)-C(7)-C(9)-N(2)	79.03(17)	O(1)-C(9)-N(2)-C(11)	-1.6(2)		

Table 4. Hydrogen bonding for **69a**.

Donor --- H....Acceptor	D – H	H...A	D...A	D - H...A
C(7) --H(7)..O(1)	0.98	2.27	3.229(2)	167

6.2 Einkristall-Röntgenstrukturanalyse von 76

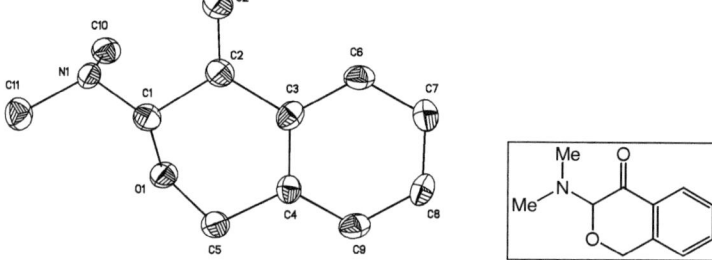

Fig 1. ORTEP plot of the molecular structure of **76** (50% probability, H atoms were omitted for clarity).

Structure Determinations: Crystal data are presented in Tables 1-3. Data were collected on a Oxford Gemini Diffractometer at 100 K using Cu-Kα radiation (λ = 1.54 Å). The structure was solved by direct methods using SHELXS-97.[1] The structure was refined by full-matrix least-square procedures on F^2, using SHELXL-97.[2] All non hydrogen atoms were refined anisotropically. All hydrogen atoms were added on calculated positions.

(1) Sheldrick, G. M., *Acta Crystallogr., Sect. A* **1990**, *46*, 467.
(2) Sheldrick, G. M., *SHELXL-97, Program for Crystal Structure Refinement*, University of Göttingen, **1997**.

Table 1. Crystal data and structure refinement for **76**.

Identification code	org9 (gemessen von Dr. Petra Zoufalá am 07.10.2007)	
Empirical formula	C11 H13 N O2	
Formula weight	191.22	
Temperature	100 K	
Wavelength	1.54184 Å	
Crystal system	Orthorhombic	
Space group	P2(1)2(1)2(1)	
Unit cell dimensions	a = 6.94550(10) Å	α = 90°.
	b = 7.9813(2) Å	β = 90°.
	c = 17.3313(3) Å	γ = 90°.
Volume	960.75(3) Å^3	
Z	4	
Density (calculated)	1.322 Mg/m^3	
Absorption coefficient	0.740 mm^{-1}	
F(000)	408	
Crystal size	0.1 x 0.1 x 0.1 mm^3	
Theta range for data collection	5.10 to 66.82°.	
Index ranges	-8<=h<=8, -9<=k<=7, -20<=l<=20	
Reflections collected	10180	
Independent reflections	1695 [R(int) = 0.0293]	
Completeness to theta = 66.82°	99.4%	
Absorption correction	Semi-empirical from equivalents	
Max. and min. transmission	1.00000 and 0.73275	

ANHANG 181

Refinement method: Full-matrix least-squares on F^2
Data / restraints / parameters: 1695 / 0 / 127
Goodness-of-fit on F^2: 1.071
Final R indices [I>2sigma(I)]: R1 = 0.0666, wR2 = 0.1894
R indices (all data): R1 = 0.0711, wR2 = 0.1926
Absolute structure parameter: 0.3(6)
Largest diff. peak and hole: 0.493 and -0.328 e.Å^{-3}

Table 2. Bond lengths [Å] and angles [°] for **76**.

O(1)-C(5)	1.415(5)	C(4)-C(5)	1.514(5)	O(1)-C(1)-C(2)	108.3(3)	C(3)-C(4)-C(5)	117.3(3)
O(1)-C(1)	1.449(5)	C(6)-C(7)	1.378(6)	O(2)-C(2)-C(3)	123.2(3)	O(1)-C(5)-C(4)	111.8(3)
C(1)-N(1)	1.411(5)	C(7)-C(8)	1.389(6)	O(2)-C(2)-C(1)	120.5(4)	C(7)-C(6)-C(3)	119.5(4)
C(1)-C(2)	1.539(5)	C(8)-C(9)	1.388(6)	C(3)-C(2)-C(1)	116.1(3)	C(6)-C(7)-C(8)	119.9(4)
C(2)-O(2)	1.232(5)	N(1)-C(10)	1.452(5)	C(4)-C(3)-C(6)	120.5(4)	C(9)-C(8)-C(7)	120.4(4)
C(2)-C(3)	1.488(5)	N(1)-C(11)	1.466(5)	C(4)-C(3)-C(2)	121.5(3)	C(4)-C(9)-C(8)	120.1(4)
C(3)-C(4)	1.384(5)	C(5)-O(1)-C(1)	111.8(3)	C(6)-C(3)-C(2)	118.0(4)	C(1)-N(1)-C(10)	113.6(3)
C(3)-C(6)	1.403(5)	N(1)-C(1)-O(1)	111.5(3)	C(9)-C(4)-C(3)	119.6(3)	C(1)-N(1)-C(11)	112.1(3)
C(4)-C(9)	1.381(5)	N(1)-C(1)-C(2)	113.3(3)	C(9)-C(4)-C(5)	123.0(3)	C(10)-N(1)-C(11)	111.6(3)

Table 3. Torsion angles [°] for **76**.

C(5)-O(1)-C(1)-N(1)	-171.6(3)	C(6)-C(3)-C(4)-C(9)	0.2(5)	C(6)-C(7)-C(8)-C(9)	-0.8(6)
C(5)-O(1)-C(1)-C(2)	63.1(4)	C(2)-C(3)-C(4)-C(9)	-178.7(4)	C(3)-C(4)-C(9)-C(8)	-1.0(5)
N(1)-C(1)-C(2)-O(2)	29.3(5)	C(6)-C(3)-C(4)-C(5)	-179.5(3)	C(5)-C(4)-C(9)-C(8)	178.7(4)
O(1)-C(1)-C(2)-O(2)	153.6(4)	C(2)-C(3)-C(4)-C(5)	1.6(5)	C(7)-C(8)-C(9)-C(4)	1.4(6)
N(1)-C(1)-C(2)-C(3)	-155.5(3)	C(1)-O(1)-C(5)-C(4)	-62.6(4)	O(1)-C(1)-N(1)-C(10)	-58.6(4)
O(1)-C(1)-C(2)-C(3)	-31.3(4)	C(9)-C(4)-C(5)-O(1)	-151.5(4)	C(2)-C(1)-N(1)-C(10)	64.0(4)
O(2)-C(2)-C(3)-C(4)	175.8(4)	C(3)-C(4)-C(5)-O(1)	28.2(5)	O(1)-C(1)-N(1)-C(11)	69.1(4)
C(1)-C(2)-C(3)-C(4)	0.7(5)	C(4)-C(3)-C(6)-C(7)	0.4(5)	C(2)-C(1)-N(1)-C(11)	-168.4(3)
O(2)-C(2)-C(3)-C(6)	-3.1(6)	C(2)-C(3)-C(6)-C(7)	179.3(4)		
C(1)-C(2)-C(3)-C(6)	-178.2(3)	C(3)-C(6)-C(7)-C(8)	0.0(6)		

6.3 *Einkristall-Röntgenstrukturanalyse von (E)-147a*

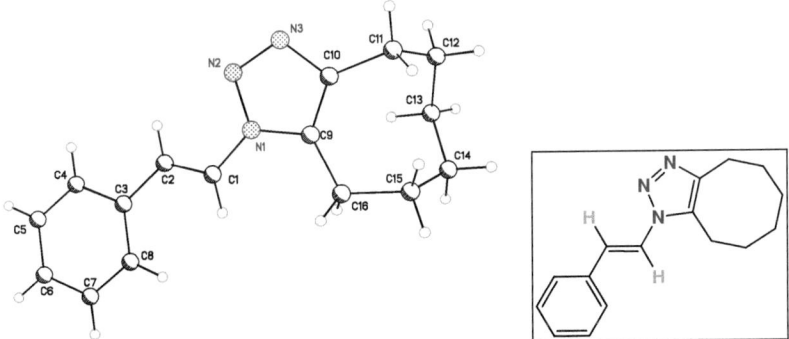

Fig. 1. The molecular structure of (*E*)-**147a**.

Structure Determination. Selected Crystal data are presented in Table 1 – 3. Data were collected on an Oxford Gemini S Diffractometer at 110 K using Cu-Kα radiation (1.54184 Å). The structure was solved by direct methods using SHELXS-91[1] and refined by full-matrix least square procedures on F² using SHELXL-97.[2] All non-hydrogen atoms were refined anisotropically. All hydrogen atoms were added on calculated positions.

1) Sheldrick, G. M., *Acta Cryst., Sect. A* **1990**, *46*, 467.
2) Sheldrick, G. M., *SHELXL-97, Program für Crystal Structure Refinement*, University of Göttingen, **1997**.

Table 1. Crystal data and structure refinement for **(E)-147a**.

Identification code	exp_094 (gemessen von Dieter Schaarschmidt am 08.03.2010)
Empirical formula	C16 H19 N3
Formula weight	253.34
Temperature	110 K
Wavelength	1.54184 Å
Crystal system, space group	Monoclinic, P 1 21/n 1
Unit cell dimensions	a = 6.9033(4) Å alpha = 90 °
	b = 12.3644(8) Å beta = 99.922(5) °
	c = 15.8120(9) Å gamma = 90 °
Volume	1329.45(14) Å^3
Z, Calculated density	4, 1.266 Mg/m^3
Absorption coefficient	0.593 mm^{-1}
F(000)	544
Crystal size	0.15 x 0.15 x 0.04 mm
Theta range for data collection	4.57 to 64.96 °
Limiting indices	-8<=h<=7, -13<=k<=14, -17<=l<=18
Reflections collected / unique	5492 / 2240 [R(int) = 0.0430]
Completeness to theta = 64.96 °	99.1%
Absorption correction	Semi-empirical from equivalents
Max. and min. transmission	1.00000 and 0.73530
Refinement method	Full-matrix least-squares on F^2
Data / restraints / parameters	2240 / 0 / 172
Goodness-of-fit on F^2	0.844
Final R indices [I>2sigma(I)]	R1 = 0.0416, wR2 = 0.0926
R indices (all data)	R1 = 0.0634, wR2 = 0.0958
Largest diff. peak and hole	0.187 and -0.207 e.Å-3

Table 2. Bond lengths / Å and angles / ° for **(E)-147a**.

C(1)-C(2)	1.325(3)	C(15)-H(15A)	0.9700	N(3)-C(10)-C(11)	121.10(16)
C(1)-N(1)	1.410(3)	C(15)-H(15B)	0.9700	C(9)-C(10)-C(11)	130.28(18)
C(1)-H(1)	0.9300	C(16)-H(16A)	0.9700	C(10)-C(11)-C(12)	115.11(16)
C(2)-C(3)	1.468(3)	C(16)-H(16B)	0.9700	C(10)-C(11)-H(11A)	108.5
C(2)-H(2)	0.9300	N(1)-N(2)	1.361(2)	C(12)-C(11)-H(11A)	108.5
C(3)-C(8)	1.395(3)	N(2)-N(3)	1.312(2)	C(10)-C(11)-H(11B)	108.5
C(3)-C(4)	1.399(3)	C(2)-C(1)-N(1)	122.23(18)	C(12)-C(11)-H(11B)	108.5
C(4)-C(5)	1.377(3)	C(2)-C(1)-H(1)	118.9	H(11A)-C(11)-H(11B)	107.5
C(4)-H(4)	0.9300	N(1)-C(1)-H(1)	118.9	C(13)-C(12)-C(11)	116.27(17)
C(5)-C(6)	1.384(3)	C(1)-C(2)-C(3)	126.41(18)	C(13)-C(12)-H(12A)	108.2
C(5)-H(5)	0.9300	C(1)-C(2)-H(2)	116.8	C(11)-C(12)-H(12A)	108.2
C(6)-C(7)	1.386(3)	C(3)-C(2)-H(2)	116.8	C(13)-C(12)-H(12B)	108.2
C(6)-H(6)	0.9300	C(8)-C(3)-C(4)	118.18(18)	C(11)-C(12)-H(12B)	108.2
C(7)-C(8)	1.384(3)	C(8)-C(3)-C(2)	122.94(19)	H(12A)-C(12)-H(12B)	107.4
C(7)-H(7)	0.9300	C(4)-C(3)-C(2)	118.88(17)	C(14)-C(13)-C(12)	116.77(17)
C(8)-H(8)	0.9300	C(5)-C(4)-C(3)	121.39(18)	C(14)-C(13)-H(13A)	108.1
C(9)-N(1)	1.364(3)	C(5)-C(4)-H(4)	119.3	C(12)-C(13)-H(13A)	108.1
C(9)-C(10)	1.374(3)	C(3)-C(4)-H(4)	119.3	C(14)-C(13)-H(13B)	108.1
C(9)-C(16)	1.498(3)	C(4)-C(5)-C(6)	119.9(2)	C(12)-C(13)-H(13B)	108.1
C(10)-N(3)	1.366(3)	C(4)-C(5)-H(5)	120.0	H(13A)-C(13)-H(13B)	107.3
C(10)-C(11)	1.500(3)	C(6)-C(5)-H(5)	120.0	C(15)-C(14)-C(13)	117.79(17)
C(11)-C(12)	1.534(3)	C(5)-C(6)-C(7)	119.48(19)	C(15)-C(14)-H(14A)	107.9
C(11)-H(11A)	0.9700	C(5)-C(6)-H(6)	120.3	C(13)-C(14)-H(14A)	107.9
C(11)-H(11B)	0.9700	C(7)-C(6)-H(6)	120.3	C(15)-C(14)-H(14B)	107.9
C(12)-C(13)	1.530(3)	C(8)-C(7)-C(6)	120.78(19)	C(13)-C(14)-H(14B)	107.9
C(12)-H(12A)	0.9700	C(8)-C(7)-H(7)	119.6	H(14A)-C(14)-H(14B)	107.2
C(12)-H(12B)	0.9700	C(6)-C(7)-H(7)	119.6	C(16)-C(15)-C(14)	114.88(16)
C(13)-C(14)	1.530(3)	C(7)-C(8)-C(3)	120.2(2)	C(16)-C(15)-H(15A)	108.5
C(13)-H(13A)	0.9700	C(7)-C(8)-H(8)	119.9	C(14)-C(15)-H(15A)	108.5
C(13)-H(13B)	0.9700	C(3)-C(8)-H(8)	119.9	C(16)-C(15)-H(15B)	108.5
C(14)-C(15)	1.526(3)	N(1)-C(9)-C(10)	104.10(17)	C(14)-C(15)-H(15B)	108.5
C(14)-H(14A)	0.9700	N(1)-C(9)-C(16)	121.83(17)	H(15A)-C(15)-H(15B)	107.5
C(14)-H(14B)	0.9700	C(10)-C(9)-C(16)	134.05(19)	C(9)-C(16)-C(15)	114.42(16)
C(15)-C(16)	1.524(3)	N(3)-C(10)-C(9)	108.62(18)	C(9)-C(16)-H(16A)	108.7

C(15)-C(16)-H(16A)	108.7	H(16A)-C(16)-H(16B)	107.6	C(9)-N(1)-C(1)	128.04(16)
C(9)-C(16)-H(16B)	108.7	N(2)-N(1)-C(9)	111.07(15)	N(3)-N(2)-N(1)	106.55(16)
C(15)-C(16)-H(16B)	108.7	N(2)-N(1)-C(1)	120.88(17)	N(2)-N(3)-C(10)	109.65(15)

Table 3. Torsion angles / ° for (*E*)-**147a**.

N(1)-C(1)-C(2)-C(3)	-177.49(18)	C(11)-C(12)-C(13)-C(14)	-63.3(3)
C(1)-C(2)-C(3)-C(8)	-3.3(3)	C(12)-C(13)-C(14)-C(15)	61.9(3)
C(1)-C(2)-C(3)-C(4)	176.04(19)	C(13)-C(14)-C(15)-C(16)	53.6(2)
C(8)-C(3)-C(4)-C(5)	0.3(3)	N(1)-C(9)-C(16)-C(15)	-178.44(16)
C(2)-C(3)-C(4)-C(5)	-179.02(19)	C(10)-C(9)-C(16)-C(15)	-0.6(3)
C(3)-C(4)-C(5)-C(6)	0.4(3)	C(14)-C(15)-C(16)-C(9)	-77.6(2)
C(4)-C(5)-C(6)-C(7)	-0.9(3)	C(10)-C(9)-N(1)-N(2)	-0.20(19)
C(5)-C(6)-C(7)-C(8)	0.7(3)	C(16)-C(9)-N(1)-N(2)	178.20(16)
C(6)-C(7)-C(8)-C(3)	-0.1(3)	C(10)-C(9)-N(1)-C(1)	178.83(18)
C(4)-C(3)-C(8)-C(7)	-0.4(3)	C(16)-C(9)-N(1)-C(1)	-2.8(3)
C(2)-C(3)-C(8)-C(7)	178.85(18)	C(2)-C(1)-N(1)-N(2)	14.2(3)
N(1)-C(9)-C(10)-N(3)	0.14(19)	C(2)-C(1)-N(1)-C(9)	-164.72(19)
C(16)-C(9)-C(10)-N(3)	-177.97(19)	C(9)-N(1)-N(2)-N(3)	0.2(2)
N(1)-C(9)-C(10)-C(11)	-178.66(19)	C(1)-N(1)-N(2)-N(3)	-178.93(16)
C(16)-C(9)-C(10)-C(11)	3.2(4)	N(1)-N(2)-N(3)-C(10)	-0.1(2)
N(3)-C(10)-C(11)-C(12)	-109.55(19)	C(9)-C(10)-N(3)-N(2)	0.0(2)
C(9)-C(10)-C(11)-C(12)	69.1(3)	C(11)-C(10)-N(3)-N(2)	178.89(17)
C(10)-C(11)-C(12)-C(13)	-39.3(2)		

6.4 Einkristall-Röntgenstrukturanalyse von 148e

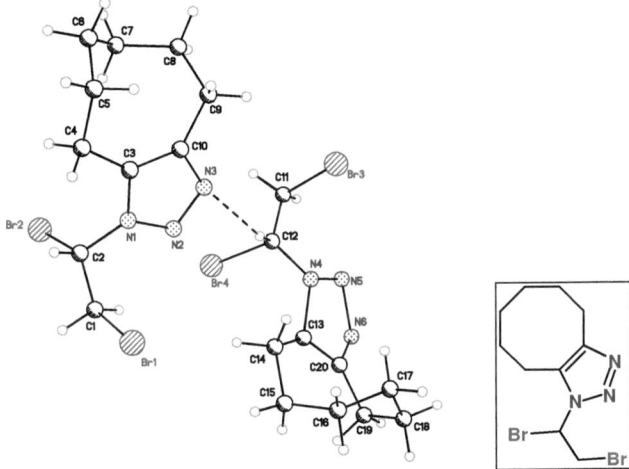

Fig. 1. The molecular structure of **148e**. The asymmetric unit contains two molecules **148e** bonded by hydrogen bonding.

Structure Determination. Selected Crystal data are presented in Table 1 – 4. Data were collected on an Oxford Gemini S Diffractometer at 100 K using Cu-Kα radiation (1.54184 Å). The structure was solved by direct methods using SHELXS-91[1] and refined by full-matrix least square procedures on F^2 using SHELXL-97.[2] All non-hydrogen atoms were refined anisotropically. All hydrogen atoms were added on calculated positions.

1) Sheldrick, G. M., *Acta Cryst., Sect. A* **1990**, *46*, 467.
2) Sheldrick, G. M., *SHELXL-97, Programm für Crystal Structure Refinement*, University of Göttingen, **1997**.

Table 1. Crystal data and structure refinement for **148e**.

Identification code	exp_055 (gemessen von Dieter Schaarschmidt am 25.06.2009)
Empirical formula	C10 H15 Br2 N3
Formula weight	337.05
Temperature	101(2) K
Wavelength	1.54184 Å
Crystal system, space group	Triclinic, P -1
Unit cell dimensions	a = 10.7075(6) Å alpha = 96.848(5) °
	b = 10.8246(8) Å beta = 95.190(5) °
	c = 11.3878(6) Å gamma = 107.622(6) °
Volume	1237.76(13) Å^3
Z, Calculated density	4, 1.809 Mg/m^3
Absorption coefficient	8.088 mm^{-1}
F(000)	664
Crystal size	0.23 x 0.10 x 0.08 mm
Theta range for data collection	3.95 to 61.98 °
Limiting indices	-11<=h<=12, -12<=k<=12, -12<=l<=13
Reflections collected / unique	8551 / 3856 [R(int) = 0.0215]
Completeness to theta = 61.98 °	99.2%
Absorption correction	Semi-empirical from equivalents
Max. and min. transmission	1.00000 and 0.56364
Refinement method	Full-matrix least-squares on F^2
Data / restraints / parameters	3856 / 360 / 433
Goodness-of-fit on F^2	1.062
Final R indices [I>2sigma(I)]	R1 = 0.0403, wR2 = 0.1106
R indices (all data)	R1 = 0.0489, wR2 = 0.1138
Largest diff. peak and hole	1.376 and -0.757 e.Å^{-3}

Table 2. Bond lengths / Å and angles / ° for **148e**.

N(3)-N(2)	1.289(5)	C(2')-H(2')	0.9800	C(12')-N(4')	1.446(19)
N(3)-C(10)	1.361(6)	Br(3)-C(11)	1.965(12)	C(12')-H(12')	0.9800
N(2)-N(1)	1.353(5)	Br(4)-C(12)	2.121(14)	N(4')-N(5')	1.365(13)
N(1)-C(3)	1.365(6)	C(11)-C(12)	1.404(17)	N(4')-C(13')^	1.537(14)
N(1)-C(2)	1.444(9)	C(11)-H(11A)	0.9700	N(5')-N(6')	1.519(13)
N(1)-C(2')	1.485(13)	C(11)-H(11B)	0.9700	N(6')-C(20')	1.370(11)
C(10)-C(3)	1.373(6)	C(12)-N(4)	1.421(17)	C(13')-C(20')	1.370(12)
C(10)-C(9)	1.495(6)	C(12)-H(12)	0.9800	C(13')-C(14')	1.482(14)
C(3)-C(4)	1.496(6)	N(4)-N(5)	1.355(12)	C(14')-C(15')	1.545(15)
C(4)-C(5)	1.533(6)	N(4)-C(13)	1.603(13)	C(14')-H(14C)	0.9700
C(4)-H(4A)	0.9700	N(5)-N(6)	1.621(12)	C(14')-H(14D)	0.9700
C(4)-H(4B)	0.9700	N(6)-C(20)	1.400(10)	C(15')-C(16')	1.508(17)
C(5)-C(6)	1.527(7)	C(13)-C(20)	1.359(12)	C(15')-H(15C)	0.9700
C(5)-H(5A)	0.9700	C(13)-C(14)	1.532(12)	C(15')-H(15D)	0.9700
C(5)-H(5B)	0.9700	C(14)-C(15)	1.549(15)	C(16')-C(17')	1.456(18)
C(6)-C(7)	1.522(8)	C(14)-H(14A)	0.9700	C(16')-H(16C)	0.9700
C(6)-H(6A)	0.9700	C(14)-H(14B)	0.9700	C(16')-H(16D)	0.9700
C(6)-H(6B)	0.9700	C(15)-C(16)	1.442(15)	C(17')-C(18')	1.523(16)
C(7)-C(8)	1.517(8)	C(15)-H(15A)	0.9700	C(17')-H(17C)	0.9700
C(7)-H(7A)	0.9700	C(15)-H(15B)	0.9700	C(17')-H(17D)	0.9700
C(7)-H(7B)	0.9700	C(16)-C(17)	1.525(15)	C(18')-C(19')	1.481(14)
C(8)-C(9)	1.544(7)	C(16)-H(16A)	0.9700	C(18')-H(18C)	0.9700
C(8)-H(8A)	0.9700	C(16)-H(16B)	0.9700	C(18')-H(18D)	0.9700
C(8)-H(8B)	0.9700	C(17)-C(18)	1.543(16)	C(19')-C(20')	1.500(15)
C(9)-H(9A)	0.9700	C(17)-H(17A)	0.9700	C(19')-H(19C)	0.9700
C(9)-H(9B)	0.9700	C(17)-H(17B)	0.9700	C(19')-H(19D)	0.9700
Br(1)-C(1)	1.968(11)	C(18)-C(19)	1.502(15)		
Br(2)-C(2)	2.050(12)	C(18)-H(18A)	0.9700	N(2)-N(3)-C(10)	110.4(4)
C(1)-C(2)	1.462(15)	C(18)-H(18B)	0.9700	N(3)-N(2)-N(1)	106.6(3)
C(1)-H(1A)	0.9700	C(19)-C(20)	1.468(13)	N(2)-N(1)-C(3)	111.2(3)
C(1)-H(1B)	0.9700	C(19)-H(19A)	0.9700	N(2)-N(1)-C(2)	119.8(4)
C(2)-H(2)	0.9800	C(19)-H(19B)	0.9700	C(3)-N(1)-C(2)	126.6(5)
Br(1')-C(1')	1.898(15)	Br(3')-C(11')	2.093(18)	N(2)-N(1)-C(2')	116.0(5)
Br(2')-C(2')	2.031(19)	Br(4')-C(12')	1.999(13)	C(3)-N(1)-C(2')	131.1(6)
C(1')-C(2')	1.51(2)	C(11')-C(12')	1.37(2)	C(2)-N(1)-C(2')	26.5(4)
C(1')-H(1'1)	0.9700	C(11')-H(11C)	0.9700	N(3)-C(10)-C(3)	108.3(4)
C(1')-H(1'2)	0.9700	C(11')-H(11D)	0.9700	N(3)-C(10)-C(9)	120.8(4)

C(3)-C(10)-C(9)	130.9(4)	N(1)-C(2')-H(2')	107.1	N(6)-C(20)-C(19)	119.4(7)
N(1)-C(3)-C(10)	103.5(4)	C(1')-C(2')-H(2')	107.1	C(12')-C(11')-Br(3')	104.0(12)
N(1)-C(3)-C(4)	122.3(4)	Br(2')-C(2')-H(2')	107.1	C(12')-C(11')-H(11C)	111.0
C(10)-C(3)-C(4)	134.2(4)	C(12)-C(11)-Br(3)	103.0(9)	Br(3')-C(11')-H(11C)	111.0
C(3)-C(4)-C(5)	114.6(4)	C(12)-C(11)-H(11A)	111.2	C(12')-C(11')-H(11D)	111.0
C(3)-C(4)-H(4A)	108.6	Br(3)-C(11)-H(11A)	111.2	Br(3')-C(11')-H(11D)	111.0
C(5)-C(4)-H(4A)	108.6	C(12)-C(11)-H(11B)	111.2	H(11C)-C(11')-H(11D)	109.0
C(3)-C(4)-H(4B)	108.6	Br(3)-C(11)-H(11B)	111.2	C(11')-C(12')-N(4')	116.0(15)
C(5)-C(4)-H(4B)	108.6	H(11A)-C(11)-H(11B)	109.1	C(11')-C(12')-Br(4')	101.5(11)
H(4A)-C(4)-H(4B)	107.6	C(11)-C(12)-N(4)	118.1(13)	N(4')-C(12')-Br(4')	109.6(10)
C(6)-C(5)-C(4)	114.8(4)	C(11)-C(12)-Br(4)	101.7(9)	C(11')-C(12')-H(12')	109.8
C(6)-C(5)-H(5A)	108.6	N(4)-C(12)-Br(4)	108.4(9)	N(4')-C(12')-H(12')	109.8
C(4)-C(5)-H(5A)	108.6	C(11)-C(12)-H(12)	109.4	Br(4')-C(12')-H(12')	109.8
C(6)-C(5)-H(5B)	108.6	N(4)-C(12)-H(12)	109.4	N(5')-N(4')-C(12')	121.1(10)
C(4)-C(5)-H(5B)	108.6	Br(4)-C(12)-H(12)	109.4	N(5')-N(4')-C(13')	112.9(8)
H(5A)-C(5)-H(5B)	107.5	N(5)-N(4)-C(12)	118.3(9)	C(12')-N(4')-C(13')	115.0(10)
C(7)-C(6)-C(5)	118.0(4)	N(5)-N(4)-C(13)	106.4(7)	N(4')-N(5')-N(6')	99.6(8)
C(7)-C(6)-H(6A)	107.8	C(12)-N(4)-C(13)	125.1(9)	C(20')-N(6')-N(5')	108.5(7)
C(5)-C(6)-H(6A)	107.8	N(4)-N(5)-N(6)	104.7(7)	C(20')-C(13')-C(14')	130.1(9)
C(7)-C(6)-H(6B)	107.8	C(20)-N(6)-N(5)	106.7(7)	C(20')-C(13')-N(4')	100.1(8)
C(5)-C(6)-H(6B)	107.8	C(20)-C(13)-C(14)	132.5(8)	C(14')-C(13')-N(4')	119.9(9)
H(6A)-C(6)-H(6B)	107.1	C(20)-C(13)-N(4)	102.8(7)	C(13')-C(14')-C(15')	108.2(10)
C(8)-C(7)-C(6)	116.9(5)	C(14)-C(13)-N(4)	113.7(9)	C(13')-C(14')-H(14C)	110.1
C(8)-C(7)-H(7A)	108.1	C(13)-C(14)-C(15)	115.0(8)	C(15')-C(14')-H(14C)	110.1
C(6)-C(7)-H(7A)	108.1	C(13)-C(14)-H(14A)	108.5	C(13')-C(14')-H(14D)	110.1
C(8)-C(7)-H(7B)	108.1	C(15)-C(14)-H(14A)	108.5	C(15')-C(14')-H(14D)	110.1
C(6)-C(7)-H(7B)	108.1	C(13)-C(14)-H(14B)	108.5	H(14C)-C(14')-H(14D)	108.4
H(7A)-C(7)-H(7B)	107.3	C(15)-C(14)-H(14B)	108.5	C(16')-C(15')-C(14')	118.9(10)
C(7)-C(8)-C(9)	116.1(4)	H(14A)-C(14)-H(14B)	107.5	C(16')-C(15')-H(15C)	107.6
C(7)-C(8)-H(8A)	108.3	C(16)-C(15)-C(14)	114.3(11)	C(14')-C(15')-H(15C)	107.6
C(9)-C(8)-H(8A)	108.3	C(16)-C(15)-H(15A)	108.7	C(16')-C(15')-H(15D)	107.6
C(7)-C(8)-H(8B)	108.3	C(14)-C(15)-H(15A)	108.7	C(14')-C(15')-H(15D)	107.6
C(9)-C(8)-H(8B)	108.3	C(16)-C(15)-H(15B)	108.7	H(15C)-C(15')-H(15D)	107.0
H(8A)-C(8)-H(8B)	107.4	C(14)-C(15)-H(15B)	108.7	C(17')-C(16')-C(15')	119.0(11)
C(10)-C(9)-C(8)	113.5(4)	H(15A)-C(15)-H(15B)	107.6	C(17')-C(16')-H(16C)	107.6
C(10)-C(9)-H(9A)	108.9	C(15)-C(16)-C(17)	121.0(8)	C(15')-C(16')-H(16C)	107.6
C(8)-C(9)-H(9A)	108.9	C(15)-C(16)-H(16A)	107.1	C(17')-C(16')-H(16D)	107.6
C(10)-C(9)-H(9B)	108.9	C(17)-C(16)-H(16A)	107.1	C(15')-C(16')-H(16D)	107.6
C(8)-C(9)-H(9B)	108.9	C(15)-C(16)-H(16B)	107.1	H(16C)-C(16')-H(16D)	107.0
H(9A)-C(9)-H(9B)	107.7	C(17)-C(16)-H(16B)	107.1	C(16')-C(17')-C(18')	118.1(11)
C(2)-C(1)-Br(1)	108.1(8)	H(16A)-C(16)-H(16B)	106.8	C(16')-C(17')-H(17C)	107.8
C(2)-C(1)-H(1A)	110.1	C(16)-C(17)-C(18)	114.9(9)	C(18')-C(17')-H(17C)	107.8
Br(1)-C(1)-H(1A)	110.1	C(16)-C(17)-H(17A)	108.5	C(16')-C(17')-H(17D)	107.8
C(2)-C(1)-H(1B)	110.1	C(18)-C(17)-H(17A)	108.5	C(18')-C(17')-H(17D)	107.8
Br(1)-C(1)-H(1B)	110.1	C(16)-C(17)-H(17B)	108.5	H(17C)-C(17')-H(17D)	107.1
H(1A)-C(1)-H(1B)	108.4	C(18)-C(17)-H(17B)	108.5	C(19')-C(18')-C(17')	118.9(9)
N(1)-C(2)-C(1)	111.3(8)	H(17A)-C(17)-H(17B)	107.5	C(19')-C(18')-H(18C)	107.6
N(1)-C(2)-Br(2)	114.1(6)	C(19)-C(18)-C(17)	116.8(8)	C(17')-C(18')-H(18C)	107.6
C(1)-C(2)-Br(2)	104.4(7)	C(19)-C(18)-H(18A)	108.1	C(19')-C(18')-H(18D)	107.6
N(1)-C(2)-H(2)	108.9	C(17)-C(18)-H(18A)	108.1	C(17')-C(18')-H(18D)	107.6
C(1)-C(2)-H(2)	108.9	C(19)-C(18)-H(18B)	108.1	H(18C)-C(18')-H(18D)	107.0
Br(2)-C(2)-H(2)	108.9	C(17)-C(18)-H(18B)	108.1	C(18')-C(19')-C(20')	115.1(9)
C(2')-C(1')-Br(1')	105.1(10)	H(18A)-C(18)-H(18B)	107.3	C(18')-C(19')-H(19C)	108.5
C(2')-C(1')-H(1'1)	110.7	C(20)-C(19)-C(18)	114.0(9)	C(20')-C(19')-H(19C)	108.5
Br(1')-C(1')-H(1'1)	110.7	C(20)-C(19)-H(19A)	108.7	C(18')-C(19')-H(19D)	108.5
C(2')-C(1')-H(1'2)	110.7	C(18)-C(19)-H(19A)	108.7	C(20')-C(19')-H(19D)	108.5
Br(1')-C(1')-H(1'2)	110.7	C(20)-C(19)-H(19B)	108.7	H(19C)-C(19')-H(19D)	107.5
H(1'1)-C(1')-H(1'2)	108.8	C(18)-C(19)-H(19B)	108.7	C(13')-C(20')-N(6')	108.0(8)
N(1)-C(2')-C(1')	107.3(11)	H(19A)-C(19)-H(19B)	107.6	C(13')-C(20')-C(19')	128.9(8)
N(1)-C(2')-Br(2')	122.2(10)	C(13)-C(20)-N(6)	107.2(7)	N(6')-C(20')-C(19')	123.0(7)
C(1')-C(2')-Br(2')	105.3(10)	C(13)-C(20)-C(19)	133.4(8)		

Table 3. Torsion angles / ° for **148e**.

C(10)-N(3)-N(2)-N(1)	-0.1(5)	N(2)-N(3)-C(10)-C(3)	0.1(5)	C(2')-N(1)-C(3)-C(10)	164.2(9)
N(3)-N(2)-N(1)-C(3)	0.1(5)	N(2)-N(3)-C(10)-C(9)	-179.2(4)	N(2)-N(1)-C(3)-C(4)	-179.7(4)
N(3)-N(2)-N(1)-C(2)	163.5(6)	N(2)-N(1)-C(3)-C(10)	0.0(5)	C(2)-N(1)-C(3)-C(4)	18.3(9)
N(3)-N(2)-N(1)-C(2')	-166.7(8)	C(2)-N(1)-C(3)-C(10)	-162.1(7)	C(2')-N(1)-C(3)-C(4)	-15.4(11)

N(3)-C(10)-C(3)-N(1)	0.0(5)	Br(3)-C(11)-C(12)-N(4)	-68.7(15)	Br(3')-C(11')-C(12')-Br(4')	175.9(8)
C(9)-C(10)-C(3)-N(1)	179.2(5)	Br(3)-C(11)-C(12)-Br(4)	172.8(7)	C(11')-C(12')-N(4')-N(5')	-32.3(19)
N(3)-C(10)-C(3)-C(4)	179.5(5)	C(11)-C(12)-N(4)-N(5)	-33.2(18)	Br(4')-C(12')-N(4')-N(5')	81.9(12)
C(9)-C(10)-C(3)-C(4)	-1.2(9)	Br(4)-C(12)-N(4)-N(5)	81.6(12)	C(11')-C(12')-N(4')-C(13')	109.3(15)
N(1)-C(3)-C(4)-C(5)	173.6(4)	C(11)-C(12)-N(4)-C(13)	-173.5(11)	Br(4')-C(12')-N(4')-C(13')	-136.5(9)
C(10)-C(3)-C(4)-C(5)	-5.9(8)	Br(4)-C(12)-N(4)-C(13)	-58.7(14)	C(12')-N(4')-N(5')-N(6')	141.6(10)
C(3)-C(4)-C(5)-C(6)	78.7(5)	C(12)-N(4)-N(5)-N(6)	-143.8(10)	C(13')-N(4')-N(5')-N(6')	-0.7(11)
C(4)-C(5)-C(6)-C(7)	-45.9(6)	C(13)-N(4)-N(5)-N(6)	3.2(10)	N(4')-N(5')-N(6')-C(20')	20.3(10)
C(5)-C(6)-C(7)-C(8)	-68.3(6)	N(4)-N(5)-N(6)-C(20)	-18.1(10)	N(5')-N(4')-C(13')-C(20')	-18.3(11)
C(6)-C(7)-C(8)-C(9)	60.1(6)	N(5)-N(4)-C(13)-C(20)	12.9(12)	C(12')-N(4')-C(13')-C(20')	-163.0(9)
N(3)-C(10)-C(9)-C(8)	110.1(5)	C(12)-N(4)-C(13)-C(20)	157.0(11)	N(5')-N(4')-C(13')-C(14')	-167.3(9)
C(3)-C(10)-C(9)-C(8)	-69.1(7)	N(5)-N(4)-C(13)-C(14)	170.1(9)	C(12')-N(4')-C(13')-C(14')	48.0(14)
C(7)-C(8)-C(9)-C(10)	44.2(6)	C(12)-N(4)-C(13)-C(14)	-45.8(16)	C(20')-C(13')-C(14')-C(15')	-80.1(14)
N(2)-N(1)-C(2)-C(1)	39.3(11)	C(20)-C(13)-C(14)-C(15)	-8(2)	N(4')-C(13')-C(14')-C(15')	58.4(13)
C(3)-N(1)-C(2)-C(1)	-160.0(6)	N(4)-C(13)-C(14)-C(15)	-158.4(10)	C(13')-C(14')-C(15')-C(16')	45.9(15)
C(2')-N(1)-C(2)-C(1)	-49.8(15)	C(13)-C(14)-C(15)-C(16)	77.8(14)	C(14')-C(15')-C(16')-C(17')	52.6(16)
N(2)-N(1)-C(2)-Br(2)	-78.5(7)	C(14)-C(15)-C(16)-C(17)	-46.0(14)	C(15')-C(16')-C(17')-C(18')	-102.9(13)
C(3)-N(1)-C(2)-Br(2)	82.2(6)	C(15)-C(16)-C(17)-C(18)	-66.8(14)	C(16')-C(17')-C(18')-C(19')	68.3(16)
C(2')-N(1)-C(2)-Br(2)	-167.7(16)	C(16)-C(17)-C(18)-C(19)	62.7(13)	C(17')-C(18')-C(19')-C(20')	-62.0(15)
Br(1)-C(1)-C(2)-N(1)	60.9(9)	C(17)-C(18)-C(19)-C(20)	39.1(14)	C(14')-C(13')-C(20')-N(6')	175.1(10)
Br(1)-C(1)-C(2)-Br(2)	-175.5(4)	C(14)-C(13)-C(20)-N(6)	-176.1(13)	N(4')-C(13')-C(20')-N(6')	30.8(10)
N(2)-N(1)-C(2')-C(1')	-59.2(13)	N(4)-C(13)-C(20)-N(6)	-24.9(12)	C(14')-C(13')-C(20')-C(19')	-6.0(18)
C(3)-N(1)-C(2')-C(1')	137.1(8)	C(14)-C(13)-C(20)-C(19)	5(2)	N(4')-C(13')-C(20')-C(19')	-150.3(10)
C(2)-N(1)-C(2')-C(1')	45.8(14)	N(4)-C(13)-C(20)-C(19)	156.2(11)	N(5')-N(6')-C(20')-C(13')	-34.3(11)
N(2)-N(1)-C(2')-Br(2')	62.2(10)	N(5)-N(6)-C(20)-C(13)	26.6(11)	N(5')-N(6')-C(20')-C(19')	146.7(9)
C(3)-N(1)-C(2')-Br(2')	-101.5(9)	N(5)-N(6)-C(20)-C(19)	-154.2(9)	C(18')-C(19')-C(20')-C(13')	76.9(14)
C(2)-N(1)-C(2')-Br(2')	167.2(19)	C(18)-C(19)-C(20)-C(13)	-70.5(15)	C(18')-C(19')-C(20')-N(6')	-104.4(11)
Br(1')-C(1')-C(2')-N(1)	-61.9(10)	C(18)-C(19)-C(20)-N(6)	110.6(11)		
Br(1')-C(1')-C(2')-Br(2')	166.6(6)	Br(3')-C(11')-C(12')-N(4')	-65.3(16)		

Table 4. Hydrogen bonding for **148e**.

Donor --- H....Acceptor	D – H	H...A	D...A	D - H...A
C(12) --H(12) ..N(3)	0.98	2.27	3.125(16)	145

6.5 Einkristall-Röntgenstrukturanalyse von (E)-149a

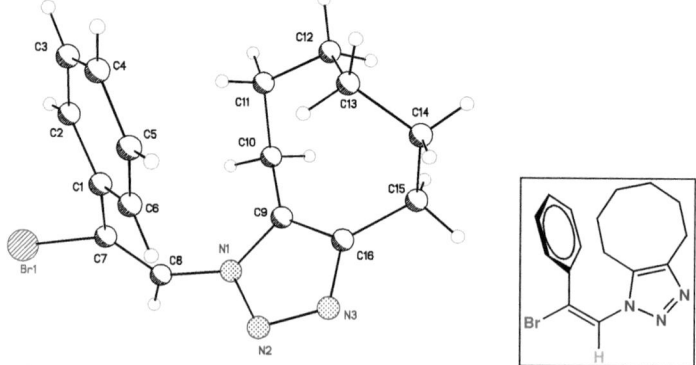

Fig. 1. The molecular structure of (**E**)-**149a**.

Structure Determination. Selected Crystal data are presented in Table 1 – 3. Data were collected on an Oxford Gemini S Diffractometer at 110 K using Cu-Kα radiation (1.54184 Å). The structure was solved by direct methods using SHELXS-91[1] and refined by full-matrix least square procedures on F² using SHELXL-97.[2] All non-hydrogen atoms were refined anisotropically. All hydrogen atoms were added on calculated positions.

1) Sheldrick, G. M., *Acta Cryst., Sect. A* **1990**, *46*, 467.
2) Sheldrick, G. M., *SHELXL-97, Program für Crystal Structure Refinement*, University of Göttingen, **1997**.

Table 1. Crystal data and structure refinement for (*E*)-149a.

Identification code	exp_096 (gemessen von Dieter Schaarschmidt am 12.03.2010)
Empirical formula	C16 H18 Br N3
Formula weight	332.24
Temperature	110 K
Wavelength	1.54184 Å
Crystal system, space group	Monoclinic, P1 21/n 1
Unit cell dimensions	a = 7.7638(13) Å alpha = 90 °
	b = 23.1490(10) Å beta = 113.69(2) °
	c = 8.9622(14) Å gamma = 90 °
Volume	1475.0(3) Å^3
Z, Calculated density	4, 1.496 Mg/m^3
Absorption coefficient	3.734 mm^{-1}
F(000)	680
Crystal size	0.10 x 0.08 x 0.03 mm
Theta range for data collection	5.72 to 64.98 °
Limiting indices	-9<=h<=7, -24<=k<=27, -10<=l<=10
Reflections collected / unique	6569 / 2503 [R(int) = 0.0403]
Completeness to theta = 64.98 °	99.7%
Absorption correction	Semi-empirical from equivalents
Max. and min. transmission	1.00000 and 0.81214
Refinement method	Full-matrix least-squares on F^2
Data / restraints / parameters	2503 / 0 / 181
Goodness-of-fit on F^2	0.869
Final R indices [I>2sigma(I)]	R1 = 0.0421, wR2 = 0.0994
R indices (all data)	R1 = 0.0598, wR2 = 0.1030
Largest diff. peak and hole	1.079 and -0.483 e.Å^{-3}

Table 2. Bond lengths / Å and angles / ° for (*E*)-149a.

C(1)-C(2)	1.389(6)	N(1)-N(2)	1.365(5)	C(10)-C(11)-H(11A)	108.3
C(1)-C(6)	1.390(5)	N(2)-N(3)	1.317(5)	C(12)-C(11)-H(11B)	108.3
C(1)-C(7)	1.470(5)			C(10)-C(11)-H(11B)	108.3
C(2)-C(3)	1.389(5)	C(2)-C(1)-C(6)	119.6(4)	H(11A)-C(11)-H(11B)	107.4
C(2)-H(2)	0.9300	C(2)-C(1)-C(7)	121.2(3)	C(11)-C(12)-C(13)	115.2(4)
C(3)-C(4)	1.382(6)	C(6)-C(1)-C(7)	119.1(3)	C(11)-C(12)-H(12A)	108.5
C(3)-H(3)	0.9300	C(3)-C(2)-C(1)	120.0(4)	C(13)-C(12)-H(12A)	108.5
C(4)-C(5)	1.375(6)	C(3)-C(2)-H(2)	120.0	C(11)-C(12)-H(12B)	108.5
C(4)-H(4)	0.9300	C(1)-C(2)-H(2)	120.0	C(13)-C(12)-H(12B)	108.5
C(5)-C(6)	1.395(5)	C(4)-C(3)-C(2)	120.1(4)	H(12A)-C(12)-H(12B)	107.5
C(5)-H(5)	0.9300	C(4)-C(3)-H(3)	120.0	C(14)-C(13)-C(12)	116.4(3)
C(6)-H(6)	0.9300	C(2)-C(3)-H(3)	120.0	C(14)-C(13)-H(13A)	108.2
C(7)-C(8)	1.309(6)	C(5)-C(4)-C(3)	120.3(4)	C(12)-C(13)-H(13A)	108.2
C(7)-Br(1)	1.916(4)	C(5)-C(4)-H(4)	119.9	C(14)-C(13)-H(13B)	108.2
C(8)-N(1)	1.417(5)	C(3)-C(4)-H(4)	119.9	C(12)-C(13)-H(13B)	108.2
C(8)-H(8)	0.9300	C(4)-C(5)-C(6)	120.1(4)	H(13A)-C(13)-H(13B)	107.3
C(9)-C(16)	1.374(6)	C(4)-C(5)-H(5)	120.0	C(13)-C(14)-C(15)	114.8(3)
C(9)-N(1)	1.375(5)	C(6)-C(5)-H(5)	120.0	C(13)-C(14)-H(14A)	108.6
C(9)-C(10)	1.481(6)	C(1)-C(6)-C(5)	119.9(4)	C(15)-C(14)-H(14A)	108.6
C(10)-C(11)	1.532(6)	C(1)-C(6)-H(6)	120.0	C(13)-C(14)-H(14B)	108.6
C(10)-H(10A)	0.9700	C(5)-C(6)-H(6)	120.0	C(15)-C(14)-H(14B)	108.6
C(10)-H(10B)	0.9700	C(8)-C(7)-C(1)	128.3(4)	H(14A)-C(14)-H(14B)	107.6
C(11)-C(12)	1.516(6)	C(8)-C(7)-Br(1)	115.8(3)	C(16)-C(15)-C(14)	112.8(3)
C(11)-H(11A)	0.9700	C(1)-C(7)-Br(1)	115.9(3)	C(16)-C(15)-H(15A)	109.0
C(11)-H(11B)	0.9700	C(7)-C(8)-N(1)	121.7(4)	C(14)-C(15)-H(15A)	109.0
C(12)-C(13)	1.536(6)	C(7)-C(8)-H(8)	119.2	C(16)-C(15)-H(15B)	109.0
C(12)-H(12A)	0.9700	N(1)-C(8)-H(8)	119.2	C(14)-C(15)-H(15B)	109.0
C(12)-H(12B)	0.9700	C(16)-C(9)-N(1)	103.9(4)	H(15A)-C(15)-H(15B)	107.8
C(13)-C(14)	1.525(6)	C(16)-C(9)-C(10)	131.2(4)	N(3)-C(16)-C(9)	109.3(4)
C(13)-H(13A)	0.9700	N(1)-C(9)-C(10)	124.8(4)	N(3)-C(16)-C(15)	123.8(4)
C(13)-H(13B)	0.9700	C(9)-C(10)-C(11)	117.4(4)	C(9)-C(16)-C(15)	126.9(4)
C(14)-C(15)	1.543(6)	C(9)-C(10)-H(10A)	108.0	N(2)-N(1)-C(9)	110.5(3)
C(14)-H(14A)	0.9700	C(11)-C(10)-H(10A)	108.0	N(2)-N(1)-C(8)	120.3(3)
C(14)-H(14B)	0.9700	C(9)-C(10)-H(10B)	108.0	C(9)-N(1)-C(8)	129.2(4)
C(15)-C(16)	1.493(5)	C(11)-C(10)-H(10B)	108.0	N(3)-N(2)-N(1)	106.9(3)
C(15)-H(15A)	0.9700	H(10A)-C(10)-H(10B)	107.2	N(2)-N(3)-C(16)	109.3(3)
C(15)-H(15B)	0.9700	C(12)-C(11)-C(10)	116.0(4)		
C(16)-N(3)	1.362(6)	C(12)-C(11)-H(11A)	108.3		

Table 3. Torsion angles / ° for (*E*)-149a.

C(6)-C(1)-C(2)-C(3)	3.4(6)	Br(1)-C(7)-C(8)-N(1)	175.7(3)	C(14)-C(15)-C(16)-C(9)	82.5(5)
C(7)-C(1)-C(2)-C(3)	-175.8(4)	C(16)-C(9)-C(10)-C(11)	-73.1(6)	C(16)-C(9)-N(1)-N(2)	-1.0(4)
C(1)-C(2)-C(3)-C(4)	-2.4(6)	N(1)-C(9)-C(10)-C(11)	110.2(4)	C(10)-C(9)-N(1)-N(2)	176.5(4)
C(2)-C(3)-C(4)-C(5)	-0.1(6)	C(9)-C(10)-C(11)-C(12)	63.4(6)	C(16)-C(9)-N(1)-C(8)	179.2(4)
C(3)-C(4)-C(5)-C(6)	1.7(6)	C(10)-C(11)-C(12)-C(13)	-72.6(5)	C(10)-C(9)-N(1)-C(8)	-3.3(6)
C(2)-C(1)-C(6)-C(5)	-1.9(5)	C(11)-C(12)-C(13)-C(14)	110.2(4)	C(7)-C(8)-N(1)-N(2)	105.2(5)
C(7)-C(1)-C(6)-C(5)	177.4(3)	C(12)-C(13)-C(14)-C(15)	-56.4(5)	C(7)-C(8)-N(1)-C(9)	-75.0(6)
C(4)-C(5)-C(6)-C(1)	-0.7(6)	C(13)-C(14)-C(15)-C(16)	-45.6(5)	C(9)-N(1)-N(2)-N(3)	1.0(4)
C(2)-C(1)-C(7)-C(8)	134.0(4)	N(1)-C(9)-C(16)-N(3)	0.6(4)	C(8)-N(1)-N(2)-N(3)	-179.2(3)
C(6)-C(1)-C(7)-C(8)	-45.3(6)	C(10)-C(9)-C(16)-N(3)	-176.6(4)	N(1)-N(2)-N(3)-C(16)	-0.5(4)
C(2)-C(1)-C(7)-Br(1)	-45.7(4)	N(1)-C(9)-C(16)-C(15)	-179.2(3)	C(9)-C(16)-N(3)-N(2)	-0.1(4)
C(6)-C(1)-C(7)-Br(1)	135.1(3)	C(10)-C(9)-C(16)-C(15)	3.5(7)	C(15)-C(16)-N(3)-N(2)	179.8(3)
C(1)-C(7)-C(8)-N(1)	-3.9(7)	C(14)-C(15)-C(16)-N(3)	-97.3(4)		

6.6 Einkristall-Röntgenstrukturanalyse von 157

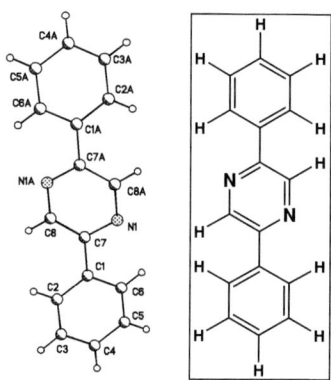

Fig. 1. The molecular structure of **157**.

Structure Determination. Selected Crystal data are presented in Table 1 – 3. Data were collected on an Oxford Gemini S Diffractometer at 110 K using Mo-Kα radiation (0.71073 Å). The structure was solved by direct methods using SHELXS-91[1] and refined by full-matrix least square procedures on F^2 using SHELXL-97.[2] All non-hydrogen atoms were refined anisotropically. All hydrogen atoms were added on calculated positions.

1) Sheldrick, G. M., *Acta Cryst., Sect. A* **1990**, *46*, 467.
2) Sheldrick, G. M., *SHELXL-97, Programm für Crystal Structure Refinement*, University of Göttingen, **1997**.

Table 1. Crystal data and structure refinement for **157**.

Identification code	exp_089 (gemessen von Dieter Schaarschmidt am 25.11.2009)
Empirical formula	C16 H12 N2
Formula weight	232.28
Temperature	110 K
Wavelength	0.71073 Å
Crystal system, space group	Monoclinic, P1 21/c 1
Unit cell dimensions	a = 13.3616(6) Å alpha = 90 °
	b = 5.7142(3) Å beta = 93.917(4) °
	c = 7.4892(3) Å gamma = 90 °
Volume	570.47(5) Å^3
Z, Calculated density	2, 1.352 Mg/m^3
Absorption coefficient	0.081 mm^{-1}
F(000)	244
Crystal size	0.20 x 0.10 x 0.08 mm

Theta range for data collection	3.06 to 25.99 °
Limiting indices	-16<=h<=16, -7<=k<=7, -9<=l<=9
Reflections collected / unique	4980 / 1115 [R(int) = 0.0292]
Completeness to theta = 25.99 °	99.6%
Absorption correction	Semi-empirical from equivalents
Max. and min. transmission	1.00000 and 0.88276
Refinement method	Full-matrix least-squares on F^2
Data / restraints / parameters	1115 / 0 / 82
Goodness-of-fit on F^2	1.003
Final R indices [I>2sigma(I)]	R1 = 0.0330, wR2 = 0.0807
R indices (all data)	R1 = 0.0475, wR2 = 0.0835
Largest diff. peak and hole	0.166 and -0.196 e.Å^{-3}

Table 2. Bond lengths / Å and angles / ° for **157**.

C(1)-C(6)	1.3962(15)	C(8)-H(8)	0.9300	C(6)-C(5)-C(4)	119.97(11)
C(1)-C(2)	1.3980(16)	N(1)-C(8)#1	1.3326(14)	C(6)-C(5)-H(5)	120.0
C(1)-C(7)	1.4844(15)			C(4)-C(5)-H(5)	120.0
C(2)-C(3)	1.3834(16)	C(6)-C(1)-C(2)	118.61(10)	C(5)-C(6)-C(1)	120.84(11)
C(2)-H(2)	0.9300	C(6)-C(1)-C(7)	119.72(10)	C(5)-C(6)-H(6)	119.6
C(3)-C(4)	1.3842(16)	C(2)-C(1)-C(7)	121.66(10)	C(1)-C(6)-H(6)	119.6
C(3)-H(3)	0.9300	C(3)-C(2)-C(1)	120.33(11)	N(1)-C(7)-C(8)	120.04(10)
C(4)-C(5)	1.3864(16)	C(3)-C(2)-H(2)	119.8	N(1)-C(7)-C(1)	117.08(10)
C(4)-H(4)	0.9300	C(1)-C(2)-H(2)	119.8	C(8)-C(7)-C(1)	122.88(10)
C(5)-C(6)	1.3820(16)	C(4)-C(3)-C(2)	120.43(11)	N(1)#1-C(8)-C(7)	122.98(11)
C(5)-H(5)	0.9300	C(4)-C(3)-H(3)	119.8	N(1)#1-C(8)-H(8)	118.5
C(6)-H(6)	0.9300	C(2)-C(3)-H(3)	119.8	C(7)-C(8)-H(8)	118.5
C(7)-N(1)	1.3446(14)	C(3)-C(4)-C(5)	119.82(10)	C(8)#1-N(1)-C(7)	116.98(10)
C(7)-C(8)	1.3929(16)	C(3)-C(4)-H(4)	120.1		
C(8)-N(1)#1	1.3326(14)	C(5)-C(4)-H(4)	120.1		

Symmetry transformations used to generate equivalent atoms: #1 -x+1,-y+2,-z+1

Table 3. Torsion angles / ° for **157**.

C(6)-C(1)-C(2)-C(3)	0.62(16)	C(2)-C(1)-C(6)-C(5)	-0.05(16)	N(1)-C(7)-C(8)-N(1)#1	0.00(19)
C(7)-C(1)-C(2)-C(3)	-178.07(10)	C(7)-C(1)-C(6)-C(5)	178.66(10)	C(1)-C(7)-C(8)-N(1)#1	179.32(10)
C(1)-C(2)-C(3)-C(4)	-0.33(17)	C(6)-C(1)-C(7)-N(1)	-20.37(15)	C(8)-C(7)-N(1)-C(8)#1	0.00(18)
C(2)-C(3)-C(4)-C(5)	-0.53(17)	C(2)-C(1)-C(7)-N(1)	158.31(10)	C(1)-C(7)-N(1)-C(8)#1	-179.36(9)
C(3)-C(4)-C(5)-C(6)	1.09(17)	C(6)-C(1)-C(7)-C(8)	160.29(10)		
C(4)-C(5)-C(6)-C(1)	-0.80(17)	C(2)-C(1)-C(7)-C(8)	-21.03(16)		

Symmetry transformations used to generate equivalent atoms: #1 -x+1,-y+2,-z+1

I want morebooks!

Buy your books fast and straightforward online - at one of world's fastest growing online book stores! Environmentally sound due to Print-on-Demand technologies.

Buy your books online at
www.morebooks.shop

Kaufen Sie Ihre Bücher schnell und unkompliziert online – auf einer der am schnellsten wachsenden Buchhandelsplattformen weltweit! Dank Print-On-Demand umwelt- und ressourcenschonend produziert.

Bücher schneller online kaufen
www.morebooks.shop

KS OmniScriptum Publishing
Brivibas gatve 197
LV-1039 Riga, Latvia
Telefax: +371 686 204 55

info@omniscriptum.com
www.omniscriptum.com

Printed by Books on Demand GmbH, Norderstedt / Germany